高职高专热能动力类专业规划教材

泵与风机

张鹏高　主　编

吴贵成　戴路玲　副主编

化学工业出版社

·北京·

本书是针对高职高专热能动力类相关专业而编写的，全书以火力发电厂中常用泵与风机的结构、工作原理、应用为主线，重点介绍了离心泵与风机的结构、工作原理、运行、检修、故障处理与节能，并提供了一定的实例及分析。同时，对火力发电厂常用轴流泵、喷射泵、罗茨风机等作了简单介绍。每章均附有习题，大部分章节之后还安排有相应的实训项目，使理论教学与实践教学相辅相成。

本书可作为高职高专、中职院校热能动力专业、电力技术和电厂设备运行与维护等相关专业的教材，也可供火力发电厂的运行人员和专业人员培训使用，还可供专业技术人员、管理人员等参考。

图书在版编目（CIP）数据

泵与风机/张鹏高主编. —北京：化学工业出版社，2013.1
高职高专热能动力类专业规划教材
ISBN 978-7-122-16212-0

Ⅰ. ①泵… Ⅱ. ①张… Ⅲ. ①泵-高等职业教育-教材
②鼓风机-高等职业教育-教材 Ⅳ. ①TH3②TH44

中国版本图书馆 CIP 数据核字（2012）第 311965 号

责任编辑：高　钰　　　　　　　　　　　文字编辑：陈　喆
责任校对：徐贞珍　　　　　　　　　　　装帧设计：刘丽华

出版发行：化学工业出版社（北京市东城区青年湖南街 13 号　邮政编码 100011）
印　　装：三河市延风印装厂
787mm×1092mm　1/16　印张 13½　字数 331 千字　2013 年 5 月北京第 1 版第 1 次印刷

购书咨询：010-64518888（传真：010-64519686）　售后服务：010-64518899
网　　址：http://www.cip.com.cn
凡购买本书，如有缺损质量问题，本社销售中心负责调换。

定　　价：26.00 元

前　言

　　本书是针对高职高专热能动力类相关专业而编写的，注重体现职业教育的性质、任务和培养目标；符合职业教育的特点和规律，具有明显的职业教育特色，符合职业教育课程教学基本要求和有关岗位资格和技术等级要求。本书既可作为学历教育教学用书，也可作为职业资格和岗位技能培训教材。

　　本书从工作实际出发，与岗位要求相结合，适当减少理论部分，增强泵与风机实际工作过程中的相关知识，增加实训环节，使理论与实践相结合，增强学生的实践操作与处理实际问题的能力，同时满足岗位要求。本书在编写过程中，尽量反映国内外先进水平，并将泵与风机的新技术、新方法、新成果体现出来。

　　全书共分 10 章，第 1～5 章详细介绍了离心泵的结构、工作原理、运行、检修、故障处理与节能，第 6～9 章详细介绍了离心风机的结构、工作原理、运行、检修、故障处理与节能，第 10 章对火力发电厂常用的轴流泵、喷射泵、罗茨风机等作了简介。每章均附有习题，大部分章节之后还安排有相应的实训项目，理论密切联系实际生产过程，使理论教学与实践教学相辅相成。编写中做到通俗易懂、概念明确、易教易学。

　　本书绪论、第 2、7 章由张鹏高编写，第 1、3、10 章由戴路玲编写，第 5、9 章出中国航天科技集团烽火机械厂研发中心吴贵成编写，第 4、6、8 章由江苏海事职业技术学院轮机工程系叶亚兰编写，全书由张鹏高统稿。在编写过程中，得到了魏龙教授、冯飞、张蕾、张国东、蒋李斌、陶洁、金良等的大力帮助，在此一并表示感谢。

　　限于编者水平，书中不足之处在所难免，恳请广大读者批评指正。

编者

2012 年 10 月

目　录

绪　论 1

0.1　泵与风机的地位与作用 1
0.2　泵的定义及分类 2
0.3　风机的定义及分类 6
0.4　泵与风机的发展趋势 8
　　习题与思考题 9

第1章　离心泵的结构与性能 10

1.1　离心泵的分类与工作原理 10
　　1.1.1　离心泵的分类 10
　　1.1.2　离心泵的工作原理 12
1.2　离心泵的构造 13
　　1.2.1　离心泵的整体结构 13
　　1.2.2　离心泵的主要零部件 14
1.3　离心泵的性能曲线及用途 24
　　1.3.1　离心泵的性能参数 24
　　1.3.2　离心泵的性能曲线 26
　　1.3.3　离心泵性能分析 31
1.4　离心泵的汽蚀 32
　　1.4.1　离心泵汽蚀现象及其危害 32
　　1.4.2　离心泵的汽蚀性能参数 33
　　1.4.3　防止泵汽蚀的措施 39
　　实训　离心泵的拆装 40
　　习题与思考题 41

第2章　离心泵的运行及工况调节 43

2.1　离心泵管道系统特性曲线 43
2.2　离心泵的定速运行工况与调节 45
　　2.2.1　离心泵定速运行工况点的确定 45
　　2.2.2　离心泵定速运行工况点的调节 46
2.3　离心泵的变速运行工况 47
　　2.3.1　相似定律 47
　　2.3.2　离心泵的变速方式 56
　　2.3.3　离心泵变速的注意事项 62
　　2.3.4　离心泵运行中的几个问题 62

2.4　离心泵的联合运行 ·· 64

　2.4.1　离心泵的串联运行 ·· 64

　2.4.2　离心泵的并联运行 ·· 65

　2.4.3　并联工作离心泵的不稳定运行工况 ···················· 66

2.5　离心泵的运行与维护 ·· 67

　2.5.1　离心泵的运行特性 ·· 67

　2.5.2　离心泵的运行 ·· 68

　2.5.3　离心泵的水击及其防护 ···································· 70

　实训1　离心泵定速运行工况调节 ································ 73

　实训2　离心泵变速运行工况调节 ································ 74

　实训3　离心泵联合运行性能测试 ································ 74

　习题与思考题 ·· 76

第3章　离心泵的检修　　　　　　　　　　　　　　　　　　　　80

3.1　常用工量具及使用 ·· 80

　3.1.1　常用工具 ·· 80

　3.1.2　常用量具 ·· 85

　3.1.3　工、量具的保养 ·· 90

3.2　单级离心泵的检修 ·· 91

　3.2.1　检修前的准备工作 ·· 91

　3.2.2　单级离心泵的检修 ·· 92

3.3　多级离心泵的检修 ·· 94

　3.3.1　解体 ·· 94

　3.3.2　检修 ·· 97

　3.3.3　转子小装 ·· 100

　3.3.4　总装与调整 ·· 100

　3.3.5　试运行 ·· 102

　3.3.6　轴封装置检修 ·· 102

　实训1　单级离心泵的检修 ·· 103

　实训2　多级离心泵的检修 ·· 103

　习题与思考题 ·· 104

第4章　离心泵常见故障分析与处理　　　　　　　　　　　　105

4.1　离心泵常见故障分类 ·· 105

4.2　离心泵常见故障分析与处理 ···································· 106

4.3　离心泵故障分析与处理实例 ···································· 108

　实训1　离心泵的流量不足故障的分析与处理 ················ 110

　实训2　离心泵轴承发热故障的分析与处理 ··················· 111

　习题与思考题 ·· 112

第5章　离心泵的节能简介　　　　　　　　　　　　　　　　113

5.1　离心泵的节能设计简介 ·· 113

5.1.1　影响离心泵性能的因素 ……………………………………… 113

5.1.2　离心泵的节能设计方法 ……………………………………… 114

5.1.3　CFD 在离心泵叶轮流场计算中的应用 ……………………… 120

5.2　离心泵的降噪节能简介 ………………………………………… 124

5.2.1　离心泵振动和噪声产生的原因 ……………………………… 124

5.2.2　控制离心泵噪声的方法 ………………………………………… 126

5.3　减小管道阻力节能 ……………………………………………… 128

习题与思考题 …………………………………………………………… 128

第 6 章　离心风机的结构与性能　　　　　　　　129

6.1　离心风机的分类及工作原理 …………………………………… 129

6.1.1　离心风机的型号 ………………………………………………… 129

6.1.2　离心风机的工作原理 …………………………………………… 130

6.2　离心风机的构造 ………………………………………………… 130

6.2.1　离心风机的整体结构 …………………………………………… 130

6.2.2　离心风机的主要零部件 ………………………………………… 130

6.3　离心风机的性能曲线 …………………………………………… 133

6.3.1　离心风机的性能参数 …………………………………………… 133

6.3.2　离心风机的性能曲线 …………………………………………… 136

6.3.3　离心风机性能分析 ……………………………………………… 136

6.4　离心风机的喘振 ………………………………………………… 137

实训　离心风机的拆装 ………………………………………………… 138

习题与思考题 …………………………………………………………… 139

第 7 章　离心风机的运行及工况调节　　　　　　141

7.1　离心风机管道系统特性曲线 …………………………………… 141

7.2　离心风机的运行工况与调节 …………………………………… 141

7.2.1　离心风机运行工况点的确定 …………………………………… 141

7.2.2　离心风机定速运行工况点的调节 ……………………………… 142

7.2.3　风机相似定律 …………………………………………………… 144

7.2.4　风机的比例定律 ………………………………………………… 145

7.2.5　风机的比转速 …………………………………………………… 145

7.2.6　风机无因次性能曲线 …………………………………………… 146

7.3　离心风机的联合运行 …………………………………………… 149

7.3.1　离心风机的串联运行 …………………………………………… 149

7.3.2　离心风机的并联运行 …………………………………………… 149

7.3.3　离心风机串联与并联运行的比较 ……………………………… 151

7.3.4　离心风机运行中的几个问题 …………………………………… 151

7.4　离心风机的运行与维护 ………………………………………… 153

7.4.1　离心风机的运行 ………………………………………………… 153

7.4.2　离心风机的维护保养 …………………………………………… 154

实训 1　离心风机定速运行工况调节 ································· 156

实训 2　离心风机变速运行工况调节 ································· 158

实训 3　离心风机联合运行性能测试 ································· 159

习题与思考题 ··· 161

第8章　离心风机常见故障与检修　164

8.1　离心风机常见故障分类 ·· 164

8.2　离心风机常见故障分析与处理 ····································· 164

8.3　离心风机故障实例 ··· 168

8.4　离心风机的检修 ··· 169

8.4.1　检修前的检查 ·· 169

8.4.2　叶轮的检修 ·· 169

8.4.3　轴及轮毂的检修 ·· 171

8.4.4　外壳及导向装置的检修 ··· 171

8.4.5　风机的组装 ·· 172

8.4.6　离心风机试运行 ·· 172

实训 1　离心风机的压力偏高，风量减小故障的分析与处理 ······ 172

实训 2　离心风机轴承过热故障的分析与处理 ···················· 173

习题与思考题 ··· 174

第9章　离心风机的节能简介　175

9.1　离心风机的节能设计简介 ·· 175

9.1.1　离心风机的节能设计方法 ·· 175

9.1.2　CFD在离心风机叶轮流场计算中的应用 ······················ 180

9.2　离心风机的降噪节能简介 ·· 181

9.2.1　离心风机振动和噪声产生的原因 ································· 181

9.2.2　控制离心风机噪声的方法 ·· 182

9.3　减小通风管道阻力节能 ·· 184

习题与思考题 ··· 184

第10章　火力发电厂常用其他类型泵与风机简介　185

10.1　轴流式泵与风机简介 ·· 185

10.1.1　轴流泵及其应用 ··· 185

10.1.2　轴流风机及其应用 ·· 189

10.2　混流式泵与风机 ··· 194

10.2.1　导叶式混流泵 ··· 194

10.2.2　蜗壳式混流泵 ··· 196

10.3　往复式泵与风机简介 ·· 196

10.3.1　往复泵的工作原理和结构 ·· 196

10.3.2　往复泵的分类 ··· 197

10.3.3　往复泵的工作特点 ·· 198

10.3.4　往复泵的应用 ………………………………………………… 198

10.4　回转式泵与风机简介 ………………………………………… 199

10.4.1　回转式泵 ……………………………………………………… 199

10.4.2　罗茨鼓风机 …………………………………………………… 203

10.5　射流泵简介 …………………………………………………… 205

习题与思考题 ………………………………………………………… 206

参考文献　　　　　　　　　　　　　　　　　　　　　　　**207**

绪　　论

0.1　泵与风机的地位与作用

　　泵与风机是在人类社会生活和生产的需要中产生和逐步发展起来的，是应用较早的机械之一。泵与风机已得到了广泛的应用，并成为国民经济各部门必不可少的机械设备。

　　在人们日常生活中，水泵向人们提供生活用水。冬季采暖系统的热水循环、卫生设施的热水供应，夏季制冷空调系统的冷却水、冷冻水，城市下水道的排水等都离不开泵。在农业生产中，农田的灌溉和排涝，从江河湖泊中取水的抽水站，将长江水引入北方的"南水北调"工程，都需要泵作为输送水的动力设备。在工业生产中，钢铁厂用泵输送冷却水；矿山坑道用泵排除矿内的积水；石油工业中用泵输送原料和成品，向底层注水；化学工业中用泵输送有腐蚀性的化工原料和成品；造纸厂用泵输送纸浆；航空航天工程用泵输送润滑油、推进剂等。

　　输送各种气体的风机在居民住房、宾馆、会议室、工厂车间、矿山坑道、隧道等的通风、降温……都得到了十分广泛的应用。

　　热力发电厂更是离不开泵与风机，因为泵与风机担负着输送各种流体（如蒸汽、水、润滑油等）的任务，从而实现机械能与电能之间的转换。图 0-1 是热力发电厂生产过程的系统简图，电力生产的基本过程是：给水在炉膛中被加热成为过热蒸汽，过热蒸汽进入汽轮机膨胀做功，推动汽轮机转子旋转带动发电机发电。乏汽排入凝汽器被冷却成凝结水，凝结水经凝结水泵升压，通过除盐装置、低压加热器，进入除氧器；经除氧器处理的水再由给水泵升压，经高压加热器、省煤器后进入锅炉汽包，然后进入锅炉炉膛重新加热成为过热蒸汽，进入下一轮热力循环。

　　从图 0-1 可以看出，向锅炉供水需要给水泵；向凝汽器输送冷却水需要循环水泵；排送凝汽器中的凝结水需要凝结水泵；排送某些热力设备中的疏水需要疏水泵；排送燃料燃烧后的灰渣需要灰渣泵和灰水泵；补充管道系统的汽水损失需要补给水泵；供给汽轮机调节及轴承润滑用油需要主油泵；供给各个冷却器、泵与风机、电动机轴承等冷却用水需要工业水泵。锅炉内燃料燃烧时，需要有送风机送入新鲜空气；需要排粉机和一次风机送入煤粉；燃料燃烧后的烟气需要引风机排出。此外，还有辅助油泵，交、直流润滑油泵，发电机的密封油泵，化学分场的各种水泵，汽包的加药泵，各种冷却风机等。要完成图 0-1 的生产过程，这些泵和风机应该无故障不间断地输送流体。否则任意一台泵或风机的事故或故障，都将使

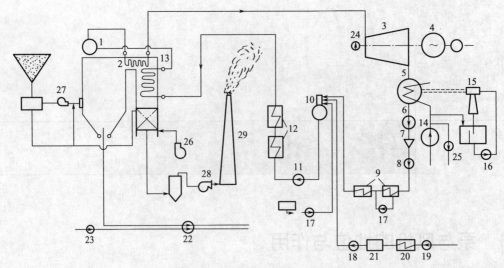

图 0-1　热力发电厂生产过程的系统简图

1—锅炉汽包；2—过热器；3—汽轮机；4—发电机；5—凝汽器；6—凝结水泵；7—除盐装置；8—升压泵；9—低压加
热器；10—除氧器；11—给水泵；12—高压加热器；13—省煤器；14—循环水泵；15—射水抽气器；16—射水泵；
17—疏水泵；18—补给水泵；19—生水泵；20—生水预热器；21—化学水处理设备；22—渣浆泵；
23—灰渣泵；24—油泵；25—工业水泵；26—送风机；27—排粉风机；28—引风机；29—烟囱

电厂的生产中断，造成无法弥补的损失。

据统计，我国泵与风机的耗电量占全国用电量的 $28\%\sim30\%$，其中泵的耗电占 21% 左右。在发电厂，泵与风机耗电量占厂用电量的 $70\%\sim80\%$，其中泵约占 50%，风机约占 30%。可见，泵与风机在国民经济中占有非常重要的地位和作用，提高泵与风机的技术指标，节约能耗，对我国社会主义现代化建设有十分重要的意义。

0.2　泵的定义及分类

泵是把原动机的机械能转变为所输送液体的动能和压力能，用来提高液体的速度和压力并输送液体的流体机械设备。

泵的种类很多，分类方法也很多。

(1) 按工作时产生的压力分类

① 低压泵：$p<2\mathrm{MPa}$。

② 中压泵：$2\mathrm{MPa}<p<6\mathrm{MPa}$。

③ 高压泵：$p>6\mathrm{MPa}$。

(2) 按工作原理分类

① 叶片式泵　利用泵内高速旋转的叶轮把能量传递给液体，进行液体输送。叶片式泵可分为：离心式、轴流式和混流式。

离心式：流体轴向进入叶轮后，主要沿径向流动，高速旋转的叶轮对流体做功，提高流体的动能和压力能。图 0-2(a) 所示为单级单吸离心泵。

轴流式：流体轴向进入叶轮，近似地在圆柱形表面上沿轴线方向流动，并借旋转叶轮上的叶片产生升力来输送，同时提高其能量。轴流泵所输送的流体的流量比离心式大，但扬程比离心泵低。图 0-2(b) 所示为轴流泵。轴流泵适用于流量大、扬程低的场合。如火力发电厂的循环水泵、"南水北调"工程用泵等。

混流式：流体进入叶轮后，流动的方向处于轴流式和离心式之间，近似沿锥面流动。其性能介于离心式和轴流式之间，流量大于离心式但小于轴流式；扬程大于轴流式而小于离心式。图 0-2(c) 所示为混流泵。

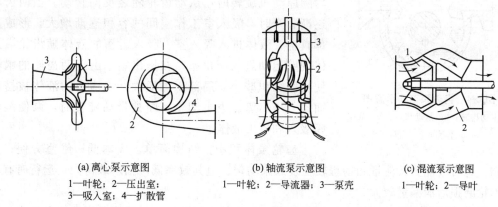

(a) 离心泵示意图　　　　　　　　(b) 轴流泵示意图　　　　　　　(c) 混流泵示意图
1—叶轮；2—压出室；　　　　　　1—叶轮；2—导流器；3—泵壳　　　1—叶轮；2—导叶
3—吸入室；4—扩散管

图 0-2　叶片式泵结构示意图

② 容积式泵　利用泵内工作室的容积作周期性变化而提高液体压力，达到输送液体的目的。这类泵由于工作室工作部件的运动不同，可分为往复式和回转式。往复式泵有活塞泵、柱塞泵、隔膜泵；回转式泵有齿轮泵、螺杆泵、水环式真空泵等。

a. 往复式泵　如图 0-3 所示，当活塞在泵缸内从最左端向右端移动时，工作室容积逐渐增大，工作室压力降低，压水阀关闭，吸入池中的液体在压差作用下顶开吸水阀，液体进入工作室，直至活塞移到最右端，此过程为吸入过程。当活塞开始向左方移动，工作室中液体在活塞挤压作用下，压力升高，压紧吸入阀，顶开压出阀，液体由压出管道输出，直至活塞移到最左端，此过程为压出过程。活塞不断地作上述往复运动，泵的吸入、压出过程就能连续不断地交替进行，从而形成了往复泵的连续工作。往复式泵在每个工作周期内排出的液体量是不变的，故又称为定排量泵。

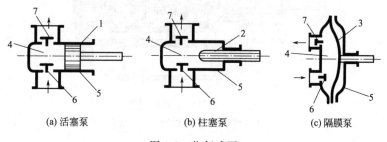

(a) 活塞泵　　　　　　　　(b) 柱塞泵　　　　　　　(c) 隔膜泵

图 0-3　往复式泵
1—活塞；2—柱塞；3—隔膜；4—工作室；5—泵缸；6—吸水阀；7—压水阀

往复式泵的优点：提供的扬程可满足用户的任意需求；具有自吸能力；小流量、高扬程时，效率高于离心泵；启动简单，运行方便。缺点：输出流量和扬程不稳定；外形尺寸大，结构复杂，造价高；易损零件较多，维修不便；调节较复杂。

往复式泵适用于输送流量小、扬程高的管道系统。特别是当液体流量小于 $100m^3/h$、排

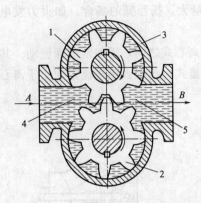

图 0-4 齿轮泵工作示意图
1—主动齿轮；2—从动齿轮；3—泵壳；
4—入口工作室；5—出口工作室

出压力大于 9.8MPa 时，其效率较高，且运行特性良好。在火力发电厂中，往复式泵一般用于锅炉汽包的加药泵、输送灰浆的油隔离泵或水隔离泵等。

b. 齿轮泵　如图 0-4 所示，主动齿轮固定在主动轴上，主动轴的一端伸出泵壳外，由原动机驱动。主动齿轮随原动机旋转时，从动齿轮随之反向转动。当两齿轮逐渐分开时，吸入室工作空间的容积逐渐增大，形成局部真空，液体进入吸入室。吸入齿槽的液体随齿轮沿泵体内壁运动进入压出室。在压出室，由于两齿轮的啮合使齿间容积减小，局部压力增大，齿槽内的液体被挤压而排入压出管。当主动轮不断被带动旋转时，泵便能不断吸入和压出液体。

齿轮泵体积小；结构简单，成本低；维修方便；工作可靠；有自吸能力；流量和扬程较往复式泵均匀。但其效率低；轴承载荷大；运行时有噪声；齿轮磨损后泄漏量较大。

往复式泵适用于输送流量小、扬程较高、黏度较大的流体。一般用于润滑油系统中。在火力发电厂中，齿轮泵常用作小型汽轮机的主油泵，以及锅炉给水泵、送引风机、磨煤机等的润滑油泵。

c. 螺杆泵　螺杆泵的工作原理和齿轮泵相似，它依靠相互啮合的两个或三个螺杆的旋转吸入和压出液体。如图 0-5 所示，主动螺杆由原动机驱动，当主动螺杆在原动机的带动下旋转时，螺杆吸入侧的啮合螺纹渐开，容积增大，局部压力降低而吸入液体；吸入的液体在螺杆螺纹的挤压作用下轴向流动到压出侧；压出侧的螺纹啮合使压出室容积减小，局部压力增加使液体排出。

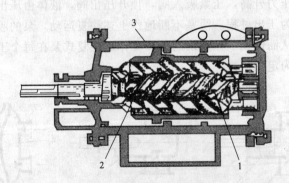

图 0-5 螺杆泵工作示意图
1—主动螺杆；2—从动螺杆；3—泵壳

螺杆泵的转速较高；扬程和效率都较高；流量连续均匀；吸入能力强；结构简单紧凑；工作可靠；有自吸能力；运行时噪声小；不易磨损；可与高速原动机直连。但难以加工，造价较高。

螺杆泵适用于输送扬程高、黏度大和含固体颗粒的液体。在火力发电厂中可用作中小型汽轮机的主油泵，以及锅炉燃料油（重油、渣油）泵等。

齿轮泵和螺杆泵都属于定排量泵，其出口端需装限压阀。

d. 水环式真空泵 水环式真空泵也叫液环泵，其结构如图 0-6 所示。叶轮偏心地装在圆筒形泵壳内，叶轮轴的一端伸出泵壳外与原动机直连，泵在启动前需向泵缸内注入适量的水。当叶轮在原动机的带动下旋转时，原先充入工作室的水在离心力作用下被甩至工作室内壁，形成一个水环，水环内圈上部与轮毂相切，下部与轮毂之间形成一个月牙形的气室，这一气室被叶片分隔成若干个互不相通、容积不等的封闭小腔。叶轮旋转时，右半气室中任意两叶片间腔室的容积沿旋转方向逐渐增大，压力降低，在最大真空时完成气体的吸气过程；同时，左半气室中任意两叶片间腔室的容积沿旋转方向逐渐减小，压力增大后完成气体的排气过程。叶轮每旋转一周，月牙形气室就使两叶片之间腔室的容积周期性改变一次，从而连续地完成一个吸气和排气过程。叶轮不断地旋转，便能连续地抽排气体。

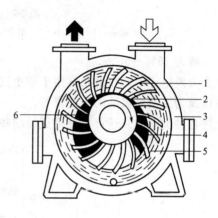

(a) 水环式真空泵外形　　　　　　　(b) 水环式真空泵工作原理示意图

图 0-6　水环式真空泵示意图

1—叶轮；2—轮毂；3—泵壳；4—进气口；5—水环；6—排气口

水环式真空泵排出的气体中含有水，气水混合物进入分离器，气、水分离后，气体被排出，水进入冷却器冷却后，从泵吸气侧入口及两端盖吸气侧下部补入泵缸内。

水环式真空泵结构简单；容易制造；在低真空范围内运行时，具有较高效率地抽送大量气体的能力；能与电机直连而用小的结构尺寸获得大的排气量；无阀、不怕堵塞。但需配置辅助系统。水环式真空泵主要用于大型水泵启动时抽真空。在大型火力发电厂中，水环式真空泵被用来抽吸凝汽器内空气，其真空度可达 96％以上。

③ 其他类型泵 包括一些利用流体静压或流体的动能来输送液体的流体动力作用泵，如喷射泵、水击泵等。

喷射泵也叫射流泵，如图 0-7 所示。它通过喷射高能流体与低能流体进行动量交换，传递能量从而实现抽吸混合和输送流体。

喷射泵工作时，工作流体从喷嘴高速喷出，喷嘴外周围的流体被射流卷走，而形成高真空的吸入室，被输送流体经吸入管进入吸入室，两股流体在混合室内混合并进行动量交换后，通过扩压管减速增压后由压出管排出。工作流体连续地喷射，便能不断地将被输送流体吸入和排出。

喷射泵的工作流体和被输送流体都可以是水、油或蒸汽。当工作流体为水时，称为水喷射泵或射水抽气器；当工作流体为蒸汽时，称为蒸汽喷射泵或蒸汽抽气器。

喷射泵无运动部件，不易堵塞；结构紧凑；有自吸能力；工作方便可靠。但噪声大；效

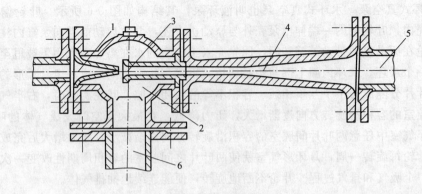

图 0-7　喷射泵示意图

1—喷嘴；2—吸入室；3—混合室；4—扩压管；5—压出管；6—吸入管

率低，一般为 15%～30%。

在火力发电厂中，喷射泵常用于中小汽轮机凝汽器的抽空气装置、循环水泵的启动抽真空装置以及为主油泵供油的注油器等。

上述各种类型的泵还可以分得更详细些，现直观表示如下

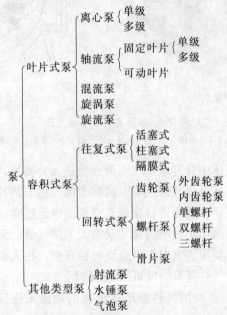

各种泵的使用范围如图 0-8 所示，由图可看出，离心泵所占的区域最大，其流量范围为 5～20000m³/h，扬程范围为 8～2800m。

0.3　风机的定义及分类

跟泵类似，风机是把原动机的机械能传递给风机所输送的气体，使气体的能量（压力能、位能和动能）增加的机械设备。不同的是，泵通常用来输送液体，而风机通常用来输送气体。

(1) 根据工作时产生的压力分类

① 通风机：产生的全压 $p < 15$kPa。

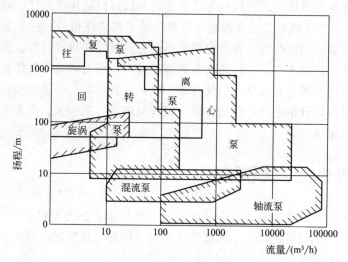

图 0-8　各种泵的使用范围

通风机按其工作原理不同可分为离心式通风机、轴流式通风机和混流式通风机。

离心式通风机按所产生全压的高低不同又可分为低、中、高压三种：

低压离心式通风机，产生的全压 $p<1\text{kPa}$；

中压离心式通风机，产生的全压 $p=1\sim3\text{kPa}$；

高压离心式通风机，产生的全压 $p=3\sim15\text{kPa}$。

轴流式通风机又分为低、高压两种：

低压轴流式通风机，产生的全压 $p<0.5\text{kPa}$；

高压轴流式通风机，产生的全压 $p=0.5\sim15\text{kPa}$。

通风机按装置形式可分为两种：

送气式通风机，排出管道与室相连接，通风机将新鲜空气输入室内；

抽气式通风机，吸入管道与室相连接，通风机吸进室内污浊空气并将其排至大气中。

② 鼓风机：产生的全压 $p=15\sim340\text{kPa}$。

③ 压缩机：产生的全压 $p>340\text{kPa}$。

（2）按用途分类

根据风机的工作用途可分为一般通风机、排尘风机、锅炉引风机、工业通风换气风机、特殊用途的风机（如耐腐蚀、防爆和各种专用风机）等。

（3）按材质分类

根据其材质，风机可分为普通钢风机、不锈钢风机、塑料风机和玻璃钢风机等。

（4）按叶片出口安装角分类

可分为后向式（$\beta_{2y}<90°$）、径向式（$\beta_{2y}=90°$）和前向式（$\beta_{2y}>90°$）三种。

（5）按工作原理分类

① 叶片式风机　叶片式风机可分为：离心风机、混流风机、轴流风机。

② 容积式风机　容积式风机亦可分为回转式和往复

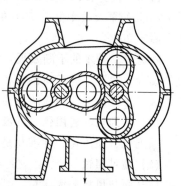

图 0-9　罗茨风机示意图

式。回转式风机有罗茨风机、螺杆风机等，往复式风机可以制作成空气压缩机。

如图 0-9 所示，罗茨风机的工作原理与齿轮泵的工作原理相似，它依靠两个"∞"形转轮作同步反向旋转来周期性改变工作室容积大小而完成吸气和排气过程。即转轮渐开侧容积增大，形成局部真空，吸入气体。转轮啮合侧容积减小，压力增大，气体被压出。罗茨风机属于定排风机，出口安装带有安全阀的储气罐，以保证其出口压强稳定和防止超压。

罗茨风机质量小，价格便宜，使用方便，但磨损严重，噪声大。火力发电厂中，常用于气力除灰系统中的送风设备。

0.4 泵与风机的发展趋势

随着科学技术的不断进步和电力行业的发展，近年来，热力发电厂广泛采用了大容量、高参数的锅炉和汽轮机设备，因而也就促进了泵与风机的长足发展。目前，泵与风机的发展趋势表现为以下几个方面。

（1）大型化、大容量化

近年来，国际上巨型轴流泵的叶轮直径已达 7m，潜水泵直径已达 1m。国外已建成 1800MW 发电机组的给水泵，驱动功率为 55.147MW，因而大型锅炉给水泵的驱动功率已接近 60MW。给水泵的出口压力由超高压的 13.7～15.7MPa，亚临界 17.7～22MPa，到超临界的 25.6～31.5MPa。近来，更有压力高达 31MPa 以上的产品。

国外送风机、引风机的驱动功率已达 10MW 以上，国内也已达到 2.5MW 以上。

泵与风机发展到大容量化以后，所采用的形式是不同的，泵要求扬程高，因此采用离心式，而风机则向轴流式方向发展。

（2）高速化、高扬程化

近十几年来，大型锅炉给水泵的转速已从 3000r/min 提高到 7500r/min，单级扬程也由 200m 提高到 1000m 以上。在总扬程相同时，提高转速可减小泵的级数、缩短泵轴、减小体积、减轻重量、节省材料。

为了提高机组的效率和出力，国外大型机组的给水泵与风机多采用汽轮机驱动。与电动机驱动相比，汽轮机容易变速，而且当机组负荷降低时，在提高供电出力和降低热耗方面更为有利。

（3）高效率、高度自动化

目前，世界各国都在研制高效率的水力模型，我国在这方面也做了大量的工作，对效率低于 60%的泵及效率低于 70%的风机进行技术更新、改造，使水泵的效率达 80%，引风机效率高于 90%。

随着科学技术的不断发展，自动检测技术、自动控制技术和电子计算机已应用在泵与风机的设计、制造、运行与调节和实验装置上。例如，泵与风机的自动启停；压力、流量、功率、温度等参数的自动检测、显示和控制；主要参数的上下限报警、保护等。

（4）系列化、通用化、标准化

系列化、通用化、标准化是现代工业生产工艺的必要要求。

（5）高可靠性

由于泵与风机向大容量、高速化方向发展，因此对其可靠性要求越来越高，特别是在泵的汽蚀、磨损、密封、振动等方面的可靠性有更为严格的要求。对大型风机也要做超速、振动、临界转速和谐振转速等试验，以保证其安全可靠运行。

习题与思考题

0-1　试简述热力发电厂的热力循环过程，其工作介质有哪些？

0-2　试述泵与风机在火力发电厂中的作用。

0-3　泵的类型主要有哪些？风机的主要类型有哪些？

0-4　试述活塞泵、齿轮泵、螺杆泵、水环式真空泵及喷射泵的工作原理。

0-5　在火力发电厂中，泵与风机有哪些具体应用？

第1章

离心泵的结构与性能

1.1 离心泵的分类与工作原理

1.1.1 离心泵的分类

离心泵按照不同的结构特点可分类如下。

1.1.1.1 按叶轮个数分

① 单级离心泵 轴上只有一个叶轮。

② 多级离心泵 轴上有两个或两个以上叶轮，如图 1-1 所示。一个叶轮就是一级，级数愈多，扬程愈高。多级泵的级数一般在 2～13 级。目前，高压泵朝着提高转速、减少级数的方向发展。转速在 7000r/min 以上时，高压离心泵的级数仅为 2～3 级。

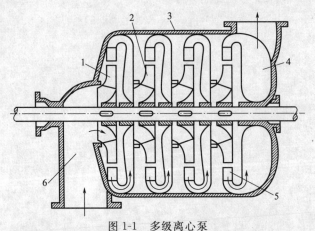

图 1-1 多级离心泵

1—首级叶轮；2—次级叶轮；3—泵壳；4—压出室；5—导叶；6—吸入室

1.1.1.2 按叶轮吸入方式分

① 单吸离心泵 叶轮只有一侧有吸入口，如图 1-2 所示为单级单吸离心泵示意图。

② 双吸离心泵 叶轮两侧有吸入口，如图 1-3 所示。当叶轮直径相同时，双吸叶轮比单吸叶轮流量增加一倍。在相同流量下，采用双吸叶轮可以降低泵的进口液体流速，提高泵的抗汽蚀性能。因此，有些高压离心泵的首级叶轮也采用双吸叶轮。

1.1.1.3 按泵体形式分

① 蜗壳式离心泵 泵体具有螺旋线形状的壳体，它将叶轮流出的高速液体收集起来，

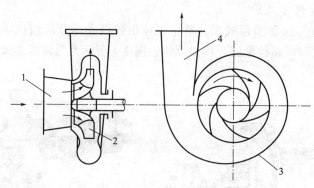

图 1-2　单级单吸离心泵示意图

1—吸入管；2—叶轮；3—泵蜗壳；4—压出管

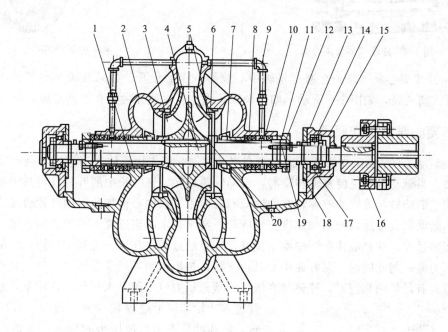

图 1-3　双吸离心泵

1—泵体；2—泵盖；3—叶轮；4—轴；5—密封口环；6—轴套；7—填料套；
8—填料；9—水封管；10—水封环；11—填料压盖；12—轴套螺母；
13—轴承体；14—单列向心球轴承；15—圆螺母；16—联轴器部件；
17—轴承挡圈；18—轴承端盖；19—双头螺栓；20—键

并引向压出管，同时具有将部分动能转化为静压能的作用。

②　导叶式（又称透平式）离心泵　在叶轮外围的壳体上装有固定的导叶，液体从叶轮流出后进入导叶，再由导叶引向次级叶轮或压出管。导叶式泵主要用于分段式多级泵。

1.1.1.4　按泵轴位置分

①　卧式离心泵　泵轴水平放置。在布置场地允许的条件下，一般多采用卧式泵。卧式泵具有安装、检修方便，易于维护的优点，但占地面积大，启动前需充水。

②　立式离心泵　泵轴垂直放置。立式泵叶轮大多淹没于液体中，启动时无需充水，便于自动启动，且结构紧凑，占地面积小。但维护检修不方便，价格较高。

1.1.1.5 按泵壳分开方式分

① 分段式离心泵 又称节段式泵。整个泵体由各级壳体分段组成，各分段的接合面与泵轴垂直，各分段之间用螺栓紧固，构成泵体。图1-4所示为分段式多级离心泵。

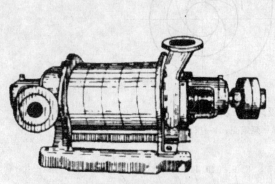

图1-4 分段式多级离心泵

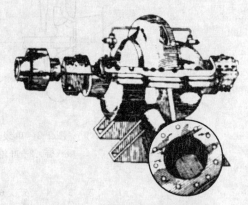

图1-5 水平中开式离心泵

② 中开式离心泵 泵壳在通过泵轴中心线的平面上分开。如果泵轴是水平的，就称为水平中开式离心泵，如图1-5所示；如果泵轴是垂直的，就称为垂直中开式离心泵。

1.1.2 离心泵的工作原理

图1-6为离心泵的工作简图。离心泵在启动之前，应先用液体灌满泵壳和吸水管道，称之为灌泵。当驱动电动机使泵轴转动时，带动叶轮旋转，则叶轮中的叶片就对其中的液体做功，迫使它们旋转。旋转的液体将在惯性离心力作用下从中心被加速甩向叶轮边缘，其压力和流速不断增高，最后以较高的速度流出叶轮，经泵壳中的流道流入泵的压出管道，这个过程称为压出过程，这是液体在泵中唯一能获得能量的过程。在这一过程中，液体的部分动能转换为压力能；与此同时，泵叶轮中心处由于液体被甩出而形成了低压区，当它具有足够低的压力或具有足够的真空时，液体将在吸液池液面压力（一般是大气压）作用下，经过吸入管进入叶轮，这个过程称为吸入过程。叶轮不断旋转，液体就会不断地被压出和吸入，从而形成了泵的连续工作。

可见，离心泵的工作过程，实际上是一个能量的传递和转换的过程。它把电动机高速旋转的机械能转化为被提升液体的动能和势能。在这个转化过程中，必然伴随着许多能量损失，从而影响离心泵的效率。这种能量损失越大，离心泵的性能就越差，工作效率就越低。在泵启动时，如果泵内存在空气，则由于空气密度远比液体的小，所以叶轮旋转后空气产生的离心力也小，使叶轮吸入口中心处只能造成很小的真空，液体不能进到叶轮中心，泵就不能出液。

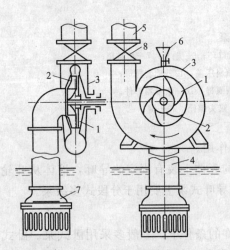

图1-6 离心泵的工作简图

1—叶轮；2—叶片；3—泵壳；4—吸入管；5—压出管；6—引水漏斗；7—底阀；8—出口阀门

离心泵与其他形式的泵相比，具有效率高、性能可靠、流量均匀、易于调节等优点，特别是可以满足不同需要的各种压力及流量的泵，所以应用最为广泛。在火力发电厂中，给水泵、凝结水泵以及大多数循环水系统的循环水泵等都采用离心泵。

1.2　离心泵的构造

1.2.1　离心泵的整体结构

离心泵用途广泛，结构形式繁多，常见整体结构形式有以下三种。

1.2.1.1　单级单吸悬臂式离心泵

如图 1-7 所示，单级单吸悬臂式离心泵的转轴的一端在托架内用轴承支承，另一端悬出称为悬臂端，在悬臂端装有一个叶轮。叶轮的吸入口在一侧，外形通常为螺旋形蜗壳，扬程较低。泵轴穿过泵壳处采用填料密封或机械密封。在叶轮上有平衡孔平衡轴向力。

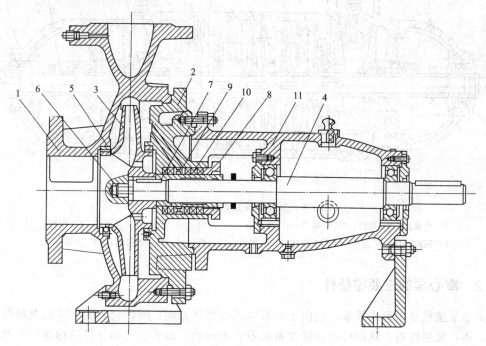

图 1-7　单级单吸悬臂式离心泵的结构

1—泵体；2—泵盖；3—叶轮；4—泵轴；5—密封环；6—叶轮螺母；
7—轴套；8—填料压盖；9—填料环；10—填料；11—托架

单级单吸悬臂式离心泵结构简单，工作可靠，零部件少，易于加工、维修，被广泛使用。这类泵的流量一般在 $6.3 \sim 400 \mathrm{m^3/h}$，扬程为 $5 \sim 125 \mathrm{m}$，适用于输送温度不高于 80℃的清水或其他液体。

1.2.1.2　单级双吸中开式离心泵

图 1-3 所示为单级双吸中开式离心泵，其转轴上同样只有一个叶轮，但叶轮两侧都有吸入口。因此不但流量比较大，而且使轴向力得到了平衡。单级双吸中开式离心泵一般采用半螺旋形吸入室，泵体水平中开，大泵一般采用滑动轴承，小泵采用滚动轴承。轴承装在泵的两侧，工作可靠，维修方便，打开泵盖后即可将整个转子取出。我国的双吸单泵，一般流量为 $144 \sim 12500 \mathrm{m^3/h}$，扬程为 $9 \sim 140 \mathrm{m}$，可用作中、小型火力发电厂循环水泵。

1.2.1.3 多级分段式离心泵

多级分段式离心泵用途较广，高、中、低压电厂锅炉给水泵大部分均采用这种结构形式的泵。这种泵实际上等于将几个叶轮装在同一根轴上，每个叶轮的吸入口均在叶轮的一侧，叶轮串联工作，所以多级泵的扬程较高。如图 1-8 所示，其壳体通常为分段式，由若干垂直分段的中段加上前面的吸入室、后面的压出室，用 8 只或 10 只粗而长的双头螺栓拧紧组合而成。它按级分段，每段包括叶轮及相应的导叶。为了平衡轴向力，在泵的末级叶轮后面一般装有平衡盘或平衡鼓，泵的整个转子在工作时可以左右窜动，靠平衡盘自动将转子维持在平衡位置上。我国的中压分段式多级泵，流量一般在 $2.5\sim485\mathrm{m^3/h}$，扬程在 $13\sim685\mathrm{m}$。

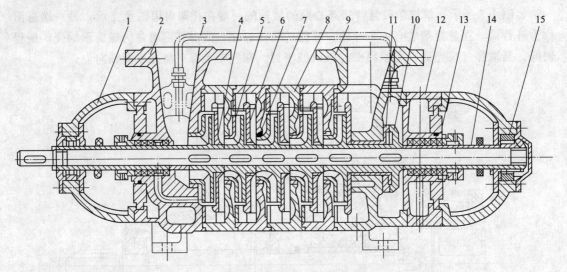

图 1-8 多级分段式离心泵的结构

1—轴承体；2—首段；3—平衡管；4—导叶套；5—叶轮；6—导叶；7—密封环；8—中段；
9—尾段；10—平衡盘；11—平衡环；12—尾盖；13—填料函；14—密封圈；15—滚动轴承

1.2.2 离心泵的主要零部件

离心泵虽然结构形式繁多，但由于其基本工作原理相同，所以它们的主要组成部件基本相同。离心泵的构造，从部件的动静关系来看，由转动、静止以及部分可转动这三类部件组成。其中所有可转动的零部件组合在一起统称为转子，包括叶轮、主轴、轴套和联轴器；静止的主要部件包括吸入室、压出室、泵壳和泵座，通常泵的吸入室和压出室与泵壳铸成一体；部分可转动的部件主要包括密封装置、轴向推力平衡装置和轴承。如果从部件与流道（液体在泵内流经的通道）的关系看，离心泵又是由流道组成部件和非流道组成部件组成。其中吸入室、叶轮、导叶、压出室的通道依次相接组成流道，因此它们都是流道组成部件，其他部件则都为非流道组成部件。

1.2.2.1 叶轮

叶轮是唯一的做功部件，泵通过叶轮对液体做功，将原动机的机械能传递给液体，使液体的压力能及速度能均有所提高。叶轮安装在泵轴上，大多数由铸铁或铸钢制成。叶轮的大小、形状和制造精度对泵的性能影响很大。

叶轮一般由前盖板、叶片、后盖板和轮毂组成。离心泵的叶轮大多数为后弯叶片型叶轮，其叶片数一般在 6～12 片，叶片形状有圆柱形和扭曲形之分。圆柱形叶片制造简单，但流动效率不高。目前，为提高泵的效率，一般都采用扭曲叶片。

就结构形式而言，离心泵的叶轮可分为闭式、半开式和开式三种。图 1-9(a) 所示为闭式叶轮，其流道是封闭的。这种叶轮水力效率较高，适用于高扬程，常用于洁净液体的输送，如清水、轻油等。半开式叶轮由叶片和后盖板组成，流道是半开启的，如图 1-9(b) 所示，适用于含固体颗粒和杂质的液体的输送。它的叶片和轮盘可由整块锻件铣制成一个整体，强度较高，且制造较容易。开式叶轮只有叶片，无前后盖板，流道完全敞开，如图 1-9(c) 所示。开式叶轮效率较低，制造简单，清洗方便，常用于输送浆状或糊状液体。半开式和开式叶轮，适合作火力发电厂输送锅炉灰渣的渣浆泵叶轮。

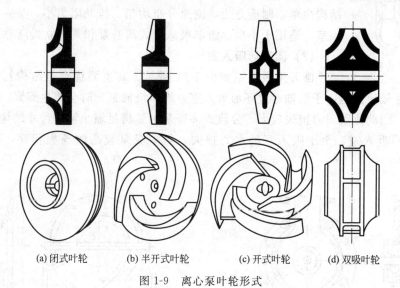

| (a)闭式叶轮 | (b) 半开式叶轮 | (c)开式叶轮 | (d) 双吸叶轮 |

图 1-9 离心泵叶轮形式

另外，根据离心泵吸入方式的不同，叶轮有单吸式和双吸式两种。液体从一侧吸入的称为单吸式，从两侧吸入的称为双吸式，如图 1-9(d) 所示。单吸式的叶轮与泵体结构都较简单，但吸液时会产生轴向推力，需通过其他办法来平衡。双吸式可消除轴向推力，且抗汽蚀性能较好，但叶轮和泵体结构较复杂，一般用于流量较大或需提高抗汽蚀性能的场合。

1.2.2.2 泵轴

泵轴的作用是传递转矩（机械能），使叶轮旋转，如图 1-7 中件 4 所示。它位于泵腔中心，并沿着该中心的轴线伸出腔外搁置在轴承上。泵轴的形状有等直径平轴和阶梯式轴两种。中、小型泵多采用平轴，叶轮滑配在轴上，叶轮间的距离用轴套定位。近代大型泵则多采用阶梯式轴，不等孔径的叶轮用热套法装在轴上，并采用渐开线花键代替过去的短键。这种连接方式使叶轮与轴之间没有间隙，不至于使轴间窜水和受冲刷，但拆装较困难。

泵轴应有足够的抗扭强度和足够的刚度。泵轴的常用材料是碳素钢和不锈钢，在输送腐蚀性液体时，采用青铜或镍铬钢，或在碳钢轴上加青铜轴套。

为保护主轴免受磨损并对叶轮进行轴向定位，可在泵轴外加套圆筒形的轴套，其材料一般为铸铁，也有采用硅铸铁、青铜、不锈钢等材料的。个别情况，如采用浮动环轴封装置时，轴套表面还需要镀铬处理。

1.2.2.3 吸入室

泵吸入法兰至首级叶轮进口前的流动空间称为吸入室。吸入室的作用是将吸入管中的液体引至首级叶轮入口。对吸入室的要求是：在最小阻力损失的情况下，将液体引入叶轮，且

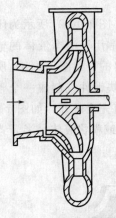

图 1-10　锥形管吸入室

使叶轮进口处流体速度分布均匀。

吸入室中的阻力损失要比压出室小得多，但吸入室形状设计的优劣对进入叶轮的液体流动情况影响很大，对泵的抗汽蚀性能也有直接影响。

根据泵结构形式的不同，吸入室主要有三种类型：锥形管吸入室、圆环形吸入室和半螺旋形吸入室。

（1）锥形管吸入室

锥形管吸入室如图 1-10 所示，其锥度一般为 $7°\sim8°$。这种吸入室结构简单，制造方便，流速分布均匀、流动阻力小，是一种很好的吸入室，适用于小型单级单吸悬臂式离心泵和某些立式离心泵。

（2）圆环形吸入室

圆环形吸入室如图 1-11 所示。其主要优点是结构对称，比较简单，轴向尺寸较短。但由于泵轴穿过环形吸入室，液体绕流泵轴时会产生旋涡，引起进口流速分布不均，因此流动阻力损失较大。分段式多级泵为了满足缩小轴向尺寸结构的要求，大都采用圆环形吸入室，至于吸入室的水力损失，与多级泵较高的扬程相比，所占的比重不大。

图 1-11　圆环形吸入室

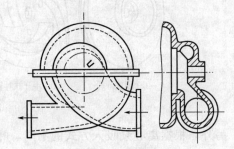

图 1-12　半螺旋形吸入室

（3）半螺旋形吸入室

半螺旋形吸入室如图 1-12 所示。这种吸入室通常在位于与水平线成 45°处设有隔舌，液体从吸入室上、下分两部分进入叶轮，叶轮进口流速分布较均匀，流动损失较小。但因液体通过半螺旋形吸入室后，在叶轮入口处会产生预旋而使离心泵的扬程略有下降。对于单级双吸泵或水平中开式多级泵一般均采用半螺旋形吸入室。

1.2.2.4　压出室

在叶轮处获得了能量的液体，流出叶轮进入压出室。压出室的作用是以最小的损失将从叶轮中流出的高速液体收集起来，引向次级叶轮或引向压出口，同时将液体的一部分动能变为压力能。

常见的压出室结构形式很多，有螺旋形压出室、环形压出室和导叶等。我国绝大部分单级泵采用螺旋形压出室，大部分多级泵采用径向导叶。

（1）环形压出室

环形压出室如图 1-13(a) 所示，其室内流道截面积处处相等，液流在压出室中流动时不断加速，与叶轮中均匀流出的液体发生碰撞，损失较大。但环形压出室加工方便，多用于多级泵的排出段或输送含杂质多的泵，如灰渣泵、泥浆泵等。

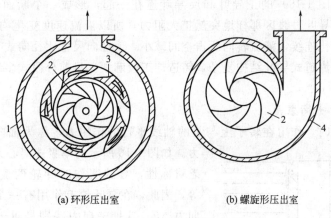

(a) 环形压出室　　　　　　　(b) 螺旋形压出室

图 1-13　压出室

1—环形泵壳；2—叶轮；3—导叶；4—螺旋形外壳

（2）螺旋形压出室

如图 1-13（b）所示，螺旋形压出室又称蜗壳体，通常由蜗壳加一段扩散管组成。蜗壳部分主要起收集液体和引导液体至泵出口的作用，扩散管的扩散角一般为 $6°\sim10°$，动能转化为压力能主要是在扩散管中进行的。螺旋形压出室具有制造简单、效率高的优点，其效率高于环形压出室，广泛用于单级泵及中开式多级泵中。其缺点是单蜗壳泵在非设计工况下运行时，蜗室内液流速度会发生变化，使室内等速流动受到破坏，作用在叶轮外缘上的径向压力变成不均匀分布，转子会受到径向推力的作用。

（3）导叶

导叶是一种导流部件，又称导向叶轮。它位于叶轮的外缘，相当于一个不能动的固定叶轮。一个叶轮和一个导叶配合组成分段式多级离心泵的级。导叶的作用是汇集前一级叶轮流出的液体，并引向次一级叶轮的进口，同时在导叶内将液体的部分动能转化为压力能。导叶主要有径向式导叶与流道式导叶。

径向式导叶（图 1-14）由正导叶、过渡区和反导叶组成。正导叶包括螺旋线和扩散段两部分。叶轮甩出的液体由正导叶的螺旋线部分收集后，进入正导叶的扩散段，将部分动能转化为压力能，然后流入过渡区沿轴向转过 $180°$，改变流动方向后再由反导叶引向下一级叶轮进口。由于末级导叶没有反导叶，液体直接经过正导叶导入压出室。这种形式的导叶，当泵在变工况下运转时，液体流动阻力较大，但结构简单、便于制造。

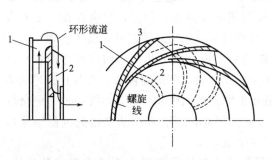

图 1-14　径向式导叶

1—扩散段；2—反导叶；3—正导叶

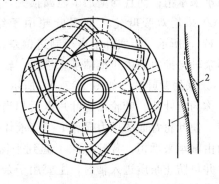

图 1-15　流道式导叶

1—正导叶；2—反导叶

流道式导叶（图 1-15）的正导叶和反导叶连在一起，形成一个断面连续变化的流道。流道中没有径向式导叶过渡区那样地突然扩大阻力，所以液流速度变化均匀，流动损失小。此外，由于流道变化连续，液流转向所占空间减小，使径向尺寸比径向式导叶小，从而可减小泵壳的直径，但流道式导叶结构复杂，铸造加工较麻烦。目前分段式多级离心泵趋向于采用这种导叶。

1.2.2.5 轴向力平衡装置

离心泵在运行时，作用在转子上与泵的轴线平行的作用力，称为轴向推力，简称轴向

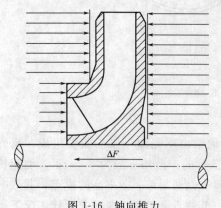

图 1-16 轴向推力

力。如图 1-16 所示的单吸式离心泵，由于其叶轮缺乏对称性，导致工作时叶轮两侧的作用压力不相等，因此，在泵叶轮上作用有一个推向吸入口的轴向力 ΔF。这种轴向力特别是对于多级单吸式离心泵而言，数值相当大，须采用专门的轴向力平衡装置来解决。

离心泵轴向推力的存在会使转子产生轴向位移，压向吸入口，造成叶轮和泵壳等动、静部件碰撞、摩擦和磨损；还会增加轴承负荷，导致机组振动、发热甚至损坏，对泵的正常运行十分不利。因此，必须重视轴向推力的平衡。

(1) 单级泵轴向推力的平衡

① 采用平衡孔或平衡管 对于单级单吸离心泵，一般采取在叶轮的后盖板靠近轮毂处开一圈孔径为 5～30mm 的平衡孔 [如图 1-17(a) 所示]，经孔口将带压液流引向泵入口，以使叶轮背面环形室保持恒定的低压。压力与泵入口压力基本相等，因而抵消了轴向推力。同时在后盖板上加装密封环，与吸入口的密封环位置一致，以减小泄漏。但由于液流经过平衡孔的流动干扰了叶轮入口处液流流动的均匀性，因而流动损失增加，使泵效率有所下降。

图 1-17(b) 所示为平衡管，它利用布置在泵体外的一根管子将叶轮后盖板靠近轮毂处的泵腔与泵的吸入口连通起来，达到平衡前后盖板两侧压力差的目的。平衡管过流断面面积不应小于密封环间隙断面面积的 5～6 倍。这种方法对吸入口的液流干扰小，但也会增加泄漏损失。

以上两种方法虽简单、可靠，但只能平衡 70%～90% 的轴向力，剩余的轴向力需要止推轴承来承担；而且均增加了泄漏损失，使泵效率下降，因此多用在小型泵上。

② 采用双吸叶轮 双吸叶轮由于结构上的对称性，理论上不会产生轴向推力，如图 1-17(c)所示。但实际上由于制造偏差以及叶轮两侧液流的流动差异，仍会存在一个不大的剩余轴向推力需由止推轴承来承担。较大流量的单级泵，采用双吸式叶轮较为合理。

③ 采用背叶片 如图 1-17(d) 所示，在叶轮的后盖板上加铸几个径向（或弯曲状）肋筋，称为背叶片。叶轮加背叶片以后相当于一个半开式叶轮，叶轮旋转时，背叶片强迫液体旋转，使叶轮背面的压力显著下降（液体压力分布由原来的曲线 abc 变为曲线 abe），剩余轴向力由轴承来承担。背叶片除了起到平衡轴向力的作用外，还能减小轴端密封处的液体压力，并可防止杂质进入轴封，主要用于杂质泵、泥浆泵。

④ 采用推力轴承 从提高泵的效率来看，采用推力轴承承受轴向力的方案是最佳的。因为在这种情况下可以免除由于采取平衡轴向力措施而附加的容积损失、水力损失及增加泵

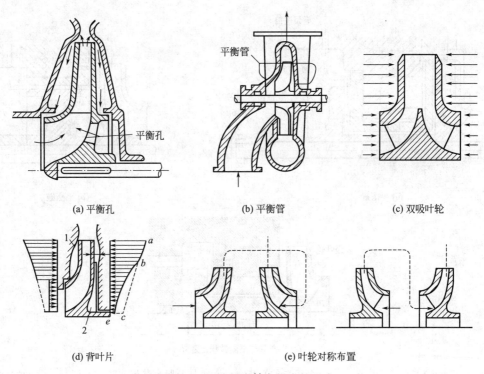

(a) 平衡孔　　　　　　　　(b) 平衡管　　　　　　　　(c) 双吸叶轮

(d) 背叶片　　　　　　　　　(e) 叶轮对称布置

图 1-17　几种平衡轴向推力的形式

的几何尺寸。

（2）多级泵轴向推力的平衡

① 采用叶轮对称布置　在多级泵中，可以将叶轮对称、进口方向相反地布置在泵壳中，如图 1-17(e) 所示。每组叶轮的吸入方向相反，在叶轮中产生大小相等、方向相反的轴向推力，可以相互抵消，起到自身平衡轴向力的作用。叶轮级数为奇数时，首级叶轮可采用双吸式。这种平衡方法简单且效果良好，但级与级之间连接管道长，损失大，且彼此重叠，使泵壳制造和检修复杂。该方法主要用于蜗壳式多级泵和分段式多级泵上。

② 采用平衡盘　平衡盘装置装在末级叶轮上之后，和轴一起旋转。在平衡盘前的壳体上装有平衡圈。平衡盘后的空间称为平衡室，它与泵的吸入室相连接。平衡盘装置有轴向间隙 a 和径向间隙 b 两个密封间隙，如图 1-18(a) 所示。泵运行中，末级叶轮出口液体压力 p 经径向间隙 b 时有流动损失，压力降至 p_1，同时经轴向间隙 a 节流降压排入平衡室，压力由 p_1 降为 p_2。因平衡室有平衡管与吸入室相通，室中作用于平衡盘两侧的压力 p_2 小于 p_1，大小接近于泵入口压力 p_0。所以，在平衡盘两侧将产生压差，称之为平衡力。其大小应与轴向推力相等，方向则相反。适当地选择轴向间隙和径向间隙以及平衡盘的有效作用面积，可以使作用在平衡盘上的力足以平衡泵的轴向推力。

当工况改变时，末级叶轮出口压力 p 要发生改变，结果轴向推力也要改变。此时轴向力与平衡力不相等，转子就会左右窜动。如果轴向推力增大，则转子向低压侧（即吸入口方向）窜动，由于平衡盘固定在转轴上，这会使轴向间隙 a 减小，流动损失增加，因而泄漏量减小。由于径向间隙 b 不随工况的变化而变动，于是导致液体流过径向间隙 b 的速度减小，从而提高了平衡盘前面的压力 p_1，使作用在盘上的平衡力增大。随着转子继续向低压侧窜动，平衡力不断增加，直到与轴向推力相等，达到新的平衡。反之，如果轴向推力减小，则

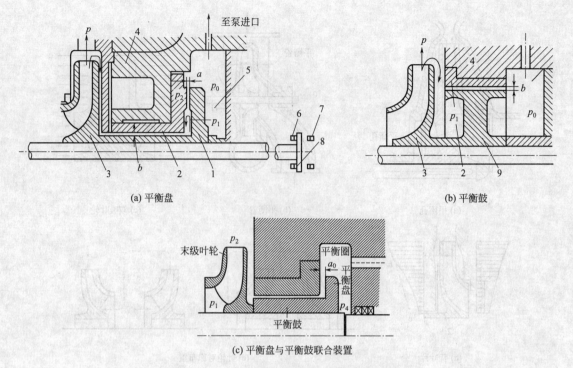

图 1-18   多级泵的平衡盘、平衡鼓及联合装置

1—平衡盘；2—平衡圈；3—末级叶轮；4—泵体；5—平衡室；

6—工作瓦；7—非工作瓦；8—推力盘；9—平衡鼓

转子向高压侧窜动，轴向间隙增大，平衡力减小，直到与轴向推力相等，达到新的平衡。由此可见，平衡盘在运行中，能够随着轴向力的变化自动地调节平衡力的大小，来完全平衡轴向力。

需要注意的是，由于惯性作用，窜动的转子不会立刻停止在新的平衡位置，还会继续向左或向右移动，并逐渐衰减，直到平衡位置停止。这就造成了转子在从一个平衡位置到达另一个平衡位置之间，来回"窜梭"的现象。因此，平衡盘的平衡状态是动态的。泵在运行过程中，不允许过大的轴向窜动，否则会使平衡盘与平衡圈产生严重磨损。因此要求在轴向间隙改变不大的情况下，能使平衡力发生显著变化，使平衡盘在短期内能迅速达到新的平衡状态，即要有合理的灵敏度。

由于平衡盘可以自动平衡轴向力，平衡效果好，并避免泵的动、静部分的碰撞和磨损，且结构紧凑等优点，因而在分段式多级离心泵中被广泛采用。但由于泵存在着窜动，使工况不稳定，且平衡盘与平衡圈经常摩擦，造成磨损，此外还有引起汽蚀、增加泄漏等不利因素，所以现代大容量水泵已趋向于不单独采用平衡盘。

③ 采用平衡鼓   平衡鼓是装在末级叶轮后面与叶轮同轴旋转的圆柱体（鼓形轮盘），如图 1-18(b) 所示。平衡鼓外缘表面与泵壳上的平衡圈之间有一个很小的径向间隙 b，平衡鼓前面是末级叶轮的后泵腔，液体压力为 p_1，部分液体经径向间隙泄漏至平衡室，平衡室用连通管与泵吸入口连通。因此，平衡鼓右侧的压力 p_0 接近泵吸入口压力，于是在平衡鼓两侧形成压差，其方向与轴向推力方向相反，起到平衡作用。

平衡鼓的优点是不会发生轴向窜动，避免了与静止部分发生摩擦。但由于它不能完全平衡轴向力，尤其是不能适应变工况下轴向力的改变，因而单独使用平衡鼓时，还必须装设止推轴承。单独使用平衡鼓装置的情况是较少的，一般都采用平衡鼓与平衡盘组合装置，如图1-18(c) 所示。由于平衡鼓能承担 $50\%\sim80\%$ 的轴向力，推力轴承承担约 10% 的轴向力，这样就减少了平衡盘的负荷，从而可采用较大的轴向间隙，避免了因转子窜动而引起的动、静摩擦。经验表明，这种联合装置平衡效果好，目前大容量高参数的分段式多级泵大多采用这种平衡方式，对于启、停频繁的小型多级泵使用效果也较好。

此外，在大容量锅炉给水泵上也可采用双平衡鼓装置。

1.2.2.6　轴端密封装置

轴端密封装置装设在泵轴穿出泵壳的地方，密封泵轴与泵壳之间存在的间隙，因此又称为轴封。其作用是：轴端泵内为正压时，防止带压液体漏出泵外；轴端泵内为真空时，防止外界空气渗入，破坏泵的吸液过程。由于离心泵的运行特点和用途不同，目前采用的轴封主要有填料密封、机械密封、浮动环密封和迷宫密封等。

(1) 填料密封

填料密封俗称盘根密封，在泵中应用十分广泛。如图1-19 所示，填料密封主要由填料盒、填料（又称"盘根"）、液封环、液封管和填料压盖等组成。填料密封主要依靠轴外表面的填料被填料压盖压紧时，迫使填料变形，与轴严密接触而达到密封的目的。其中填料的挤压松紧程度应合适，并通过压盖调节。为了提高密封效果，填料一般做成矩形断面。液封管和液封环的作用是将压力液引入填料与泵轴之间的缝隙，不仅起到密封作用，同时也起到引液冷却和润滑的作用。有的泵是利用在泵壳上制作的沟槽来取代液封管，使结构更加紧凑。

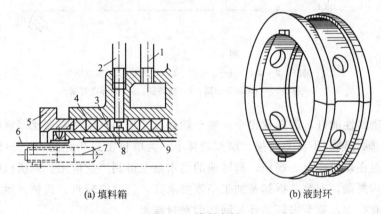

(a) 填料箱　　　　　　　　　　(b) 液封环

图 1-19　填料密封

1—冷却液管；2—液封管；3—填料；4—填料套；5—填料压盖；
6—轴；7—压紧螺栓；8—液封环；9—轴套

填料的种类很多。离心泵在常温下工作时，常用的有石墨或黄油浸透的棉织物。若温度或压力稍高时，可用石墨浸透的石棉填料。对于输送高温水（最高可达 $400℃$）或石油产品的泵，可采用铝箔包石棉填料，或用聚四氟乙烯等材料制成的填料。

填料密封结构简单，安装检修方便，压力不高时密封效果好。但填料使用寿命较短，需要经常更换、维修，只适用于泵轴圆周速度小于 $25m/s$ 的中、低压泵。

(2) 机械密封

机械密封又称端面密封，最早出现在 19 世纪末，目前国内已被广泛使用。其形式很多，基本结构如图1-20 所示，主要零件包括动环、静环、弹簧和密封圈等。这种密封装置主要依靠密封腔中液体和弹簧作用在动环上的压力,使动环端面贴合在静环端面上,形成密封。动环 2 装在转轴上,通过传动销与泵轴同时转动;静环 1 装在泵体上,为静止部件,并通过防转销 8 使它不能转动。静环与动环端面形成的密封面上所需的压力,依靠弹簧的弹力提供。动环密封圈 7 可防止液体的轴向泄漏。静环密封圈 9 封堵静环与泵壳间的泄漏。密封圈除了起密封作用以外,还能吸收振动,缓和冲击。动、静环间的密封实际上是由两环间维持一层极薄的流体膜起着平衡压力和润滑、冷却端面的作用。机械密封的端面需要通有密封液体,密封液体经外部冷却器冷却,在泵启动前先通入,泵轴停转后才能切断。机械密封要得到良好的密封效果,应使动、静环端面光洁、平整。机械密封的动环与静环一般由不同的材料制成,其动环、静环材料可选用碳化硅、碳化钨、铬钢、金属陶瓷及碳石墨浸渍巴氏合金、铜合金、碳石墨浸渍树脂等。

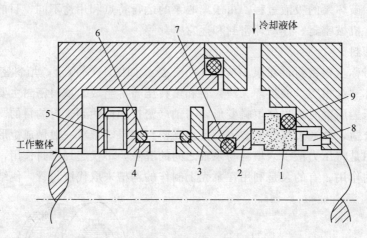

图 1-20　机械密封

1—静环；2—动环；3—动环座；4—弹簧座；5—固定螺钉；
6—弹簧；7—动环密封圈；8—防转销；9—静环密封圈

机械密封密封性能好,泄漏量很小;整个轴封尺寸较小;使用寿命比填料密封长,一般可达 1～2 年;轴与轴套不易受磨损。摩擦功耗小,为填料密封功耗的 10%～15%;耐振动性好。机械密封在现代高温、高压、高转速的给水泵上得到广泛应用。但机械密封较填料密封零件多、结构复杂,安装、拆卸及加工精度要求高,且价格较贵。机械密封对介质的要求也较高,因为有杂质,就会损坏动环与静环的密封端面。

(3) 浮动环密封

输送高温、高压的液体如用机械密封亦有困难,可采用浮动环密封。

浮动环密封如图 1-21 所示,主要由多个可以径向浮动的浮动环、浮动套(或称支承环)、支承弹簧等组成。浮动环密封是借浮动环与浮动套的密封端面在液体压力与弹簧力(亦有不用弹簧)的作用下,紧密接触使液体得到径向密封;同时,又由浮动环的内圆表面与轴套的外圆表面所形成的狭窄缝隙的节流作用来达到轴向密封。浮动环套在轴套上,由于液体受轴套旋转带动而产生的支承力可使浮动环沿着浮动套的密封端面上、下自由浮动,使浮动环自动对心。当浮动环与泵轴同心时,液体动力的支承力消失,浮动环不再浮动。由一个浮动环和一个浮动套组成一个单环。浮动环与浮动套的接触端面加工要光洁,摩擦力要小。为了达到良好的密封效果,一个浮动环密封装置由数个单环依次顺连而成。液体每经过

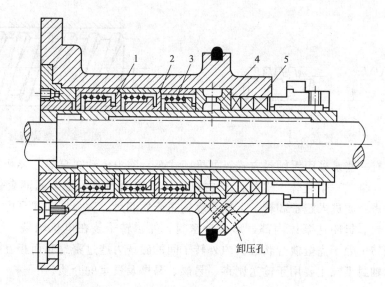

图 1-21　浮动环密封
1—浮动环；2—浮动套；3—支承弹簧；4—泄压环；5—轴套

一个单环进行一次节流，因而泄漏量降低。

弹簧的作用是保证端面间良好的接触，但弹簧力不应太大，否则浮动环不能自由浮动。此外，为了提高密封效果，减少泄漏，在浮动环中间还通有高压密封液。为了保证浮动环安全工作，密封液必须经过滤网过滤。

浮动环与轴套都应采用耐磨材料，在输送水时要用防锈材料。一般浮动环用铅锡青铜制造，轴套（或轴）用 3Cr13 制造，并在表面镀铬 0.05～0.1mm，以提高表面硬度。

浮动环密封相对于机械密封而言，结构简单，运行较可靠。如果能正确控制径向间隙和密封长度，可以得到较满意的密封效果。但浮动环密封要求浮动环和转轴之间必须保持液膜，否则密封被破坏，所以不宜在干化或汽化条件下运行。另外，随着密封环数的增多，浮动环密封要求有较长的轴向尺寸，不适合用在粗且短的大容量给水泵上。浮动环密封在锅炉给水泵、凝结水泵上使用效果较好。

（4）迷宫密封和螺旋密封

如图 1-22 所示，迷宫密封是利用泵壳上密封片与轴套之间形成的一系列忽大忽小的间隙变化，对泄漏液体进行多次节流、降压，从而实现密封作用。这种密封的径向间隙较大，泄漏量也较大。为了减少液体的泄漏，可向密封衬套注入密封液。也可在转轴的轴套表面加工与液体泄漏方向相反的螺旋形沟槽，如图 1-22（b）所示。由于没有任何摩擦部件，即使在离心泵干转、密封液体短时间中断的情况下也不会相互摩擦，而且制造简单，功耗少，在高速大型水泵中正逐步成为主要的密封装置。

如图 1-23 所示，螺旋密封是一种非接触式的流体动力密封。它是利用在密封部位的转轴表面上车出反向螺旋槽，泵轴转动时对充满在螺旋槽内的泄漏液体产生一种向泵内的泵送作用，从而达到减少介质泄漏的目的。为取得一个好的密封效果，槽应该浅而窄，螺旋角亦应小些。

螺旋密封工作时无磨损，使用寿命长，特别适用于含颗粒等条件苛刻的工作场合。但螺旋密封在低速或停车状态不起密封作用，需另配辅助密封装置。另外，螺旋密封轴向长度较长。

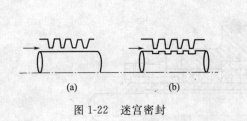
图 1-22　迷宫密封

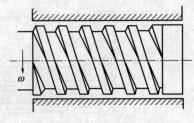
图 1-23　螺旋密封

此外，还有一些泵采用无轴封方式，如屏蔽式泵、磁力传动式泵等。屏蔽式泵叶轮装在电机伸出轴上，组成一个整体。电机定子内腔和转子表面各有一层金属薄套保护，称屏蔽套，以防止输送介质进入定子和转子，轴承靠输送介质润滑。磁力传动式泵内磁转子装在泵轴端，并用密封套封闭在泵体内部，形成静密封。外磁转子装在电机轴端，套入密封套外侧，使内外磁转子处于完全偶合状态。内外转子间的磁场力透过密封套而相互作用，进行力矩的传递。无轴封型泵主要用于输送剧毒、易燃、易爆及贵重的介质。

1.3　离心泵的性能曲线及用途

1.3.1　离心泵的性能参数

离心泵的性能参数包括流量、扬程、功率、效率、转速及汽蚀余量等。这些参数反映了泵的整体性能。对于每一台离心泵，为了使其运转安全并在高效区内工作，都规定了一定的工作范围。在规定的工作范围内运转，泵就可得到既安全又经济的合理使用。

1.3.1.1　流量

单位时间内泵所输送的流体量称为流量。它可分为体积流量 q_V 和质量流量 q_m，体积流量 q_V 的单位为 m^3/s、m^3/h、L/s，质量流量 q_m 的单位为 kg/s、t/h。体积流量与质量流量之间的关系为

$$q_m = \rho q_V \tag{1-1}$$

式中　ρ——输送流体的密度，kg/m^3。

1.3.1.2　扬程

泵提供的能量通常用能头表示，称为扬程，是指单位重量液体通过泵后的能量增加值，用符号 H 表示，单位为 $N \cdot m/N$ 或 mH_2O。

设液流流进泵时所具有的比能（单位质量的液体所具有的能量）为 e_1，流出泵时所具有的比能为 e_2，则水泵的扬程为 $H = e_2 - e_1$。如图 1-24 所示，以吸液面 0—0 为基准面，列进液断面 1—1 及出液断面 2—2 的能量方程式，则扬程为

$$H = e_2 - e_1 = \left(\frac{p_2}{\rho g} + \frac{v_2^2}{2g} + z_2 \right) - \left(\frac{p_1}{\rho g} + \frac{v_1^2}{2g} + z_1 \right)$$

移项得

$$H = e_2 - e_1 = \frac{p_2 - p_1}{\rho g} + \frac{v_2^2 - v_1^2}{2g} + (z_2 - z_1) \tag{1-2}$$

式中　z_1、z_2——泵的进、出口到基准面的高度，m；

　　　　p_1、p_2——泵进、出口处液体的压力，Pa；

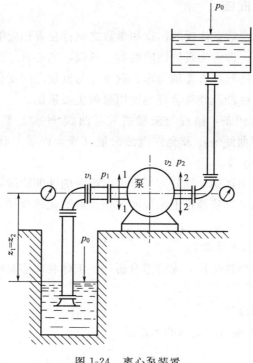

图 1-24　离心泵装置

v_1、v_2——泵进、出口处液体的绝对速度，m/s。

实际中，由于存在流动阻力，当泵的进口至出口存在流动阻力 $\sum h_f$ 时，泵的扬程应为：

$$H = e_2 - e_1 = \frac{p_2 - p_1}{\rho g} + \frac{v_2^2 - v_1^2}{2g} + (z_2 - z_1) + \sum h_f \qquad (1-3)$$

1.3.1.3　功率

泵的功率可分为输入功率和输出功率。泵的功率通常指输入功率，即轴功率，它是指由原动机传到泵轴上的功率，用符号 P 表示，单位为 W 或 kW。

泵的输出功率又称为有效功率，指单位时间内流体从泵中所获得的实际功，它等于质量流量与扬程的乘积，用 P_e 表示。

$$P_e = \frac{\rho g q_V H}{1000} \text{ kW} \qquad (1-4)$$

随着火力发电厂单元机组容量的增大，泵的功率亦相应增加。

1.3.1.4　效率

效率是指泵输出功率与输入功率之比的百分数，反映泵在传递能量过程中轴功率有效利用的程度，用符号 η 表示，即

$$\eta = \frac{P_e}{P} \times 100\% \qquad (1-5)$$

1.3.1.5　转速

转速是指泵叶轮每分钟的转数，用 n 表示，常用的单位为 r/min。

另外还有汽蚀余量等参数将在本章 1.4 节中介绍。

1.3.2 离心泵的性能曲线

泵的工作是以其性能参数来体现的。这些参数之间存在着相应的关系。将泵主要参数间的相互关系用曲线来表达，即称为泵的性能曲线。所以，离心泵的性能曲线是在一定的进口条件和转速下，泵供给的扬程、所需轴功率、效率等与流量之间变化关系的曲线。性能曲线是用户选择泵、了解泵的性能及经济合理地使用泵的主要依据。

泵的性能曲线主要有四条：扬程与流量的关系曲线 $H\text{-}q_V$、轴功率与流量的关系曲线 $P\text{-}q_V$、效率与流量的关系曲线 ηq_V 及允许汽蚀余量（或允许吸上真空高度）与流量的关系曲线 $[NPSH]\text{-}q_V$（或 $H_S\text{-}q_V$）。

到目前为止，还不能用理论计算的方法得出离心泵的性能曲线，而只能通过试验的方法求得。即使如此，我们也可以从理论上来说明这些性能变化的规律，揭示出性能曲线形状的基本趋势。

1.3.2.1 离心泵的理论特性曲线

为便于分析离心泵的理论特性，先简单分析一下流体在离心泵叶轮中的运动以及泵的基本方程式。

(1) 流体在叶轮中的运动

图 1-25 为流体在叶轮流道中流动的示意图。

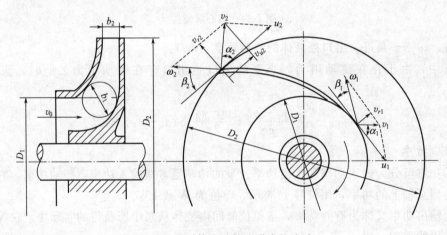

图 1-25 流体在叶轮流道中的流动

由于流体在叶轮中的流动十分复杂，为便于应用一元流动理论来分析其流动规律，首先对叶轮的构造、流动性质作以下三个理想假设：

① 流体通过叶轮的流动是恒定流；

② 叶轮具有无限多且无限薄的叶片，即可以认为流体在流道间作相对运动时，其流线与叶片形状一致，叶轮同半径圆周上各质点流速相等；

③ 流体是理想的不可压缩流，流动过程中不计能量损失。

当叶轮旋转时，流体沿轴向以绝对速度 v_0 自叶轮进口处流入。在叶片进口 1 处，流体质点一方面随叶轮旋转作圆周牵连运动，其圆周速度为 u_1；另一方面又沿叶片方向做相对运动，相对速度为 w_1。根据速度合成定理，流体质点在进口处的绝对速度 v_1 应是圆周速度 u_1 与相对速度 w_1 的向量和。同理，在叶片出口 2 处，流体质点的绝对速度 v_2 应是圆周速度

u_2 与相对速度 w_2 的向量和。

如图 1-26 所示，流体在叶轮中的复合运动可用速度三角形表示。图中相对速度 w 与圆周速度 u 反方向间的夹角 β 称为流动角。在设计中，将叶片切线与圆周速度反方向之间的夹角称为叶片安装角，用 β_y 表示，它表明了叶片的弯曲方向。当流体沿叶片型线运动时，流动角等于安装角，即 $\beta = \beta_y$。绝对速度 v 与圆周速度 u 之间的夹角 α 称为叶片的工作角，α_1 是叶片进口工作角，α_2 是叶片出口工作角。

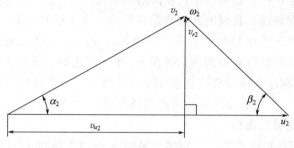

图 1-26 叶轮出口速度三角形

为便于分析，常将绝对速度 v 分解为与流量有关的径向分速度 v_r 和与扬程有关的切向分速度 v_u（见图 1-26）。前者的方向与叶轮半径方向相同，后者与叶轮的圆周运动方向相同。由图可知：

$$v_{u2} = v_2 \cos\alpha_2 = u_2 - v_{r2} \cot\beta_2 \tag{1-6}$$

$$v_{r2} = v_2 \sin\alpha_2$$

公式表明，当 u_2、v_{r2} 一定时，β_2 增大，v_{u2} 也增大；β_2 减小，v_{u2} 也减小。

(2) 离心泵的水力学基本方程式——欧拉方程

流体进入叶轮受到叶片推动而增加能量。分析了叶轮中流体的运动之后，建立叶轮对流体做功与流体运动状态之间关系的能量方程，即离心泵的基本方程——欧拉方程式。它可由动量矩定理推导出。

$$H_{T\infty} = \frac{1}{g}(u_2 v_{u2} - u_1 v_{u1})_{T\infty} \tag{1-7}$$

式中 $H_{T\infty}$——离心泵的理想扬程，下角标"$T\infty$"表示理想流体与无穷多叶片。

欧拉方程表示了单位质量流体所获得的能量。

如将图 1-26 中的叶片进出口速度三角形按余弦定理展开，可推导出欧拉方程的另一形式：

$$H_{T\infty} = \frac{u_2^2 - u_1^2}{2g} + \frac{w_1^2 - w_2^2}{2g} + \frac{v_2^2 - v_1^2}{2g} \tag{1-8}$$

式中 $\dfrac{u_2^2 - u_1^2}{2g}$——流体流经叶轮时由于离心力作用所增加的静压，该静压值的提高与圆周速度的平方差成正比；

$\dfrac{w_1^2 - w_2^2}{2g}$——因叶轮流道面积变化使流体相对速度降低所转化的静压增值；

$\dfrac{v_2^2 - v_1^2}{2g}$——流体流经叶轮时所增加的动能，该动能值应尽可能在导流器及蜗壳等组件中将其中的一部分转变为静压能。

欧拉方程表明：

① 流体所获得的理想扬程 $H_{T\infty}$ 仅与流体在叶片进出口处的运动速度有关，而与流动过程无关。

② 理想扬程 $H_{T\infty}$ 与 u_2 有关，而 $u_2 = n\pi D_2/60$。因此，增加转速 n 和加大叶轮直径 D_2，都可以提高泵的理想扬程。

③ 流体所获得的理想扬程与被输送流体的种类无关。对于不同密度的流体，只要叶片进出口处的速度三角形相同，都可以得到相同的 $H_{T\infty}$。

由于实际流体具有黏性，且泵的叶片数是有限的（水泵中叶片数一般为 6～12 片），流体流经实际叶轮时，由于流体惯性的存在，使流体产生一个与叶轮转动方向相反的旋转运动，称为轴向涡流，从而使所获得的理论扬程 H_T 小于理想的、无限多叶片的叶轮中所获得的理想扬程 $H_{T\infty}$。但在以下推导理论扬程 H_T 的过程中，仍按理想的、无限多叶片叶轮的理想扬程 $H_{T\infty}$ 进行计算，以获得其最大可能的扬程值。

(3) 离心泵的理论特性曲线

如果将理论扬程 H_T 按理想的、无限多叶片叶轮的理想扬程 $H_{T\infty}$ 进行计算，则由欧拉方程可知，当叶片进口切向分速度 $v_{u1} = v_1\cos\alpha_1 = 0$ 时，理论扬程将会达到最大值。因此，在设计泵时，总是使进口绝对速度 v_1 与圆周速度 u 之间的工作角 $\alpha_1 = 90°$。此时流体按径向进入叶片间的流道，有限多叶片的基本方程简化为

$$H_T = \frac{1}{g} u_2 v_{u2} \tag{1-9}$$

由叶片出口速度三角形可知

$$v_{u2} = u_2 - v_{r2}\cot\beta_2 \tag{1-10}$$

将式(1-10)代入式(1-9)，可得

$$H_T = \frac{1}{g}(u_2^2 - u_2 v_{r2}\cot\beta_2) \tag{1-11}$$

设叶轮的出口面积为 F_2，叶轮工作时所输出的理论流量为

$$q_{VT} = v_{r2} F_2 \tag{1-12}$$

将式(1-12)代入式(1-11)，可得

$$H_T = \frac{1}{g}\left(u_2^2 - \frac{u_2}{F_2} q_{VT}\cot\beta_2\right) \tag{1-13}$$

对于大小一定的泵而言，转速不变时，上式中的 u_2、g、β_2、F_2 均为常数。

令 $A = \dfrac{u_2^2}{g}$，$B = \dfrac{u_2}{F_2 g}$，代入式(1-13)，可得

$$H_T = A - B\cot\beta_2 q_{VT} \tag{1-14}$$

显然，这是一个斜率为 $B\cot\beta_2$、截距为 A 的直线方程，如图 1-27 所示。由此可将离心泵的叶轮分为三种形式：

当叶片出口安装角 $\beta_2 > 90°$ 时［见图 1-28(a)、(b)］，$\cot\beta_2 < 0$，叶片弯曲方向与叶轮旋转方向一致，称为前弯叶轮，其 H_T-q_{VT} 的关系为一条自左至右向上升的直线。图 1-28(a) 为薄板前向叶轮，图 1-28(b) 为多叶前向叶轮。这类叶轮流道短而出口宽度较宽。

当 $\beta_2 = 90°$ 时［见图 1-28(c)、(d)］，$\cot\beta_2 = 0$，叶片出口为径向，称为径向叶轮，其 H_T-q_{VT} 的关系为一条平行于横轴的直线。图 1-28(c) 为曲线型径向叶轮，图 1-28(d) 为直线型径向叶轮。前者制作复杂，但损失小，后者则相反。

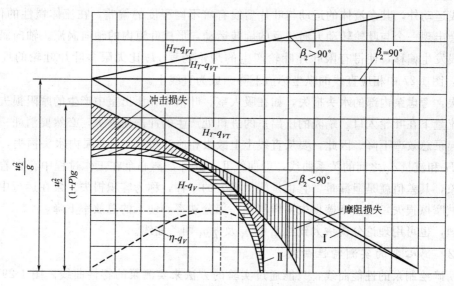

图 1-27　离心泵的理论特性曲线

当 $\beta_2 < 90°$ 时 [见图 1-28(e)、(f)]，$\cot\beta_2 > 0$，叶片弯曲方向与叶轮旋转方向相反，称为后弯叶轮，其 $H_T\text{-}q_{VT}$ 的关系为一条自左至右向下降的直线。图 1-28(e) 为薄板后向叶轮，图 1-28(f) 为机翼型后向叶轮。这类叶轮的叶轮能量损失小，整机效率高，运转时噪声小，但压力较低。

实际运行中，泵的理论扬程需要进行修正。如对于后弯式叶轮，首先考虑在叶轮流道中

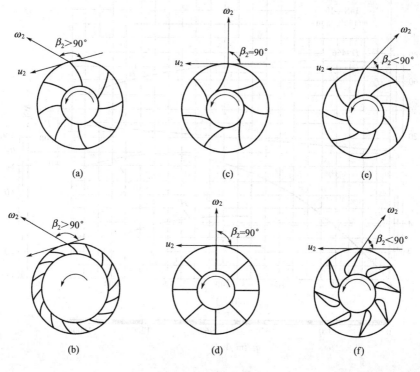

图 1-28　叶轮的形式

液流不均匀的影响。由于叶片数目有限，液体在流道中流动，除了紧靠叶片表面的液体沿着叶片型线运动外，其余液体的运动与叶片型线有着不同程度的偏差。在流体惯性的作用下，叶道内会出现一个与叶轮转动方向相反的旋转运动，形成叶道内的轴向涡流。轴向涡流的产生使流线发生偏移，使得有限叶片叶轮产生的理论扬程 H_T 比无限多叶片叶轮的理想扬程 $H_{T\infty}$ 小，图 1-27 中相应直线的纵坐标值下降，成为直线 I。

其次，考虑泵内部的水头损失，如在吸入室、叶槽中和压出室中产生的摩阻损失和泵在非设计流量下在叶轮入口、蜗壳的压出室的进口处产生的冲击损失等，必然要消耗一部分功率，引起泵总效率下降。因此，要从直线 I 上减去相应流量 q_{VT} 下的泵内水头损失，可得实际扬程 H 和流量 q_V 之间的关系曲线，即曲线 II。此外，离心泵在工作过程中存在着泄漏和回流现象，其差值就是泄漏量，它也是能量损失的一种，称为容积损失。泵在运行中还存在各类机械摩擦损失，这些摩擦损失同样消耗一部分功率，使泵的总效率下降。

同理，也可用理论分析法大致绘出 P-q_V 及 η-q_V 两条曲线。

1.3.2.2 离心泵的实测特性曲线

欲精确绘制泵的性能曲线，只能通过实验的方法来实测泵的特性曲线。图 1-29 所示为 14SA 型水泵的特性曲线。该曲线是在转速一定的情况下，通过离心泵性能实验和汽蚀实验的结果绘制的。

在性能曲线上，对于一个任意的流量点，都可以找出一组与其相对应的扬程、功率和效率值。通常把这一组相对应的参数称为工作状况，简称工况。对应于离心泵最高效率点的工况称为最佳工况点，它是泵运行最经济的一个工况。在最佳工况点左右的区域（一般不低于最高效率的 90%）称为高效工况区。高效工况区越宽，泵变工况运行的经济性越高。一般

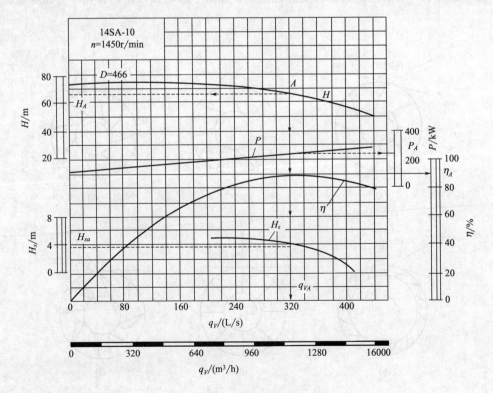

图 1-29 14SA 型离心泵的特性曲线

认为最佳工况点与设计工况点相重合。最佳工况点所对应的一组参数值，即为泵铭牌上所标出的数据。在实际工作中，根据泵和管路的特性曲线，可以确定泵的运行工况点，力求使泵经常保持在高效区运行。

当阀门全关时，$q_V=0$，$H=H_0$，$P=P_0$，该工况称为空转工况，此时消耗的功率为空载轴功率。

1.3.3　离心泵性能分析

1.3.3.1　离心泵性能特点

(1) 离心泵性能的特点

分析实验得到的性能曲线，就后弯式叶轮而言，离心泵的 H-q_V 曲线较为平坦，即流量增大时，扬程下降很少。一般扬程高、流量小的离心泵的 H-q_V 曲线具有驼峰，即 q_V 从 0 开始增大时扬程先升高，到达驼峰顶点后转为下降，如图 1-29 所示。

P-q_V 性能曲线是一条上升曲线，即功率随流量的增加而增加，$q_V=0$ 时轴功率最小。因此，离心泵应空负荷启动，这样原动机不易超载。

η-q_V 性能曲线的顶部较平坦，即高效工况区域宽。因此，离心泵变工况运行的经济性较高。

(2) 离心泵几种典型的 H-q_V 性能曲线

① 陡降型。如图 1-30 中 a 曲线所示，这种曲线有 25%～30% 的斜度，当流量变动很小时，扬程变化较大。这种性能的离心泵适用于扬程变化大而要求对流量影响小的情况，如火电厂中的循环水泵。

② 平坦型。如图 1-30 中 b 曲线所示，这种曲线具有 8%～12% 的斜度，当流量变化很大时，扬程变化很小。这种性能的离心泵适用于流量变化大而要求对扬程影响小的情况，如火电厂中的锅炉给水泵、凝结水泵等。

③ 驼峰型。如图 1-30 中 c 曲线所示，其扬程随流量的变化是先增加后减小，曲线上 k 点对应扬程的最大值 H_k 和 q_{Vk}。在 k 点左边为不稳定工作段，在该区域工作，

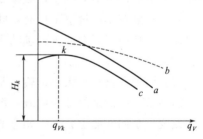

图 1-30　H-q_V 性能曲线的三种形状

会导致泵的工作不稳定。驼峰型曲线，一般与出口安装角 β_{2y}、叶片数 z、叶片形状等有关。

1.3.3.2　影响离心泵性能的几个因素

(1) 泵的结构形状

不同的结构形状是泵具有不同性能的主要因素，其中叶轮结构参数的影响尤其突出，下面简要说明。

① 叶片进口安装角 β_{1y}。叶片进口安装角的大小会使冲击损失发生变化，不仅影响泵的扬程和效率，还将影响泵的抗汽蚀性能。叶片进口安装角不宜太大，否则会导致效率和泵抗汽蚀性能的下降。

② 叶片进口边的位置。叶片进口边的位置主要影响泵的抗汽蚀性能，同时对泵的能头、轴功率也有影响。叶片进口边的布置有平行和延伸两类，延伸布置可增大叶片做功的面积，同时对泵的抗汽蚀性能有利。

③ 叶轮外径 D_2。叶轮的外径对能头的影响较大，同时对流量、轴功率、效率也有影响。增大叶轮外径，叶片泵的能头增加，即能头性能曲线向上平行移动。

④ 离心式叶轮出口宽度 b_2。叶轮出口宽度对流量的影响较大。当出口宽度在一定范围内增大时，流量、能头、轴功率及效率都会增加，且最高效率向大流量方向移动。

⑤ 叶片出口安装角 β_{2y}。叶片的出口安装角会影响泵的能头、轴功率、效率。增大出口安装角，会使泵的能头、轴功率增加，后弯式叶片的效率变化不大，前弯式叶片的效率下降明显。

⑥ 叶片数 z 和叶片包角 θ。叶片数对叶片式泵的能头影响较大，且还影响泵的抗汽蚀性能。叶片数增加，泵的能头增大，效率也有所提高，但泵的抗汽蚀性能下降。过多的叶片数会导致效率、离心泵的能头有所下降，还会使 H-q_V 曲线出现驼峰。叶片的包角是指叶片从进口到出口所对应的中心角，其大小对泵的效率、能头均有影响。统计表明，$\theta z / 360°$ 在 1.2~2.2 内可获得较高的效率。

⑦ 多级离心泵导叶进口面积。增大导叶进口面积可使 H-q_V 曲线变平坦，效率增高，同时效率曲线向大流量方向偏移。每种泵都有一最佳断面积，过分增大进口面积反而会降低效率。

⑧ 密封环与叶轮间的间隙。密封环与叶轮间的间隙对泵的性能影响较大。间隙大，泵的泄漏量增加，扬程和流量减小，功率增大，效率降低。

（2）预旋和叶轮内流体的回流

预旋会使泵的能头降低，但可以改善泵的抗汽蚀性能；自由预旋伴有流量的变化，并会使小流量下的冲击损失减小，效率提高。

叶片式泵在小流量下工作时，叶轮出口处会出现回流现象，使部分流体在叶轮内反复地获得能量，从而使泵的能头、轴功率和损失增大。不同形式泵产生回流的机理不一样，因此对性能的影响也会有差别。

（3）泵的几何尺寸大小、转速及被输送流体的密度

前面所讨论的泵的性能曲线，均为泵厂家产品样本所提供的标准状态下的性能曲线。若条件改变，泵的性能也会发生相应的变化。

1.4 离心泵的汽蚀

汽蚀涉及的范围十分广泛，对离心泵而言，汽蚀问题是影响其高速发展的一个突出障碍。随着火电厂机组容量的增大，泵的汽蚀问题仍然是一个重要的课题。

1.4.1 离心泵汽蚀现象及其危害

1.4.1.1 汽蚀现象及原因

根据热工学知道，当液面压力降低时，相应的汽化温度也降低。例如，水在一个大气压（101.3kPa）下的汽化温度为 100℃；一旦水面压力降到 2.43kPa，水在 20℃ 时就会沸腾。因此，离心泵运行时，若泵体内某区域液体压力低于当时温度下的液体饱和压力，液体会开始汽化产生气泡；也可使溶于液体中的气体析出，形成气泡。这些气泡随液体流动到泵叶轮的高压区后，在高压作用下气体迅速凝结而使气泡破灭。与此同时，周围的液体以极高的速度冲向气泡破灭前所占有的空间，相互撞击，形成强烈的水力冲击，引起泵流道表面损伤，甚至穿透。这一过程称为汽蚀现象。

离心泵产生汽蚀的根本原因是其吸入压力低于泵送温度下液体的汽化压力。引起离心泵吸入压力过低的因素主要有以下几种：

① 泵的安装位置高出吸液面的高度差太大，即泵的几何安装高度过大；

② 泵安装地点的大气压较低，如泵安装在高海拔地区；

③ 泵所输送的液体温度过高；

④ 泵的运行工况偏离额定工况过多等。

1.4.1.2 汽蚀危害

当气泡不太多、汽蚀不严重时，对泵的运行和性能还不至于产生明显的影响。但若汽蚀持续发展，气泡大量产生，则不但使泵的运转效率明显下降，能耗增加，甚至造成断流现象，更为严重的是，气泡溃灭时，在局部区域高频、高冲击力的水击，直接作用于固体表面上，使泵在工作时噪声和振动加剧，甚至在汽蚀的频繁作用下，引起泵的叶片边缘、叶轮室内壁间隙等部位的金属表面发生塑性变形和硬化变脆，产生疲劳现象和微小裂缝，进而使金属破裂与剥落。此外，在凝结热的助长下，活泼气体还对金属产生化学腐蚀，冲击作用还会使接口形成微电流，产生电化学腐蚀。这些都能加剧破坏泵的结构。汽蚀不仅破坏金属材料，同时还破坏橡胶等材料。

因而，在泵设计、使用时，要采取相应的措施以防泵内汽蚀现象的发生，达到延长泵的使用寿命、提高效率的目的。

影响泵吸入口液体压力的因素最主要的是泵的几何安装高度 H_g 或吸液高度。吸液高度是指泵入口中心线至吸入池液面的垂直距离。几何安装高度 H_g 一般指叶轮中心至吸入池液面的垂直距离，如图 1-31 所示。大型离心泵的 H_g 如图 1-32 所示。当管路条件及流量一定时，增大 H_g，泵内会发生汽蚀，甚至加剧汽蚀，使泵无法正常工作。因此，正确选择泵的几何安装高度是避免泵运行时发生汽蚀的主要方法。汽蚀性能参数中允许吸上真空高度或允许汽蚀余量是定量计算 H_g 的依据。

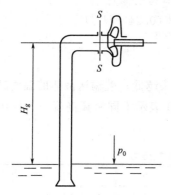

图 1-31 离心泵的吸液高度与几何安装高度

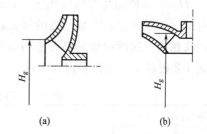

图 1-32 大型泵几何安装高度

1.4.2 离心泵的汽蚀性能参数

1.4.2.1 允许吸上真空高度 $[H_S]$

图 1-31 所示为泵的工作示意图。由伯努利方程，列出吸入容器液面及泵入口 $S—S$ 断面的能量方程为

$$\frac{p_0}{\rho g} = H_g + \frac{p_S}{\rho g} + \frac{v_S^2}{2g} + h_W \tag{1-15}$$

式中 p_S——泵吸入口 S—S 断面中心液体的压力，Pa；

v_S——泵吸入口 S—S 断面液体的平均流速，m/s；

h_W——液体从吸入池液面至泵入口的阻力损失，m。

将上式变形，得

$$\frac{p_0 - p_S}{\rho g} = H_g + \frac{v_S^2}{2g} + h_W$$

当液面为大气压时，令 $H_S = \dfrac{p_a - p_S}{\rho g}$，$H_S$ 称为吸上真空高度。

即

$$H_S = \frac{p_a - p_S}{\rho g} = H_g + \frac{v_S^2}{2g} + h_W \tag{1-16}$$

上式表明，吸上真空高度 H_S 表示了泵入口处真空的程度，也反映了该处液体压力下降的多少。吸上真空高度 H_S 等于泵的几何安装高度、泵进口处的速度能头及液体从吸入液面至泵入口的阻力损失三者之和。

上式也表明，若流量一定，吸上真空高度 H_S 将随泵的几何安装高度 H_g 的增加而增大，吸上真空高度 H_S 越大，p_S 越小，越易发生汽蚀。汽蚀刚刚发生时所对应的吸上真空高度 H_S 称为最大吸上真空高度，用 $H_{S,max}$ 表示。若 $H_S > H_{S,max}$，则泵内发生汽蚀；反之，则不发生汽蚀。最大吸上真空高度 $H_{S,max}$ 由汽蚀试验的方法测定。为保证泵的安全运行，一般规定，$H_{S,max}$ 预留 0.3m 的安全裕量作为泵的允许吸上真空高度，用 $[H_S]$ 表示。即允许吸上真空高度

$$[H_S] = H_{S,max} - 0.3 \tag{1-17}$$

泵制造厂提供的 $[H_S]$，为标准状态（大气压为 760mmHg、液温为 20℃）时的数值，若泵使用场合的大气压及液温不同于标准值，则应按下式进行修正：

$$[H_S]' = [H_S] + (H_{amb} - 10.33) + (0.24 - H_{vp}) \tag{1-18}$$

式中 H_{amb}——使用场合的大气压头，m；

H_{vp}——使用场合的汽化压头，m。

对同一台泵而言，安装地点的海拔越高，则大气压头越低；被输送液体的温度越高，则汽化压头越高。这两种情况都会使 $[H_S]'$ 值减小。表 1-1 表示不同海拔高度与大气压力的关系；表 1-2 表示不同水温和饱和蒸汽压力关系。

表 1-1 不同海拔高度对应的大气压力

海拔高度/m	−600	0	100	200	300	400	500	600	700
大气压 p_a/kPa	110.8	101	100	99	98.1	96.1	95.1	94.1	93.2
海拔高度/m	800	900	1000	1500	2000	3000	4000	5000	
大气压 p_a/kPa	92.1	91.1	90.2	84	79.4	70.6	61.8	53.9	

综上分析，汽蚀性能参数 $[H_S]$ 不能直接反映泵本身的汽蚀性能；且当泵的工作环境改变需要进行修正时，使用不方便。因此，有必要引进一个能直接反映泵本身汽蚀性能，且使用时不需要修正的参数进行描述。汽蚀余量是目前国内外广泛采用的汽蚀性能参数。

表 1-2　不同水温对应的饱和蒸汽压力

水温/℃	0	5	10	15	20	25	30
密度/(kg/m³)	999.9	1000.0	999.7	999.1	998.2	997.0	995.6
p_{vp}/kPa	0.6080	0.8728	1.2258	1.7064	2.334	3.1676	4.2365
水温/℃	35	40	45	50	55	60	65
密度/(kg/m³)	994.0	992.2	990.2	988.0	985.7	983.2	980.6
p_{vp}/kPa	5.6192	7.3746	9.5811	12.3270	15.7397	19.9173	25.0070
水温/℃	70	75	80	90	100	110	120
密度/(kg/m³)	977.8	974.9	971.8	965.3	958.1	950.6	942.9
p_{vp}/kPa	31.1557	38.5500	47.3631	70.1077	101.3223	143.2654	198.5454

1.4.2.2　允许汽蚀余量[NPSH]

泵运行时若发生汽蚀，不仅与其吸入管路装置条件有关，而且与泵本身的吸入结构有关。为了定义和理解汽蚀余量的概念，需引入分别反映这两方面的有效汽蚀余量和必需汽蚀余量。

(1) 有效汽蚀余量 $NPSH_a$（Δh_a）

有效汽蚀余量又称装置汽蚀余量。它是指泵吸入口处单位重量液体所具有的超过汽化压力能头的富裕能头，以符号 $NPSH_a$ 或 Δh_a 表示。根据有效汽蚀余量的定义可得

$$NPSH_a = \frac{p_S}{\rho g} + \frac{v_S^2}{2g} - \frac{p_{vp}}{\rho g} \qquad (1\text{-}19)$$

式中　p_S——液体在泵吸入口处所具有的压力，Pa；

　　　v_S——泵吸入口处液体的断面平均流速，m/s；

　　　p_{vp}——液体的饱和蒸汽压力或汽化压力，Pa。

上式为有效汽蚀余量的定义式，计算时使用不方便，由式(1-15)变形得

$$\frac{p_S}{\rho g} + \frac{v_S^2}{2g} = \frac{p_0}{\rho g} - H_g - h_W$$

将上式代入式(1-19)，得

$$NPSH_a = \frac{p_0}{\rho g} - \frac{p_{vp}}{\rho g} - H_g - h_W \qquad (1\text{-}20)$$

上式为有效汽蚀余量的计算式。从中可见，有效汽蚀余量由吸入管路系统装置决定，与泵本身无关。在吸入池液面压力、泵几何安装高度不变时，液体温度升高或流量增加，泵运行时发生汽蚀的可能性增大。

另外，由式(1-19)可知，有效汽蚀余量越大，泵入口处液体超过汽化压力的富裕能头就越多，泵工作时出现汽蚀的可能性越小，但 $NPSH_a$ 的大小并不能说明泵是否发生汽蚀。即 $NPSH_a$ 不能单独反映泵的汽蚀性能。

(2) 必需汽蚀余量 $NPSH_r$（Δh_r）

有效汽蚀余量的大或小并不能说明泵内是否发生汽蚀，因为有效汽蚀余量仅指泵吸入口处单位重量液体所具有的富裕能量，但泵吸入口处的液体压力并不是泵内压力最低值。液体从泵吸入口流至叶轮进口的过程中，能量没有增加，但它的压力却还要继续降低。压力降低的原因有以下方面。

① 如图 1-33 所示，从泵吸入口至叶轮入口的截面积一般是逐渐收缩的，所以，液体在

其间的流速要升高，而压力却相应降低。

②液体进入叶轮流道时，以相对速度 w_1 绕流叶片头部，此时液流急剧转弯，流速加大，液体压力降低。这在叶片背部（非工作面）K 点更甚，液体在 K 点的压力 p_K 急剧下降至最低，如图 1-33 及图 1-34 所示。

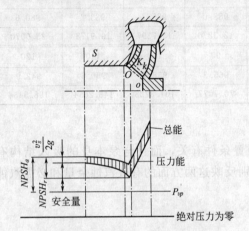

图 1-33 泵入口至叶轮入口压力分布

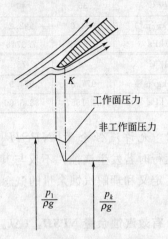

图 1-34 液体绕流叶片头部时的压力分布

③液体从泵吸入口流至叶片 K 点间，由于沿程阻力损失和局部阻力损失的存在，致使液体压力下降。

综上所述，单位重量液体从泵吸入口流至叶轮叶片进口压力最低处的压力降能头，称为必需汽蚀余量，亦称泵的汽蚀余量，以符号 $NPSH_r$（或 Δh_r）表示，其定义式为

$$NPSH_r = \frac{p_S}{\rho g} + \frac{v_S^2}{2g} - \frac{p_K}{\rho g} \tag{1-21}$$

根据伯努利方程，可推导得到必需汽蚀余量的定量分析式。由图 1-33 可列出泵吸入口 $S—S$ 及叶轮叶片进口处稍前 $O—O$ 截面伯努利方程，再列出泵吸入口 $S—S$ 至 $K—K$ 截面相对运动伯努利方程，并假设 $z_S = z_0 = z_K$，$u_0 = u_K$，$h_w = 0$，令 $\left[\left(\dfrac{w_K}{w_0}\right)^2 - 1\right] = \lambda$，则

$$\frac{p_S}{\rho g} + \frac{v_S^2}{2g} - \frac{p_K}{\rho g} = \frac{v_0^2}{2g} + \lambda \frac{w_0^2}{2g}$$

考虑到绝对速度因液流转弯而造成的流动不均匀，以及液流的流动阻力损失，在上式中引进压降系数，得

$$NPSH_r = m \frac{v_0^2}{2g} + \lambda \frac{w_0^2}{2g} \tag{1-22}$$

式中 m——压降系数，一般 $m = 1.0 \sim 1.2$；

λ——液体绕流叶片头部的压降系数，一般 $\lambda = 0.3 \sim 0.4$，与冲角、叶片数、叶片头部形状有关；

w_0——叶片进口前 $O—O$ 截面的相对速度；

v_0——$O—O$ 截面的绝对速度。

式(1-22) 称为汽蚀基本方程。

必需汽蚀余量 $NPSH_r$ 与吸入管路装置系统无关，它只与泵吸入室的结构、液体在叶轮进口处的流速大小和分布等因素有关。因此，必需汽蚀余量由泵入口各因素决定。$NPSH_r$

值大，说明液流从泵入口到首级叶轮入口时的压力降大，泵抗汽蚀性能就差，其大小在一定程度上反映了泵本身汽蚀性能的好坏。式(1-22)表明，当泵输送的流量增大时，$NPSH_r$ 增大，泵内发生汽蚀的可能性增加。

(3) 允许汽蚀余量[NPSH]

① $NPSH_a$ 与 $NPSH_r$ 的关系 有效汽蚀余量反映的是液体在泵入口处超过汽化压力的富裕能量，其值越大越好。必需汽蚀余量反映的是液体从泵吸入口流至叶轮叶片进口压力最低处 K 点所消耗的能量，其值越小越好。当 $NPSH_a > NPSH_r$ 时，有效汽蚀余量的富裕能量多于必需汽蚀余量所消耗的能量，$p_K > p_{vp}$，泵内不会发生汽蚀；反之，当 $NPSH_a < NPSH_r$ 时，富裕能量不足以提供消耗的能量，泵内液体的最低压力将降至液体的汽化压力以下（$p_K < p_{vp}$），泵将发生汽蚀。$NPSH_a = NPSH_r$ 为泵内发生汽蚀的临界状态。为使泵运行时不发生汽蚀，必须保证 $NPSH_a > NPSH_r$。

② 允许汽蚀余量[NPSH] 泵的允许汽蚀余量是汽蚀余量的临界值加上安全裕量。由式(1-20)和式(1-22)可知，$NPSH_a$ 随流量增大而减小，$NPSH_r$ 随流量增大而增加，图1-35表明了有效汽蚀余量和必需汽蚀余量与流量之间的关系。由图可见，当流量达到 $q_{V,\max}$ 时，泵处于发生汽蚀的临界状态，此时的汽蚀余量称为临界汽蚀余量，用 $NPSH_c$ 表示，其值由汽蚀实验测定。为了确保泵不发生汽蚀，国家标准规定，将 $NPSH_c$ 加上 0.3m 的安全裕量作为泵的允许汽蚀余量，简称汽蚀余量，用[NPSH]表示，即

$$[NPSH] = NPSH_c + 0.3 \tag{1-23}$$

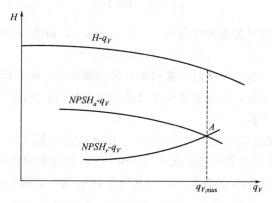

图 1-35 $NPSH_a$ 与 $NPSH_r$ 随流量 q_V 的变化关系

应当指出，安全裕量的大小应视系统及泵的具体情况而定，通常选取

$$[NPSH] = (1.1 \sim 1.3) NPSH_c \tag{1-24}$$

1.4.2.3 泵允许几何安装高度[H_g]的确定

根据汽蚀性能参数，可推导出泵的允许几何安装高度的计算式。

① 由允许吸上真空高度[H_S]确定。当泵生产厂提供的汽蚀参数为[H_S]时，由公式(1-16)推导得

$$[H_g] = [H_S] - \frac{v_S^2}{2g} - h_W \tag{1-25}$$

或修正式

$$[H_g] = [H_S]' - \frac{v_S^2}{2g} - h_W \tag{1-26}$$

② 由允许汽蚀余量[NPSH]确定。当泵生产厂提供的汽蚀参数为[NPSH]时，由公式
(1-20) 推导得

$$[H_g] = \frac{p_0 - p_{vp}}{\rho g} - [NPSH] - h_W \tag{1-27}$$

③ 泵的几何安装高度及倒灌高度。根据公式(1-26)及式(1-27)计算$[H_g]$，只要泵的
几何安装高度 $H_g \leqslant [H_g]$，泵运行时就不会发生汽蚀。

当应用公式求出结果$[H_g] > 0$时，泵中心线可安装在吸入容器液面以上；若$[H_g] < 0$，
则此时泵的 H_g 必须为负值，即泵中心线应在吸入容器液面以下，否则泵工作时将发生汽
蚀。泵的几何安装高度为负值时，称为倒灌高度，如图 1-36 所示。

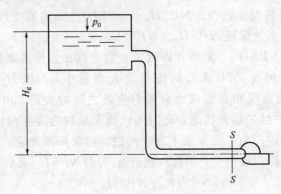

图 1-36　倒灌高度

若吸入容器液面的压力为饱和蒸汽压力，即 $p_0 = p_{vp}$，由式(1-27)可得

$$[H_g] = -[NPSH] - h_W \tag{1-28}$$

上式表明，当泵吸取饱和液体时，泵的中心线必须安装在吸入容器液面以下，如火力发
电厂中的给水泵与凝结水泵，分别安装在除氧器液面及凝汽器液面以下，否则泵一投入运行
就发生严重汽蚀而无法工作。

例 1-1　某一高原地区大气压力为 90636Pa，用泵输送水温为 45℃的热水。吸水管路阻
力损失为 0.8m，当流经吸水管段热水流速为 4m/s 时，此时泵的允许吸上真空高度$[H_S] =$
5.5m。①试求泵的允许几何安装高度？②若其他条件不变，输送水温为 80℃，泵的允许几
何安装高度又是多少？

解：① 查表 1-2，45℃时的密度是 990.2kg/m³，饱和蒸汽压力为 9.5811×10^3 Pa。

将高原大气压换算为高度表示：$H_{amb} = \dfrac{90636}{990.2 \times 9.8} = 9.33$（m）

将饱和蒸汽压力换算为高度表示：$H_{vp} = \dfrac{9.5811 \times 10^3}{990.2 \times 9.8} = 0.99$（m）

根据式(1-18)得

$[H_S]' = [H_S] + (H_{amb} - 10.33) + (0.24 - H_{vp}) = 5.5 + 9.33 - 10.33 = 0.24 - 0.99 = 3.75$（m）

水温 45℃时泵的允许几何安装高度为

$$[H_g] = [H_S]' - \frac{v_S^2}{2g} - h_W = 5.75 - \frac{4^2}{2 \times 9.8} - 0.8 = 2.13 \text{（m）}$$

② 查表 1-2，80℃时的密度是 971.8kg/m³，饱和蒸汽压力为 47.363×10^3 Pa。同理可
求得 $H_{vp} = 4.97$m，$[H_S]' = 0.23$m，代入公式(1-26)得

$$[H_g] = [H_S]' - \frac{v_S^2}{2g} - h_w = 0.23 - \frac{4^2}{2 \times 9.8} - 0.8 = -1.85 \, (\text{m})$$

计算结果表明，当输送水温升高时，泵的 H_g 会变为倒灌高度。

1.4.2.4　汽蚀比转速

汽蚀余量能够反映泵抗汽蚀性能的好坏，但不能比较不同吸入结构的泵抗汽蚀性能的优劣。需要研究一个既能表示泵的抗汽蚀性能，又与泵的性能参数相联系的综合参数。为此，利用相似原理，引出一个新的参数——汽蚀比转速 S。

离心泵的汽蚀比转速 S 与泵的尺寸、流量及转速有关，它可作为离心泵汽蚀相似的准则，也可作为离心泵抗汽蚀性能的一种判别方法。在相同的流量下，S 值越大，泵的抗汽蚀性能越好。

汽蚀比转速在数学上用下述方程式表示

$$S = \frac{5.62n\sqrt{q_V}}{NPSH_r^{3/4}} \qquad (1\text{-}29)$$

式中　q_V、n、$NPSH_r$——泵最佳效率点的参数值。

1.4.3　防止泵汽蚀的措施

改善泵的吸入性能、提高泵抗汽蚀性能的措施，可以从提高泵的有效汽蚀余量、降低泵的必需汽蚀余量及其他措施着手研究。

1.4.3.1　提高有效汽蚀余量的措施

（1）合理地确定几何安装高度

抽取井水时，往往随着水井水位的下降而会使几何安装高度越来越大。应采取降低泵的安装高度等措施以减小几何安装高度。对于工业锅炉及火电厂的给水泵、凝结水泵、低压疏水泵等，由于水温较高，液面压力为汽化压力，极容易引起汽蚀。为提高有效汽蚀余量，必要时应采取倒灌高度。

（2）减少吸入管路的水力损失

为了减少吸入管路的水力损失，应尽可能地降低管路内表面粗糙度，减少吸入系统上的附件，如弯头、阀门等；合理地加大吸入管的直径，以减小流速；同时应使吸入管路最短。

（3）在主泵吸入系统装低速前置泵

为提高主泵入口处液体的压头，在高速主泵前加装一低速泵。当液体流经前置泵后获得能量，改善了主泵的吸入性能。这种组合方式既可避免前置泵汽蚀，又能防止主泵发生汽蚀。目前火电厂大容量的汽轮发电机组的锅炉给水泵一般都采用这种形式。

1.4.3.2　降低必需汽蚀余量的措施

（1）首级叶轮采用双吸式

采用双吸式叶轮在这里并不是为了增加流量，而是使叶轮入口的液体流速降低一半。汽蚀比转速、转速与流量相同的两台泵，采用双吸叶轮的必需汽蚀余量是采用单吸叶轮的 63%，因而提高了泵的抗汽蚀性能。

（2）降低叶轮入口部分液体的流速

叶轮入口部分液体流速如能降低，则必需汽蚀余量也能下降，从而提高泵抗汽蚀性能。

降低叶轮入口部分液体的流速，方法有二。一是增大叶轮入口直径。但增大叶轮入口直径，会使吸入口密封环处泄漏量增大，降低泵的容积效率。因此，增大叶轮入口直径必须兼顾泵的效率。另一个方法是，增大叶轮叶片进口的宽度，但也不能过分增大，否则会使前盖板处的圆周速度增大。

(3) 选择适当的叶片数和冲角

叶片数不能太多，否则容易在叶轮的叶片进口处形成阻塞，造成流速增加，压力降低，必需汽蚀余量增大。

为了降低必需汽蚀余量，叶轮入口处叶片安装角通常比液流流入角大一个冲角，一般取正冲角 $3°\sim10°$。选择一定的冲角，使叶片的进口流道面积增大，降低液流的速度。在一定流量下，液流进口流速下降，必需汽蚀余量当然降低了。选择恰当的正冲角，泵的效率基本不受影响。

(4) 叶片在叶轮入口处延伸布置

叶片在叶轮入口处延伸布置，对提高泵的抗汽蚀性能是有利的。但叶片延伸量应该取多少为宜，则需进行设计计算。延伸量过大，吸入性能反而恶化。另外，叶片入口边形状作成尖形头部，特别是最大厚度离进口边远些，这样对泵的抗汽蚀性能是十分有利的。

(5) 适当增大叶轮前盖板处液流转弯半径

前盖板转弯半径处，液流由于惯性的缘故容易造成脱流。而增大前盖板的转弯半径，能减小脱流，降低局部阻力损失。对泵抗汽蚀性能是有利的，而且对提高泵的效率亦有益。

1.4.3.3　其他措施

泵由于受到使用、安装条件的限制，有些泵较容易产生气泡，造成汽蚀。因此，采用抗汽蚀性能好的材料作叶轮或过流部件，可大大提高泵的使用寿命。如果选用的材料强度高、韧性好、硬度高、化学稳定性好，则抗汽蚀性能亦好。国内最常用的材料是含铬不锈钢，它在抗腐蚀、抗冲刷、抗汽蚀等方面均有良好的性能。另外，铝青铜、青铜、磷青铜等材料的抗腐蚀、抗侵蚀、抗汽蚀性能亦都较好。

叶轮表面粗糙的程度对气泡的初生影响很大。光滑的叶轮表面，对气泡的诱发能力最差。而粗糙的叶轮表面，容易诱发气泡，汽蚀时容易产生应力集中，加速破坏。

超汽蚀泵是近来研究的成果。超汽蚀泵的叶片翼型截面具有薄而尖锐的前缘，以诱发一种固定型的空泡。空泡发生在叶片翼型背面，并扩展至它的后部，使原来的叶片翼型和空穴组成新的翼型。超汽蚀泵的空泡是在叶片翼型后部的液流中溃灭，所以不损坏叶片。

实训　离心泵的拆装

(1) 实训目的

① 掌握离心泵的拆装方法与步骤，熟悉常用工具的使用。

② 熟悉各种常用离心泵的构造、性能、特点。

(2) 实训要求

① 拆泵之前，先要了解泵的外部结构特点，分析出拆泵的次序，即先拆哪部分、再拆哪部分。

一般拆卸顺序应与装配顺序相反，先从外部拆向内部，从上部拆到下部，先拆部件或组件，再拆零件。拆卸时，如果有螺栓等因年长日久而锈蚀难拧，可先用松锈剂等喷射在要拆卸的部位，稍等几分钟即可。

在拆卸轴上零件时，必须垫好铜块、木块、橡胶等软衬垫，以防损坏零件的表面。

② 拆泵过程中要严格按工艺要求操作，拆下的零部件要摆放有序，应注意某些部件的方向性，如有必要，应做标记。

③ 拆泵之后，重点了解以下内容并做记录：

a. 所拆泵的型号、性能参数，构成部件名称；

b. 叶轮的结构形式与叶型，轴封装置的形式与构造；

c. 有无减漏环及其形式，有无轴向力平衡装置及其形式；

d. 吸入口、排出口、转向等的区分；

e. 与电动机的连接方式；

f. 多级泵的叶轮与级间的流道结构，多级泵与单级泵的区别；

g. 立式泵与卧式泵的差异；

h. 单吸泵与双吸泵的差异。

④ 提出问题并讨论。

⑤ 按顺序将泵安装复原，条件具备的要进行试车运转以检验装配是否符合要求。

⑥ 提交实训记录与实训体会。

(3) 实训器材与设备

主要有：活扳手、呆扳手、梅花扳手、一字或十字旋具、锤子，木板（条）；拉马；黄油、机油；各种常用离心泵。

习题与思考题

1-1　离心泵的工作原理是什么？

1-2　单吸泵和双吸泵在结构上有什么区别？

1-3　离心泵有哪些主要零部件？它们各有什么作用？

1-4　叶轮有哪几种形式？离心泵叶轮的叶片形式为什么要采用后弯式的？

1-5　离心泵吸入室、压出室各有哪几种形式？

1-6　离心泵的轴向力是如何产生的？平衡措施主要有哪些？

1-7　说明轴向推力变化时，平衡盘自动平衡轴向力的原理。

1-8　离心泵的轴封装置主要有哪几种？

1-9　填料密封所用材料有哪几种？

1-10　简述机械密封的工作原理及其优缺点。

1-11　什么是离心泵的扬程？如何计算？

1-12　离心泵的扬程与真空表和压力表的读数之间有什么关系？

1-13　液体在离心泵叶轮中是如何流动的？如何作速度三角形？

1-14　离心式叶轮的理论 $H_T\text{-}q_{VT}$ 曲线为直线，而实际所得的 $H\text{-}q_V$ 为曲线，原因何在？

1-15　离心泵的 $H\text{-}q_V$ 曲线有哪几种形式？各适用于什么场合？

1-16　什么是泵内汽蚀现象？汽蚀产生的原因是什么？有何危害？

1-17　分别解释什么是有效汽蚀余量、必需汽蚀余量和允许汽蚀余量。三者之间互相有什么关系？

1-18　为什么要考虑泵的安装高度？火电厂中给水泵、凝结水泵为什么都采用倒灌高度？

1-19　提高泵抗汽蚀性能的措施有哪些？转速提高对泵的抗汽蚀性能有何影响？

1-20　已知下列资料，试求泵所需扬程：水泵轴线标高130m，吸水面标高126m，上水池液面标高 170m，吸入管段阻力 0.81m，压出管段阻力 1.91m。

1-21　有一台吸入口直径为 600mm 的双吸单级泵，输送常温水，其工作参数为 $q_V = 880$L/s，允许吸上真空高度为 3.2m，吸水管路阻力损失为 0.4m，该泵中心线装在离吸水池液面 2.8m 处，问泵能否正常工作？

1-22　某台 CHTA 型锅炉给水泵，其入口直径为 $d_1 = 257$mm，吸入管路总阻力损失系数 $\zeta = 4.3$。泵在额定工况下的流量为 675m³/h，扬程为 2370N·m/N，转速为 5900r/min，$[NPSH] = 34$m。试确定其几何安装高度 H_g。

第2章

离心泵的运行及工况调节

离心泵在管道系统工作时，每个时刻的实际工作状况称为运行工况。由泵的性能可知，性能曲线上每一个工作点都对应一个工况，且泵在管道系统中定速运行时有无数个工况，因而存在如何确定离心泵的运行工况的问题。通常是通过流体在管道系统中所需要的能量与泵所能提供的能量之间的供求关系来确定运行工况。因此，要确定离心泵的运行工况，不仅要研究离心泵的性能，还需要研究离心泵装置管路系统的特性。

2.1 离心泵管道系统特性曲线

所谓管道特性曲线，是指在管道情况一定，即管道进、出口液流压力、输液高度、管道长度及管径、管件数目及尺寸，以及阀门开启度等都已定的情况下，单位重量液体流过该管道时所必需的外加扬程 H_c 与单位时间流经该管道的液体量 q_V 之间的关系曲线。它可根据具体的管道装置情况，按流体力学方法算出。

如图 2-1 所示为离心泵装置示意图，液体从吸入容器通过管路流至压出容器所需的能量由泵提供，即液体流动所需的能量与泵所提供的能量是能量的供求关系，其大小应相等。若管道中的流量为 q_V，以 A—A 为基准面，列 A—A 和 B—B 两截面的能量平衡方程，并整理得：

$$H_c = \frac{p_B - p_A}{\rho g} + \frac{v_B^2 - v_A^2}{2g} + H_A + H_B + \sum h_{AB} \tag{2-1}$$

式中　H_A、H_B——离心泵中心线距离进口液面的高度、出口液面距离离心泵中心线的高度，m；

p_A、p_B——A、B 两截面上的压力，Pa；

ρ——被输送液体的密度，kg/m^3；

v_A、v_B——液体在 A、B 两截面处的流速，m/s；

$\sum h_{AB}$——管道系统的流体阻力损失，m。

上式说明，外加扬程为各项能头增量和阻力损失能头之和，其中动能头一项可略去不计，除管道阻力损失能头 $\sum h_{AB}$ 外，其余各项皆与管道中的流量无关。

管道阻力与流量的关系可由阻力计算公式求得

$$\sum h_{AB} = \sum \zeta \frac{v^2}{2g} \tag{2-2}$$

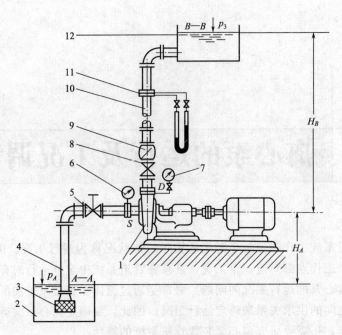

图 2-1　离心泵装置示意图

1—离心泵；2—吸液罐；3—底阀；4—吸入管路；5—吸入调节阀；6—真空表；7—压力表；

8—排出调节阀；9—单向阀；10—排出管路；11—流量计；12—排液罐

式中　$\sum \zeta$——总阻力系数；

　　　v——管道中液流速度，$v = \dfrac{q_V}{A}$，m/s；

　　　A——管道的截面积，m^2。

将 $v = \dfrac{q_V}{A}$ 代入式(2-2)，可得

$$\sum h_{AB} = \sum \zeta \frac{q_V^2}{2gA^2} \tag{2-3}$$

上式中 ζ、A、g 都是常数，令

$$\sum \zeta \frac{1}{2gA^2} = K$$

则式(2-3) 可写成

$$\sum h_{AB} = K q_V^2 \tag{2-4}$$

上式表明，管道中流动阻力之和与流量的平方成正比。式中，K 与管路中流体的种类、管长、管路截面的几何特征、管壁粗糙度、积垢、积灰、结焦、堵塞、泄漏及管路系统中局部装置的个数、种类和阀门开度等因素有关。当管路系统的条件和阀门开度一定时，K 是常数。

$H_{AB} + \dfrac{p_B - p_A}{\rho g}$ 与通过管路的流量无关，称为静扬程，可用 H_{st} 表示。将式(2-4) 代入式(2-1) 中，并略去动能项，可得

$$H_c = H_{st} + K q_V^2 \tag{2-5}$$

上式即为管道特性方程式。按此式可以在扬程和流量坐标系中绘出管道特性曲线 H_c-

q_V，如图 2-2 所示。

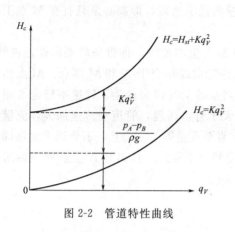

图 2-2　管道特性曲线

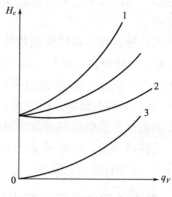

图 2-3　管路特性曲线的变化

若调节管道系统中的阀门的开度，由于阻力系数的改变，将使式(2-5)中的系数 K 发生变化，故 H_c-q_V 曲线的斜率会发生变化。图 2-3 中曲线 1 及 2 分别为阀门关小和开大时的管道特性曲线。如果管道系统中 A、B 面之间距离及压力改变，即管道静扬程发生变化，H_c-q_V 曲线将平行地上下移动。图 2-3 中曲线 3 表示当管道静扬程为零的管道特性曲线。

2.2　离心泵的定速运行工况与调节

2.2.1　离心泵定速运行工况点的确定

离心泵的运行工况在其性能曲线上的位置即为运行工况点，通常称为工作点。若将离心泵的 H-q_V 性能曲线和管道的 H_c-q_V 特性曲线按同一比例绘在一个图上，如图 2-4 所示，两曲线有一个交点 M，M 点即为工作点，所对应的 H_M 和 q_{VM} 值分别为泵的扬程和流量。

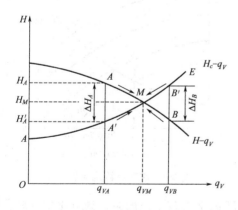

图 2-4　离心泵在管道上的工作点

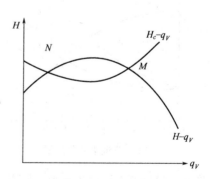

图 2-5　泵的不稳定工况

因为在 M 点的流量下，离心泵所输送该流量流体时产生的扬程 H 与管道系统中通过该流量所需要的扬程 H_c 正好相等。假如离心泵不是在 M 点而是在 A 点工作，那么在 A 点的流量下，离心泵所提供的扬程 H_A 大于管道需要的扬程 H'_A，于是富余的扬程就必然使管道中流体加速，流量增大，离心泵的工作点从而右移，直到工作点移至 M 点达到能量的供求平衡；反之，如果是在 B 点工作，这时离心泵所提供的扬程 H_B 又小于管道所需要的扬程

H'_B，则出现能量的供不应求，迫使管道中流量减少，又使泵的工作点左移至 M 点达到能量的供求平衡。由此可见，只有交点 M 才能满足能量的供求平衡，即离心泵只有在 M 点工作才是稳定的。

有些低比转速离心泵的性能曲线常常是一条有极大值的曲线，即带驼峰型的性能曲线，如图 2-5 所示。这样离心泵性能曲线有可能和管道性能曲线相交于 N 和 M 两点。M 点如前所述，为稳定工况点，而 N 则为不稳定工况点。当泵的工况因为振动、转速不稳定等原因而离开 N 点，如向大流量方向偏离，则水泵扬程大于管道扬程，管道中流速加大，流量增加，工况点沿泵性能曲线继续向大流量方向移动，直至流量等于零为止，若管道上无底阀或止回阀，液体将倒流。由此可见，工况点在 N 点是暂时平衡，一旦离开 N 点后便不再回 N 点，故称 N 点为不稳定平衡点。

2.2.2 离心泵定速运行工况点的调节

如前所述，泵运行时其工作参数是由泵的性能曲线与管道的特性曲线所决定的。但是用户需要的流量经常变化，为了满足这种要求，必须进行调节。而要改变泵的流量，必须改变其工作点。改变工作点来调节流量的方法有两种，即改变管道特性曲线 $H_c\text{-}q_V$ 或改变离心泵的性能曲线 $H\text{-}q_V$。

（1）改变管道特性曲线的流量调节

改变管道特性最常用的方法是节流法。它是利用改变排出管道上的调节阀的开度，来改变管道特性系数 K，而使 $H_c\text{-}q_V$ 曲线的位置改变。在图 2-6 上，在原来的管道特性曲线上，泵是在 A 点工作，流量为 q_{VA}，如果关小出口阀，即增大了 $\sum\zeta$，于是管道中的 $H_c\text{-}q_V$ 线变陡，是虚线位置，新的交点为 A'，流量改变为 $q_{VA'}$，达到了减小流量的目的。

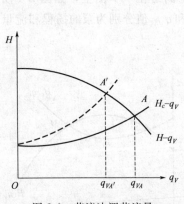

图 2-6 节流法调节流量

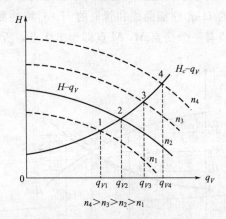

图 2-7 改变泵转速调节流量

这种流量调节方法简单准确，使用方便，对 $H\text{-}q_V$ 曲线较平坦的泵，调节比较灵敏。但这种方法由于阀门阻力加大，就多消耗了一部分能量来克服这个附加阻力。由于调节阀关小时局部阻力增加而引起的损失，一般称为"节流调节损失"。因此在效率方面、在能量利用方面都不够经济。此种方法一般只用在小型离心泵的调节上。

（2）改变离心泵性能曲线的流量调节

① 改变泵的转速　此法是通过改变泵的转速，使泵的性能曲线改变来改变泵的工作点。在图 2-7 上，若原泵的转速为 n_2，有一条 $H\text{-}q_V$ 线，工作点是 2；若转速增高至 n_3 或 n_4，则

H-q_V 线将提高，于是泵的工作点变为 3 和 4，流量也增为 q_{V3} 或 q_{V4}；若减小转速为 n_1，流量也将减至 q_{V1}。

变转速调节法没有节流损失，但必须使用能调速的原动机，如柴油机、汽轮机、直流电动机等。当前，已普遍采用交流三相笼式电动机用可控硅调速。另外，大容量的双速和多速的交流电动机已投入使用。随着工业技术的不断发展，变速交流电动机将日益增多，它为水泵的变速调节法开辟了广阔的前景。

② 改变叶轮数目　对于分段式多级泵来说，由于泵轴上串联有多个叶轮，泵的扬程为每个叶轮扬程的总和，所以多级泵的 H-q_V 线也是各个叶轮的 H-q_V 线的叠加。若取下几个叶轮，就必改变多级泵的 H-q_V 线，因而可以改变流量。

③ 改变叶轮几何参数　改变叶轮的几何参数来调节流量的方法中，最常用的是车削叶轮的外径法。当叶轮外径经车削略变小后，泵的 H-q_V 曲线将向下移动，而此时管道特性曲线不变，故泵的工作点变动，流量变小，如图 2-8 所示。用这种方法调节只能减小流量，而不能增大。由于叶轮车小后不能恢复，故这种方法只能用于要求流量长期改变的场合。此外，由于叶轮的车削量有限，所以当要求流量调节很小时，就不能采用此法。

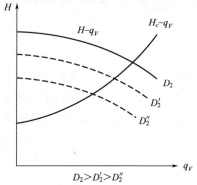

图 2-8　车削叶轮外径调节流量

改变叶轮几何参数来调节流量的其他方法还有：锉削叶轮出口处叶片以改变其安装角 β_{2y}；堵死几个对称叶片间流道等。采用这些方法也能使泵的 H-q_V 曲线及流量有所改变。这种方法适用于需要长期减小流量的情况。

④ 旁路调节　又称回流调节。这种方法是在泵的排出管道上连接一旁通管道，并在管道上装设调节阀，控制调节阀的开度，将一部分排出液体引回吸液池，以此来调节泵的排液量。这种调节方法也较简单，但回流液体仍需消耗泵功，经济性较差。对于某些因流量减小造成泵效率降低较多或泵的扬程特性曲线较陡的情况，采用这种方法也还是较为经济的。

2.3　离心泵的变速运行工况

变速运行是指泵在可调速的电动机或其他变速装置的驱动下，通过改变泵的转速来改变泵的工况点。在管网水量逐时变化的情况下，可通过泵的变速运行使离心泵保持在 H-q_V 曲线的高效区。

2.3.1　相似定律

想要综合分析泵的变速运行工况，完全采用实验的方法是不现实的，而利用相似定律进行理论分析则可以解决此问题。相似定律不仅可以解决泵在变速运行工况下的性能变化，还可以解决泵的大小和输送条件变化时的性能换算问题，相似定律还可以用于新产品的设计和选型中。

在新产品的设计过程中，根据相似原理，可以做出与新产品相似的模型泵，从而在新产品尚未进行制造以前就可以确定它的性能，而且节省了大量的时间和资金。在泵的选型过程中，根据资料选择一台现有结构简单、性能良好的泵作为模型，按相似定律对该模型进行适当放大或缩小，就可选出用户需要的泵。

2.3.1.1　相似条件

为了保证流体流动相似，必须具备几何相似、运动相似和动力相似三个条件。为了讨论方便，对模型泵的参数以下角标"m"表示。

① 几何相似，即构造相似。它主要是指叶轮的各部分尺寸有一定的比例关系，所有对应角均相等，同时叶片数也必须相等。

$$\frac{D_1}{D_{1m}}=\frac{D_2}{D_{2m}}=\frac{b_1}{b_{1m}}=\frac{b_2}{b_{2m}}=\cdots=\frac{D_2}{D_{2m}}$$

$$\beta_{1y}=\beta_{1ym},\beta_{2y}=\beta_{2ym}$$

式中　D、D_m——原型泵与模型泵对应的线型尺寸，通常选用叶轮外径作为定型尺寸。

② 运动相似，即泵内液体的流动形态相似。它是指两相似几何泵体内相应点的液体流速大小成比例，方向相同，即相应点的速度三角形应相似，如图 2-9 所示。

$$\frac{v_1}{v_{1m}}=\frac{v_2}{v_{2m}}=\frac{u_1}{u_{1m}}=\frac{u_2}{u_{2m}}=\cdots=\frac{D_2 n}{D_{2m}n_m},\alpha=\alpha_m,\beta=\beta_m$$

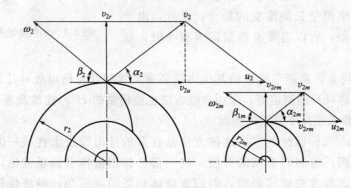

图 2-9　对应点运动相似示意图

③ 动力相似，即在两台相似泵体内要有相似的流动形态，要求作用在液体相应点上的同名力大小成比例，方向相同。

流体在离心泵中流动，起主导作用的是惯性力和黏性力，相似准则是雷诺数。实践证明，离心泵中流体的流动已在阻力平方区，阻力系数不再改变。此时，即使模型泵和原型泵的雷诺数不相等，也满足动力相似条件，所以实际中，通常不考虑动力相似。

2.3.1.2　相似定律

(1) 流量相似定律

泵的流量可用下式计算：

$$q_V=q_{VT}\eta_V=A_2 v_{2r}\eta_V=\pi D_2 b_2 \psi_2 v_{2r}\eta_V$$

两台相似的泵在相似的工况下，流量之比为：

$$\frac{q_V}{q_{Vm}}=\frac{\pi D_2 b_2 \psi_2 v_{2r}\eta_V}{\pi D_{2m}b_{2m}\psi_{2m}v_{2m}\eta_{Vm}}$$

因为相似，所以 $\dfrac{D_2}{D_{2m}}=\dfrac{b_2}{b_{2m}}$，$\dfrac{v_{2r}}{v_{2rm}}=\dfrac{u_2}{u_{2m}}=\dfrac{D_2 n}{D_{2m}n_m}$，$\psi_2=\psi_{2m}$

则

$$\frac{q_V}{q_{Vm}} = \left(\frac{D_2}{D_{2m}}\right)^3 \frac{n}{n_m} \frac{\eta_V}{\eta_{Vm}} \qquad (2\text{-}6)$$

式(2-6)表达了相似工况间的流量关系，称为流量相似定律。它表明，几何相似的泵，在相似工况下运行时，其流量之比与几何尺寸比的三次方成正比，与转速比成正比，与容积效率比成正比。

（2）扬程相似定律

同理，根据实际扬程关系式及相似条件推得扬程相似定律：

$$\frac{H}{H_m} = \left(\frac{D_2}{D_{2m}}\right)^2 \left(\frac{n}{n_m}\right)^2 \frac{\eta_h}{\eta_{hm}} \qquad (2\text{-}7)$$

式(2-7)表达了几何相似的泵在相似工况下运行时，其扬程之比与几何尺寸比的平方成正比，与转速比的平方成正比，与流动效率比成正比。

（3）功率相似定律

由功率关系式推得功率相似定律：

$$\frac{P}{P_m} = \frac{\rho}{\rho_m} \left(\frac{D_2}{D_{2m}}\right)^5 \left(\frac{n}{n_m}\right)^3 \frac{\eta_{mm}}{\eta_m} \qquad (2\text{-}8)$$

式(2-8)表达了几何相似的泵，在相似工况下运行时，其功率之比与几何尺寸比的五次方成正比，与转速比的三次方成正比，与流体密度比成正比，与机械效率比成反比。

工程实际中，当相似泵的几何尺寸比不太大，转速较高且相差不太大时，可以近似认为相似工况的 3 种局部效率分别相等，则上述关系式可化简为：

$$\frac{q_V}{q_{Vm}} = \left(\frac{D_2}{D_{2m}}\right)^3 \frac{n}{n_m}$$

$$\frac{H}{H_m} = \left(\frac{D_2}{D_{2m}}\right)^2 \left(\frac{n}{n_m}\right)^2$$

$$\frac{P}{P_m} = \frac{\rho}{\rho_m} \left(\frac{D_2}{D_{2m}}\right)^5 \left(\frac{n}{n_m}\right)^3 \qquad (2\text{-}9)$$

值得注意的是，当泵的几何尺寸及转速比较大时，按式(2-9)计算的结果误差较大。

例 2-1 两台几何相似的离心泵，$D_2/D_{2m} = 2$，$n = n_m$，求此两台泵在对应工况点的流量比、扬程比及功率比？

解： 由相似定律，根据式(2-9)可知：

$$\frac{q_V}{q_{Vm}} = \left(\frac{D_2}{D_{2m}}\right)^3 \frac{n}{n_m} = 2^3 = 8$$

$$\frac{H}{H_m} = \left(\frac{D_2}{D_{2m}}\right)^2 \left(\frac{n}{n_m}\right)^2 = 2^2 = 4$$

$$\frac{P}{P_m} = \frac{\rho}{\rho_m} \left(\frac{D_2}{D_{2m}}\right)^5 \left(\frac{n}{n_m}\right)^3 = 2^5 = 32$$

由此可知，若把离心泵的几何尺寸相似放大一倍，则对应工况点的流量、扬程和功率分别增加 8 倍、4 倍、32 倍。

2.3.1.3 比例定律

变速运行泵的性能可以用比例定律来分析。把两台完全相同的泵在相同条件下输送同种流体，仅仅转速不同，则由相似定律可知：

$$\frac{q_V}{q_{Vm}} = \frac{n}{n_m}$$

$$\frac{H}{H_m} = \left(\frac{n}{n_m}\right)^2$$

$$\frac{P}{P_m} = \left(\frac{n}{n_m}\right)^3 \tag{2-10}$$

式(2-10)是相似定律的最重要特征，称为比例定律。它表示了同一台泵在转速 n 变化时，其他性能参数的变化规律。式(2-10)表明同一台泵相似工况的流量与转速成正比，扬程与转速的平方成正比，轴功率与转速的三次方成正比。

(1) 不同转速下离心泵性能曲线的换算

如图 2-10 所示，已知 n_1 转速下离心泵的 $H_1\text{-}q_{V1}$、$\eta_1\text{-}q_{V1}$ 性能曲线，求转速变为 n_2 时的 $H_2\text{-}q_{V2}$、$\eta_2\text{-}q_{V2}$ 性能曲线。

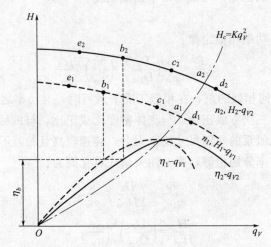

图 2-10　转速变化时离心泵性能曲线的换算

其换算步骤和方法是：在 $H_1\text{-}q_{V1}$ 上任取若干个工况点 a_1、b_1、c_1、…，根据比例定律分别计算转速为 n_2 时的 $H_2\text{-}q_{V2}$ 与 a_1、b_1、c_1、…工况相似的 a_2、b_2、c_2、…的性能参数为：

$$q_{Va2} = \frac{n_2}{n_1}q_{Va1} \qquad H_{a2} = \left(\frac{n_2}{n_1}\right)^2 H_{a1}$$

$$q_{Vb2} = \frac{n_2}{n_1}q_{Vb1} \qquad H_{b2} = \left(\frac{n_2}{n_1}\right)^2 H_{b1}$$

$$q_{Vc2} = \frac{n_2}{n_1}q_{Vc1} \qquad H_{c2} = \left(\frac{n_2}{n_1}\right)^2 H_{c1}$$

……

将工况点 a_2、b_2、c_2、…描绘在坐标图上，用光滑的曲线把它们连接起来，即为 n_2 时的 $H_2\text{-}q_{V2}$。

当转速变化不大时，根据满足比例定律的各相似工况点效率相等的原则，将所求的若干相似工况按等效率关系平移可绘出 $\eta_2\text{-}q_{V2}$，如图 2-10 所示。

(2) 确定离心泵在新工况下的转速

如图 2-11 所示，已知离心泵在 n_1 转速下 $H_1\text{-}q_{V1}$，现要求离心泵在另一工况点 C_2 下工作，求离心泵的转速 n_2。

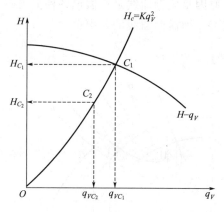

图 2-11　比例定律的应用

由比例定律：

$$\frac{q_{V1}}{q_{V2}}=\frac{n_1}{n_2}, \frac{H_1}{H_2}=\left(\frac{n_1}{n_2}\right)^2$$

则

$$\frac{H_1}{H_2}=\left(\frac{q_{V1}}{q_{V2}}\right)^2$$

即

$$\frac{H_1}{q_{V1}^2}=\frac{H_2}{q_{V2}^2}=\cdots=K$$

比例曲线方程为：

$$H=Kq_V^2 \tag{2-11}$$

可见，比例曲线是一条以坐标原点为顶点的二次抛物线。在比例曲线上各工况点相似，其性能参数满足比例定律，且各点的效率相等，故比例曲线又称为工况相似抛物线或等效率曲线。

需注意，比例曲线只能应用在转速较高且转速的相对变化量 $\frac{n-n_m}{n}\times100\%\leqslant20\%$ 的场合，否则，计算误差较大；只有在同一条比例曲线上的点才是相似工况点，各参数之间的关系才满足比例定律。

将 C_2 点的参数代入式（2-11）中，计算出通过 C_2 的比例曲线方程的比例系数 K_C 值。

$$K_C=\frac{H_{C_2}}{q_{VC_2}^2}$$

在坐标图上作通过 C_2 点的比例曲线，该比例曲线与原转速 n_1 下的性能曲线 $H_1\text{-}q_{V1}$ 相交于 C_1 点。此时，C_1 与 C_2 在同一条比例曲线上，满足比例定律，则：

$$n_2=\frac{q_{VC_2}}{q_{VC_1}}n_1 \quad \text{或} \quad n_2=\sqrt{\frac{H_{C_2}}{H_{C_1}}}n_1$$

(3) 绘制通用性能曲线

为了方便用户在变工况条件下运行，通常将泵在不同转速下的 $H\text{-}q_V$ 性能曲线及其相应的等效率曲线绘制在同一坐标图上，这种性能曲线称为通用性能曲线，如图 2-12 所示。图中等效率曲线是各转速下的 $H\text{-}q_V$ 曲线上效率相等的工况点所连成的曲线。通用性能曲线既可以由实验直接绘出，也可根据已知性能曲线由比例定律绘制。

应当指出，转速变化不大时，由比例定律绘制的等效率曲线与比例曲线基本重合，如图中虚线所示。当转速很低或速度变化较大时，两者不再重合，而是向效率较高的方向偏移，连成图中所示的椭圆形状。原因是比例曲线是在假设各种损失不变时，但当转速很低或相差较大时，相应损失的差异变大，因而两曲线的差别也大。

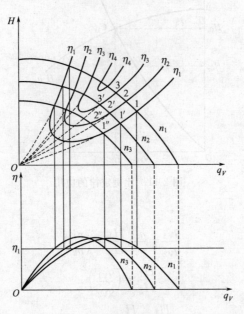

图 2-12 通用性能曲线

例 2-2 某离心泵在转速 $n_1 = 1450\text{r/min}$ 下的 $H_1\text{-}q_{V1}$ 性能曲线，如图 2-13 所示，求：①转速 $n_2 = 1680\text{r/min}$ 下的 $H_2\text{-}q_{V2}$ 性能曲线；②当泵的运行工况点移动到 G 点（$q_{VG} = 50\text{m}^3/\text{h}$，$H_G = 40\text{m}$）时，泵的转速 n_3 应为多少？

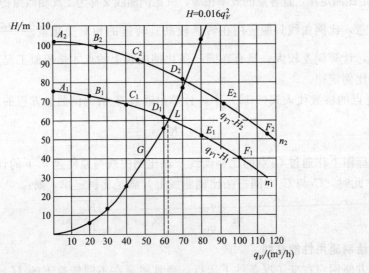

图 2-13 例 2-2 的图

解： ① 在 $H_1\text{-}q_{V1}$ 性能曲线上取若干工况点，并将各工况点列于下表：

工况点	A_1	B_1	C_1	D_1	E_1	F_1
$q_{V1}/(\text{m}^3/\text{h})$	0	20	40	60	80	100
H_1/m	75	73	68	62	52	40

由比例定律有：

$$q_{V2} = \frac{n_2}{n_1} q_{V1} = \frac{1680}{1450} q_{V1} = 1.159 q_{V1}$$

$$H_2 = \left(\frac{n_2}{n_1}\right)^2 H_1 = \left(\frac{1680}{1450}\right)^2 H_1 = 1.34 H_1$$

将利用比例定律计算出的转速为 $n_2 = 1680 \text{r/min}$ 时各对应的工况点参数列于下表：

工况点	A_2	B_2	C_2	D_2	E_2	F_2
$q_{V1}/(\text{m}^3/\text{h})$	0	23.2	46.3	69.5	92.3	115.9
H_1/m	100.5	98	91.3	83.2	69.8	53.7

在坐标图上分别描点 A_2、B_2、C_2、D_2、E_2、F_2，将这些点用光滑的曲线连接起来即为 $n_2 = 1680 \text{r/min}$ 下的 H_2-q_{V2} 性能曲线。

② 将 G 点（$q_{VG} = 50 \text{m}^3/\text{h}$，$H_G = 40 \text{m}$）代入比例曲线方程计算比例系数 K，得：

$$K = \frac{H}{q_V^2} = \frac{40}{50^2} = 0.016$$

则通过 G 点的比例曲线方程为：

$$H = 0.016 q_V^2$$

比例曲线方程计算结果列于下表：

$q_{V1}/(\text{m}^3/\text{h})$	0	20	30	40	50	60	70	80
H_1/m	0	6.4	14.4	25.6	40	57.6	78.4	102.4

在坐标图上描点作出比例曲线，该比例曲线与 $n_1 = 1450 \text{r/min}$ 下的 H_1-q_{V1} 性能曲线交于 L 点，由图查得 L 点参数为 $q_{VL} = 62 \text{m}^3/\text{h}$，$H_L = 61 \text{m}$。$G$ 与 L 点在同一条比例曲线上，应用比例定律求得 G 点对应的转速为

$$n_3 = \frac{q_{VG}}{q_{VL}} n_1 = \frac{50}{62} \times 1450 = 1169 \ (\text{r/min})$$

或

$$n_3 = \sqrt{\frac{H_G}{H_L}} n_1 = \sqrt{\frac{40}{61}} \times 1450 = 1174 \ (\text{r/min})$$

计算结果不同是由于作图误差所致。

2.3.1.4　泵的比转速

(1) 比转速的概念

相似定律解决了同类型泵的性能综合分析和参数之间的换算问题，但并未解决不同结构形式泵的性能分析比较及其性能与结构之间的联系。根据相似原理推导出一个包括流量、扬程、功率、转速等参数在内的表征泵的几何形状特征和工作性能特点之间联系的相似特征数，被称为比转速。

根据相似定律

$$\frac{q_V}{q_{Vm}} = \left(\frac{D_2}{D_{2m}}\right)^3 \frac{n}{n_m} \qquad \frac{H}{H_m} = \left(\frac{D_2}{D_{2m}}\right)^2 \left(\frac{n}{n_m}\right)^2$$

将以上两式整理可得

$$\left(\frac{q_V}{D_2^3}\right)^2 = \left(\frac{q_{Vm}}{D_{2m}^3 n_m}\right)^2 = 常数 \tag{2-12}$$

$$\left(\frac{H}{D_2^2 n^2}\right)^3 = \left(\frac{H_m}{D_{2m}^2 n_m^2}\right)^3 = 常数 \tag{2-13}$$

式(2-12)除以式(2-13)，并两端开四次方，得

$$\frac{n\sqrt{q_V}}{H^{3/4}} = \frac{n_m\sqrt{q_{Vm}}}{H_m^{3/4}} = 常数 \tag{2-14}$$

式(2-14)是根据相似第一、第二定律推导得到的，凡是彼此相似的泵，式(2-14)的比值始终相等。因此，它可以作为相似特征数，定义为比转速 n_s。我国习惯在式(2-14)上乘以系数 3.65，泵的比转速即为

$$n_s = 3.65\frac{n\sqrt{q_V}}{H^{3/4}} \tag{2-15}$$

式中　q_V——泵设计工况的单吸流量，m^3/s，双吸叶轮时以 $q_V/2$ 代替 q_V 计算；

　　　n——泵的工作转速，r/min；

　　　H——泵设计工况的单级扬程，m，i 级泵以 H/i 代替 H 计算。

① 泵的比转速公式中的系数 3.65 无任何物理意义。在泵的比转速中乘以 3.65 是为了统一水力机械的比转速。

② 由式(2-15)可知，比转速是工况的函数。每台泵都有无数个工况，故可以计算无数个比转速。通常规定以最佳工况的比转速作为泵的比转速，因而一台泵便只有一个比转速。

③ 凡是相似泵，它们的比转速相等，反之，则不然。

④ 比转速是个具体的数，且是有单位的量，只是单位本身无价值，与转速的概念不同。

⑤ 根据式(2-15)分析，当转速 n 一定时，若 q_V 小，H 大，则 n_s 小。这表明比转速小的泵的工作性能特点是流量小，扬程高。这即要求叶轮的 D_1 小、D_2 大、b_2 小，即叶轮流道形状为窄长。当 n_s 增大时，泵的性能变化为 q_V 增大、H 减小，结构变化为 D_1 增大、D_2 减小、b_2 增大。可见，比转速既能反映泵的结构形状特征，又能反映其工作性能特点。

国际泵试验标准 ISO2548 和我国有关标准（GB 3216—2005）要求用型式数 K 取代比转速，型式数定义为

$$K = \frac{2\pi n\sqrt{q_V}}{60(gH)^{3/4}} \tag{2-16}$$

式(2-16)是我国标准中规定的型式数的计算式，式中，n 的单位为 r/min。国际标准化组织规定的型式数计算式中转速 n 的单位为 s^{-1}，故分母中无 60。

与比转速一样，式(2-16)是对单级泵而言的，双吸叶轮时应以 $q_V/2$ 代替 q_V 进行计算，多级（i 级）泵应以 H/i 代替式中的 H 进行计算。

型式数亦是无因次的，它与比转速的关系为

$$K = 0.0051759 n_s \quad 或 \quad n_s = 193.2K \tag{2-17}$$

(2) 比转速的应用

① 用比转速对泵进行分类　比转速表征了泵的综合特征，不同的比转速代表了不同类型泵的结构和性能的特点。表 2-1 根据比转速 n_s 的大小，将叶片式泵分成五种不同的类型，表中同时给出了它们在结构和性能上的主要特征。

表 2-1　泵的比转速与叶轮形状和性能曲线的关系

泵的类型	离 心 泵			混流泵	轴流泵
	低比转速	中比转速	高比转速		
比转速 n_s	$30<n_s<80$	$80<n_s<150$	$150<n_s<300$	$300<n_s<500$	$500<n_s<1000$
叶轮形状					
尺寸比 D_2/D_0	≈3	≈2.3	≈1.8~1.4	≈1.2~1.1	≈1
叶片形状	柱形叶片	入口处扭曲出口处柱形	扭曲叶片	扭曲叶片	轴流泵翼型
性能曲线形状					
H-q_V 曲线特点	空转扬程为设计工况的 1.1~1.3 倍,扬程随流量的减少而增加,变化比较缓慢			空转扬程为设计工况的 1.5~1.8 倍,扬程随流量的减少而增加,变化比较急	空转扬程为设计工况的 2 倍左右,扬程随流量的减少先急速上升后,又急速下降
P-q_V 曲线特点	空转功率较小,轴功率随流量增加而上升			流量变动时轴功率变化较小	空转点功率最大,设计工况附近变化比较小,以后轴功率随流量的增大而下降
η-q_V 曲线特点	比较平坦			比轴流泵平坦	急速上升后又急速下降

　　由表 2-1 可看出，$n_s＝30～300$ 为离心泵，$n_s＝300～500$ 为混流泵，$n_s＞500$ 为轴流泵。其原因是泵的比转速增大时，q_V 增大、H 减小，叶轮 D_2/D_0 随之减小，叶轮出口宽度 b_2 增加，叶片变得宽而短，叶片前后盖板处流体的流程悬殊增大，使能头不等。当 $n_s＞300$ 后，叶轮出口两边的扬程明显增大，引起二次回流，导致能量损失增加，如图 2-14 所示。为此，叶轮出口边需做成倾斜状，以避免二次回流，叶轮就由离心式过渡为混流式。当 $n_s＞500$ 后，D_2 减小到了极限，即 $D_2/D_0＝1$，此时则从混流式过渡到轴流式。

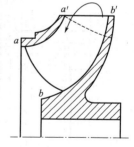

图 2-14　叶轮出口的二次回流

　　② 采用比转速对泵进行相似设计和选型　无论是采用相似设计，还是速度系数法进行设计，都需要用计算出的比转速来选择优良的模型或合理的速度系数。

　　③ 比转速是编制泵系列的基础　将许多泵的工作范围画在一张图上，称为型谱，如图 2-15 所示。每台泵都有一个最佳的工作区域，它将 H-q_V 曲线的左、右工作范围框好，H-q_V 曲线上、下工作范围由切割叶轮直径来定，得到一块块同类型结构泵的合理工作区域。编制泵系列型谱时，如以比转速为基础安排系列，则可大大减少模型数目，节约人力和物力。每种系列可用一个或几个比转速的模型进行产品制造。用户通过系列型谱选择产品十分方便，同时又明确了开发新产品的方向。

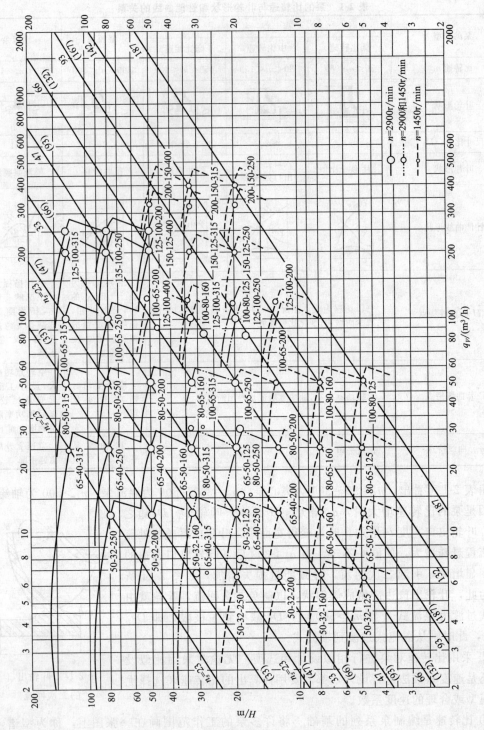

图 2-15　IS 型单级单吸离心泵系列型谱

2.3.2　离心泵的变速方式

　　火力发电厂中离心泵的变速方式可分为两大类：一类是直接变速，即采用可变速的原动机进行变速，主要采用小汽轮机直接变速驱动或交流变速电动机变速驱动；二是间接变速，即原动机的转速不变，在原动机与泵或风机之间采用变速传动装置进行变速，主要采用液力偶合器、油膜滑差离合器、电磁滑差离合器和变频调速等。

（1）直接变速

① 采用小汽轮机驱动变速　采用小汽轮机驱动的泵，通过改变进入小汽轮机蒸汽量的多少来改变泵的转速，从而调节泵的输出流量。

汽动给水泵在电厂热力系统中的连接如图 2-16 所示。正常运行时，小汽轮机的运转动力来自于主汽轮机的抽汽，而抽汽压强与外界负荷成正比，汽动给水泵的输出流量又正比于其转速，给水泵的输出流量理应自动适应外界负荷的变化，无需调节汽阀控制；但实际上也只有在额定工况附近才能保持这种自调能力的平衡关系。这是因为小汽轮机和给水泵的效率随着机组负荷的下降而降低，当机组负荷下降至一定程度（<70% MCR）时，小汽轮机产生的动力将不能满足给水泵耗功的要求，此时必须开大小汽轮机进汽阀的富余开度，或者全开超负荷进汽阀；而小汽轮机的进汽量受主汽轮机最大允许抽汽量的制约，或者根本没有过负荷的通流面积，故必须另设高压汽源通过控制高压调节汽阀的开度保持小汽轮机动力与给水泵耗功相平衡，以维持必需的转速。因此，小汽轮机正常汽源为主汽轮机的抽汽，又称为低压汽源，而低负荷时的汽源为新蒸汽或高压缸排汽，又称为高压汽源。

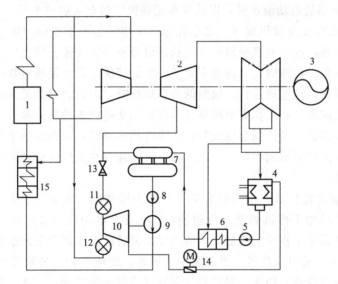

图 2-16　汽动给水泵在电厂热力系统中的连接
1—锅炉；2—汽轮机；3—发电机；4—凝汽器；5—凝结水泵；6—低压加热器；7—除氧器；
8—前置器；9—锅炉给水泵；10—小汽轮机；11—低压主汽阀；12—高压主汽阀；
13—止回阀；14—排汽蝶阀；15—高压加热器

当机组负荷变化时，需要切换高、低压汽源，目前广泛采用新蒸汽内切换的切换方式。这种切换方式需要在小汽轮机中设置两个独立的蒸汽室，并各自配置相应的主蒸汽阀和调节汽阀，它们分别与高压汽源和低压汽源相连。机组正常运行时，小汽轮机由低压汽源供汽。当主汽轮机负荷降低到低压汽源不能满足小汽轮机需要时，高压调节汽阀开启，将一部分高压蒸汽送入小汽轮机。此时，低压汽阀全开，高压和低压两种蒸汽分别进入各自的喷嘴组膨胀，在调节级做功后混合。随着主汽轮机负荷继续下降，抽汽压强进一步下降，而调节级后蒸汽压强随着新蒸汽量的增加而提高，使低压喷嘴组前后压差减小，低压蒸汽的进汽量逐渐减小。当低压喷嘴组前后的压强相等时，低压蒸汽不再进入小汽轮机，全部切换到高压汽源供汽，此时低压调节汽阀仍全开，装在低压蒸汽管道上的止回阀自动关闭，以防止高压蒸汽通过低压汽源的抽汽管道倒流入主汽轮机。此时，小汽轮机的汽源由抽汽切换为新蒸汽，给水泵的转速完全由高压调节汽阀控制调节。

当单机功率在 250～300MW 以上时，单台给水泵耗功需要 6MW，这时采用小汽轮机作为原动机驱动给水泵，不仅可以节约大量的用电，而且可以扩大给水泵转速调节范围，避免了节流调节带来的损失，若同时采用高转速则可减少给水泵的级数、减轻泵的重量和提高水泵的效率，而且还不会因电动机启动电流大而影响电厂用电设备的正常运行。因此，250MW 以上机器容量的机组锅炉给水泵采用汽轮机驱动方式。

大型给水泵采用汽轮机驱动进行变速调节，还具有以下特点。

a. 现代给水泵单机容量大，使与之配用的汽轮机效率几乎与主机相等，因而可以提高机组热效率，降低厂用电量，增大单元机组输出电量。

b. 可用挠性联轴器传动，传动效率 $\eta_d=1$。

c. 可实现无级变速。

d. 当电网频率变化时，水泵运行转速不受影响，使给水泵运行稳定性得到提高。

e. 必须配置备用的电动给水泵，以适应单元制机组的点火启动工况。

② 采用变级数双速电动机驱动　在电源电压不变的情况下根据异步电动机的转速与磁极对数成反比的关系，改变电机极对数可达到两级乃至多级变速。现在广泛采用的是单绕组双速笼式异步电动机。调速时，只需改变定子绕组的接法，就可使极对数改变。当机组高负荷运行时，电动机投入高速挡运行；机组低负荷运行时，电机切换为低速挡运行。

这种调速方法成本低；工作安全可靠且不存在因变速产生的转差损失，调节效率高。如果双速电机用于大容量、高压且需要经常切换速度挡的泵时，不能连续平滑调速，即切换速度挡时电动机的电力必须瞬间中断。因此双速电机调速存在实现无撞击的转换问题。

(2) 间接变速

① 采用液力偶合器传动　液力偶合器又称液力联轴器。它是一种利用液体（工作油）将原动机的转矩传递给工作机的液力传动装置，放置在电动机与泵之间。电动机的转速不变，改变液力偶合器中工作油的流量，从而改变泵的转速，以调节泵的输出流量。

如图 2-17 所示，液力偶合器主要由泵轮、涡轮、旋转内套、勺管等组成。泵轮轴与电动机主轴（或增速齿轮轴）相连，涡轮轴与泵轴（或增速齿轮轴）相连。泵轮与涡轮尺寸相同，相向布置，且均具有较多的径向叶片。为避免共振，涡轮的叶片数比泵轮少 1～4 片。泵轮与涡轮不直接相互接触，而是保持较小的轴向间隙，形成工作室。旋转内套用螺栓与泵轮相连，勺管可以在旋转内套与涡轮构成的腔室中移动，以调节泵轮和涡轮中的工作油量。

当泵轮在原动机驱动下旋转时，工作油在离心力的作用下获得能量，然后从外缘以较高压强和速度流入涡轮，冲动涡轮旋转，从而将原动机的机械能传递给泵。在涡轮中做过功的工作油从内径口返回到泵轮，重新获得能量，周而复始，从而形成液力偶合器转矩的传递过程。

在原动机转速不变的情况下，可通过改变液力偶合器中的工作油量来改变泵的转速。油量越多，泵轮传递给涡轮的力矩就越大，涡轮的转速升高；泵的转速即升高；反之，泵的转速就降低。由两种方式控制工作油量：一是调节进入工作腔的进油量。其特点是：可使泵迅速增速，但不适应迅速降速。比如难以适应电厂中单元机组在事故甩负荷时要求给水泵迅速

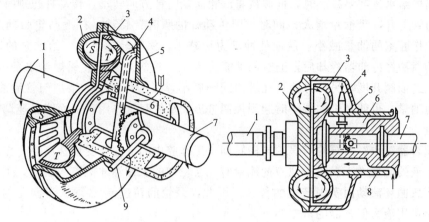

图 2-17　液力偶合器结构及原理示意图

1—主动轴；2—泵轮；3—涡轮；4—勺管；5—旋转外套；

6—回流通道；7—从动轴；8—控制油入口；9—调节杆

降速的情况。二是调节旋转内套中勺管的位置高度来改变出油量。旋转内套中油环的油压随着旋转半径的增大而增大，升高勺管，进入勺管的油压就高，通过勺管的泄油量就多；反之，泄油量就少。这种控制方法的特点恰恰与第一种控制方式相反。火电厂中锅炉给水泵的液力偶合器一般采用上述两种方式的联合控制方式，如图 2-18 所示。

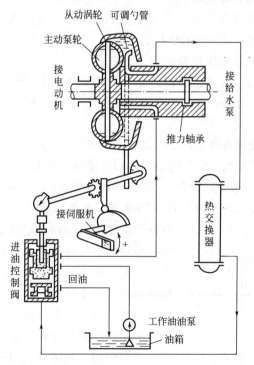

图 2-18　进油阀和勺管联合控制方式调节示意图

在图 2-18 中，当锅炉给水量需要增加时，伺服机将凸轮向逆时针方向转动，传动杆也逆时针方向转动，带动勺管下降，泄油量减小；同时，因传动杆的逆转，杆上凸轮带动进油阀开大，进入工作腔室的油量增加，从而使冲动力矩增大，涡轮转速升高，给水泵的输水量增大。当锅炉给水量需要减小时，伺服机将凸轮向顺时针方向转动，传动杆也顺时针方向转动，带动勺管上升，泄油量增大；同时，因传动杆的顺时针转动，杆上凸轮带动进油阀关小，进入工作腔室的油量减小，从而使冲动力矩减小，涡轮转速下降，给水泵的输水量减少。勺管的泄油经冷油器冷却后，通过回油管进入工作油箱。这样在锅炉给水量需增加时，一方面开大进油阀开度，另一方面可在进油阀阀底小弹簧的作用下，增加勺管泄油的阻力，从而减小泄油量，也就是进油阀同时起到控制进出油量的双重作用，因而能迅速调节偶合器的工作油量。

液力偶合器工作时，泵轮与涡轮同向转动，工作腔中的油液均受惯性离心力作用。只有当泵轮中油液的能量大于涡轮中油液的能量时，泵轮中的工作油才能流入涡轮，工作腔中的油液才能形成循环流动而实现转矩的传递。因此，泵轮的转速 n_S 必须大于涡轮的转速 n_T。这种转速差可用液力偶合器的滑差率 S 来表示，即

$$S=\frac{n_S-n_T}{n_S}=1-\frac{n_T}{n_S}=1-i \tag{2-18}$$

式中　i——传动比，i 值一般为 $0.97\sim0.98$。

i 也反映了液力偶合器的传动效率，即液力偶合器的传动效率 $\eta_d\approx1$。

泵采用液力偶合器传动的主要优点如下。

a. 可与廉价的笼式交流电动机相匹配，电动机能空载或轻载启动，可减小选配电动机的容量，从而降低了设备投资。

b. 可实现无级调速和自动控制。

c. 因为泵轮和涡轮为液力传动，电动机与泵为柔性连接，所以，对电动机和泵均有超载保护作用，以及吸收和隔离振动的作用。

d. 工作平稳可靠，能长期无检修运行。

e. 调节灵活，可适应单元机组的快速启、停及事故工况的特殊要求。

液力偶合器的不足之处是：调节本身存在工作油循环流动的摩擦、升速齿轮摩擦等功率损耗，且系统复杂，造价较高。

通过技术比较，液力偶合器适用于 $250\sim300$MW 以下容量单元机组配置的电动给水泵，以及 300MW 以上容量单元机组配置的启动备用电动给水泵的变速调节。

② 油膜滑差离合器（液力离合器）　油膜滑差离合器又称为液体黏滞性传动装置，是一种以黏性流体为介质，依靠黏滞力来传递功率的变速传动装置。如图 2-19 所示，油膜滑差离合器主要由固定在主动轴上的可移动圆板组和固定在从动轴端的转鼓上的环形摩擦片组构成，转鼓内充满由油泵供给、并经冷油器冷却后的工作油。当原动机驱动输入轴旋转时，圆板组、环形摩擦片之间出现相对运动，其间的工作油将产生黏性内摩擦力，环形摩擦片受此油膜黏性剪切力的作用而旋转，从而实现了转矩的传递。两圆板组越靠近，油膜越薄，剪切力越大，从动轴转速就越高，若使两轴接近或达到同步转速，则两圆板组需直接接触，此时两轴转矩靠圆板组之间的摩擦力来传递。

从动轴转速的调节过程是通过控制油泵的油压大

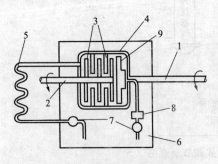

图 2-19　油膜滑差离合器示意图

1—输出轴；2—输入轴；3—圆板组；

4—转鼓；5—热交换器；6—油箱；

7—泵；8—控制阀；9—控制活塞

小推动控制活塞轴向位移，调整圆板组、环形摩擦片组间隙中油膜的厚度和工作油的压力，通过两圆板组的"离"与"合"使传递的转矩和转速差变化而实现的。

与液力偶合器相比，油膜滑差离合器转差损耗小，传动效率高（约高 3％）；控制的反应快，超载保护性能好；尺寸小，成本低。

③ 变频调速　变频调速是利用变频装置作为变频电源，通过改变供电电源频率 f_1，使电机同步转速 n_1 变化，从而改变电机转速的方式。变频调速的基本原理是根据异步电动机的转速公式：

$$n = n_1(1 - s) = \frac{60f_1}{z}\left(1 - \frac{n_1 - n}{n_1}\right) \tag{2-19}$$

式中　n——电机转速，r/min；

　　　n_1——电机定子旋转磁场转速，亦称同步转速，r/min；

　　　s——异步电机的转差率，$s = (n_1 - n)/n_1$；

　　　z——电机定子绕组极对数。

由比例定律可知，对单独的离心泵而言，其功率与其转速的三次方成正比，即只要转速略有下降，其功耗就会以三次方规律下降。因此，可以通过改变离心泵电动机的电源频率来改变离心泵的转速，从而使离心泵的功率以三次方的规律随之变化。

简单的离心泵变频系统组成如图 2-20 所示，它是由离心泵、电动机、变频器、传感器、控制器（无专门控制器时，可由变频器完成控制功能）等组成。

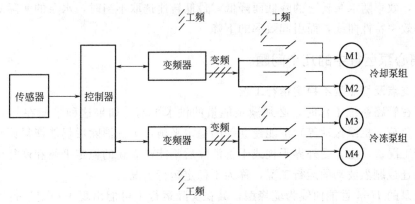

图 2-20　离心泵变频系统组成示意图

当运行在变频运行模式时，传感器先检测所需控制的参数并将信号送至控制器或变频器，然后由控制器或变频器内控制模块对输入的信号进行处理后作出控制决策，同时将决策指令作为控制部分的输出信号发送给变频单元，由变频单元将输入的工频电源变换为实际所需频率的电源，最后将频率改变了的电源输送给离心泵的电动机；电动机在此电源的驱动下运行时，其转速比工频时的转速要低，泵的转速也就降低，因而可以在满足使用要求的情况下带来节能效果。如果不需要变频运行，只需切换到工频运行模式即可。

变频调速的优点是调节效率高，节能效果明显；调速范围宽，最适用于流量调节范围大且经常处于低负荷范围工作的泵。变频装置加上自动控制后，能作高精确度运行；能控制启动电流在额定电流的 1.5 倍以内，减小对电网的冲击，延长电机的使用寿命。但是变频调速的变频器较复杂，初投资高，不能采用高压直接供电，需附设变压器等，使其目前应用受到限制。

现在，变频器已成为系列化产品，国外以日本、美国、德国产品居多，技术成熟，国内

600MW 汽轮机的凝结水泵也已普遍采用变频调速。

2.3.3 离心泵变速的注意事项

离心泵调速运行的目的是节能，但变速过程必须是以安全运行为前提。因此，确定离心泵调速范围时应注意以下几点。

① 通常，水泵产生共振时的转速称为临界转速。当把机组的转子调至某一转速时，转子旋转引起的振动频率如果刚好接近机组的固有振动频率，这时水泵产生共振，机组即猛烈地振动起来，从而对水泵造成损害。所以，调速后的转速不能与其临界转速重合、接近或成倍数。因此，大幅度调速必须慎重，要密切关注水泵的临界转速。

② 水泵机组的转速调到比原额定转速高时，水泵叶轮与电动机转子的离心力将会增加；如果材质的抗裂性能较差或铸造时的均匀性较差时，就可能会出现机械性的损裂，严重时可能出现叶轮飞裂现象。因此，水泵的转速一般不要轻易地高于额定转速。

③ 因调速装置价格极高，因而一般采用调速泵与定速泵并联工作的方式。当管网中用水量变化时，采用控制定速泵台数来进行大调，利用调速泵进行细调。

④ 水泵调速的合理范围应根据调速泵与定速泵均能运行于各自的高效段内的原则选择。因为，如果调速后工况点的扬程等于调速泵的启动扬程，则调速泵不起作用，即调速泵流量为零。

⑤ 一般情况下，调速后泵的转速应在额定转速的 $50\% \sim 65\%$ 以上。因为，在一定的调速范围以外，效率随水泵转速的降低而降低，最低转速选取不当时，水泵的实际效率特性将偏离理论等效率特性曲线，而引起效率的下降。

2.3.4 离心泵运行中的几个问题

(1) 双交点及切点型不稳定运行工况

离心泵在管路系统工作时，必须满足能量的供求平衡。如果这种平衡在外界干扰（电压、频率、负荷、机组振动等）下能建立新的稳定平衡，干扰消除后仍能恢复原状的运行称为稳定运行工况。反之，受外界干扰或干扰消除后不能建立新的稳定平衡和恢复原状，而是出现流量跃迁或剧烈波动的运行工况，称为不稳定运行工况。

若离心泵的 $H\text{-}q_V$ 性能曲线为驼峰型，其在实际运行中可能出现不稳定运行工况。如图 2-21 所示，当管路特性曲线为 D_1E_1 时，其与 $H\text{-}q_V$ 性能曲线只有一个交点 M，工作点 M 是稳定的。如果管路特性曲线为 D_2E_2，则其与 $H\text{-}q_V$ 性能曲线有两个交点 B 和 L。若工作点处于 B 点，则泵的工作是稳定的。因为当外界条件变化后，工作点将在 B 点附近左右偏移，然后都能自动恢复到 B 点工作。当工作点位于 L 点时，只要外界条件稍有变化，就会导致运行工况的突变。若工作点向右偏移，则能量供大于求，促使流体加速，这种能量供求关系只有移至 B 点才能稳定下来；如果工作点向左偏移，则能量供不应求，泵将迅速处于 $q_V = 0$ 的空转运行，故 L 点为不稳定工况点。

由此可见，工作点落在 $H\text{-}q_V$ 性能曲线上升段时，泵的工作是不稳定的，流量将在大范围内突跃改变，从而引起管路系统中流量的急剧改变，并引发管路系统的水击现象。如果 DE 曲线与 $H\text{-}q_V$ 只有唯一的一个切点 C，这是泵能够工作的极限工况，此运行工况同 L 点，且极易造成离心泵出现无交点的空转状态。综上分析可知，具有驼峰性能的离心泵能够稳定工作的最小流量为 q_{Vk}，最大静扬程为 H_{st1}。

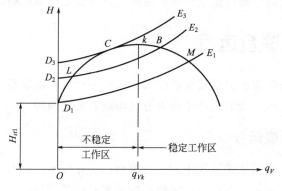

图 2-21　离心泵的不稳定工作分析

(2) 磨损

火力发电厂中，灰渣泵、渣浆泵等都会因为磨损而损坏，所以，磨损是离心泵安全、经济运行的障碍。

① 主要磨损部位　受离心力的影响，离心泵闭式叶轮内颗粒从叶轮进口至出口速度一直增加。靠近叶片工作面进口的颗粒，极易和叶片工作面的后半部分碰撞。从流道中间进入和从非工作面进入的颗粒，虽不和工作面相撞，但它们均有向叶片工作面靠近的趋势，如图 2-22 所示。颗粒和叶片工作面碰撞后反弹角度极小，基本贴合着叶片滑行，导致叶片严重磨损。在叶片流道中，靠近叶片工作面出口处的颗粒浓度较高，所以磨损最为严重。

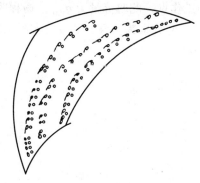

图 2-22　叶轮内颗粒运动轨迹

② 影响离心泵磨损的因素　灰渣泵、渣浆泵运转时，受到水流中固体颗粒的磨损，其磨损与磨损件金属材料的硬度、水流中含固体颗粒的浓度、颗粒的硬度、尺寸及速度等因素有关。

一般情况下，磨损件材料的硬度越高，耐磨性能越好。但是耐磨性不仅取决于材料的硬度，还与材料的成分有关。经过热处理后的各种不同成分的钢，即使它们硬度相同，但测试后发现它们的耐磨性能却并不一样。另外，碳钢通过淬火提高硬度后，它的耐磨性提高却不大。如 40 碳钢淬火后，其硬度增加了 3.5 倍，而其耐磨性仅增加 69%。因此，为了提高材料的耐磨性，还必须改变它的组织成分。

离心泵的磨损与水流中固体颗粒浓度成正比。即水流含颗粒的浓度越高，离心泵磨损越严重。

颗粒的硬度和形状对离心泵的磨损有较大影响。颗粒冲击金属材料部件表面，金属材料部件形成一个个塑性变形的凹坑。具有球面、棱锥或其他刀尖表面的粒子，往往能在自己的形状不被破坏的情况下，压入较软的物体内，同时形成塑性压痕。

一般金属的磨损量随颗粒的平均尺寸的增大而增大，因其惯性对壁面的冲击效果大。

③ 减轻离心泵磨损的方法　采用耐磨金属制造离心泵的零部件。如采用高铬铸铁材料制造渣浆泵的叶轮和蜗壳，其寿命是采用锰钢制造叶轮和蜗壳的 3 倍；在极易磨损的部位（如空心叶片头部）堆焊硬质合金或适当增加其厚度；轴承磨损的主要原因是油质差或油量

不足导致润滑不良造成的，机组振动和轴承装配质量差也是使轴承磨损的重要原因。

2.4　离心泵的联合运行

泵在使用时，若所要求的流量或扬程较大，采用一台泵不能满足要求时，往往要用两台或两台以上泵的联合工作。泵的联合工作可分为串联和并联两种。

2.4.1　离心泵的串联运行

离心泵的串联运行是指管路系统中两台或两台以上首尾相连的泵一起输送同一液体的运行方式，如图 2-23(a) 所示。离心泵串联使用的主要目的是增加扬程，大型火电厂中，为了防止高转速给水泵入口液体的压强低而发生汽蚀，均采用串联前置泵先行升压。串联运行的整体特性是：输出的总流量等于单台泵单独运行的流量，输出扬程为每台泵的扬程之和。因此，两台离心泵串联后的性能曲线是在一定流量下将两台泵的扬程相加后绘制出来的，如图 2-23(b) 所示。曲线 Ⅰ、Ⅱ 分别为两台泵的性能曲线，串联工作时得到的性能曲线为 Ⅰ＋Ⅱ，DE 为管道特性曲线，性能曲线 Ⅰ＋Ⅱ 与管道特性曲线 DE 的交点 M，即为串联工作时的工作点，此时流量为 q_{VM}，扬程为 H_M。过 M 点作垂线与两泵的性能曲线 Ⅰ、Ⅱ 的交点 A_1、A_2 分别为 Ⅰ 泵、Ⅱ 泵的实际工作点，这是因为 $q_{VM} = q_{V1} = q_{V2}$，$H_M = H_{A1} + H_{A2}$。

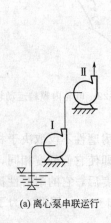

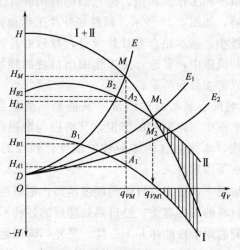

(a) 离心泵串联运行　　　　　　(b) 不同性能离心泵串联运行分析

图 2-23　相同性能泵串联工作

由图可知，串联运行的管路特性保持不变时，泵串联后与其单独在此管路系统中工作比较：$H_{B1}(H_{B2}) < H_M < H_{B1} + H_{B2}$，$q_{V1}(q_{V2}) < q_{VM}$。这说明两台泵串联运行所产生的扬程增大了，但小于其单独运行产生扬程之和，同时流量也增加了，其原因在于串联运行时，扬程的增高比阻力的增加要大，富余的能量促使流体加速。

如果串联运行的管路系统不合适，则有可能达不到串联的目的。如图 2-23(b) 所示，当串联运行的流量为 q_{VM1} 时，Ⅰ 泵处于空转状态，从而失去了串联运行的作用。若工作点为 M_2 时，串联运行的总扬程和流量反而比 Ⅱ 泵单独运行时小，此时 Ⅰ 泵将出现负扬程工况，只起节流作用，成为管路中的阻力器。尤其是 Ⅰ 泵串联在 Ⅱ 泵前工作时，还会恶化 Ⅱ 泵的吸水条件，可能导致 Ⅱ 泵发生汽蚀。

为了使串联运行的离心泵取得较好的效果和较大的正常工作范围，应注意以下方面。

① 串联台数不应过多，以两台为宜。

② 串联方式适合用于静扬程较大、管路阻力较大的工作管路中。

③ 串联运行的泵的性能尽量相似或相匹配，且以平坦型 H-q_V 性能为最佳。此外，由于串联运行中，流体逐级升压，因而后续的材料强度应满足要求。

2.4.2　离心泵的并联运行

离心泵的并联运行是指两台或两台以上泵同时向同一压出管路系统输送液体的工作方式，如图 2-24(a) 所示。并联运行的主要目的是增大输送液体的流量。此外，系统为了保证其安全可靠性和调节的灵活性，设置有并联的备用设备。并联运行的整体性能特点是：输出总流量等于每台泵输出流量之和，输出总扬程等于单台泵的扬程。因此，两台离心泵并联后的性能曲线是在一定扬程下将两台泵的流量相加后绘制出来的，如图 2-24(b) 所示。图中Ⅰ、Ⅱ为两台相同性能泵的性能曲线，并联工作时的性能曲线为Ⅰ+Ⅱ，DE 为管道特性曲线，则性能曲线Ⅰ+Ⅱ与管道特性曲线 DE 的交点 M 即为两泵并联运行时的工作点。此时，流量为 q_{VM}，扬程为 H_M。过点 M 作水平线与性能曲线Ⅰ、Ⅱ的交点为Ⅰ、Ⅱ泵的实际工作点，这是因为 $q_{VM} = q_{VB1} + q_{VB2} = 2q_{VB}$，$H_M = H_{B1} = H_{B2} = H_B$。

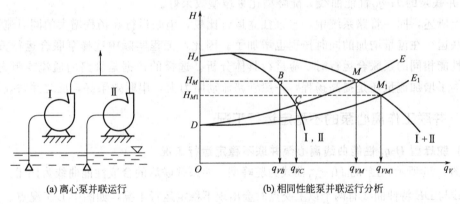

(a) 离心泵并联运行　　　　　　　　(b) 相同性能泵并联运行分析

图 2-24　相同性能泵并联工作

由图 2-24 可知，当并联运行的管路通流特性保持不变时，泵并联后与其单独在此管路系统中工作比较，$q_{VC} < q_{VM} < 2q_{VC}$，$H_C < H_M$。

这表明，两台泵并联时的流量和一台泵单独工作时的流量相比，两台泵并联后的总流量 q_{VM} 小于一台泵单独工作时流量 q_{VC} 的 2 倍，而大于一台泵单独工作时的流量 q_{VC}。同时扬程也增加了。这是因为随着管路中流量的增大，管道摩擦损失随着流量的增加而增大了，即流动损失增大，因而泵必须提高扬程。图 2-24 中的 DE_1 是 DE 相应的管路减小了流动阻力损失的情况，比较 DE_1、DE 曲线的两个工作点 M_1、M 可证实上述结论：$H_{M1} < H_M$，$q_{VM1} > q_{VM}$。

不同性能的离心泵并联运行的效果较相同性能泵并联运行要差，并且可能出现不良的运行工况。如图 2-25 所示，管路特性曲线 DE 与合成性能曲线Ⅰ+Ⅱ交点 M 为两泵并联运行的工作点，其流量与Ⅱ泵单独运行（工作点为 C 点）的流量比较，增量不大。泵的性能差异越大及管路特性曲线越陡，流量增大的倍率越小，即效果越差。如果管路系统特性不合适，如图中的 DE_1 或 DE_2 曲线，Ⅰ泵将处于空负荷运行。即并联运行的输出流量小于或等于 q_{VM1} 时为不良运行工况。

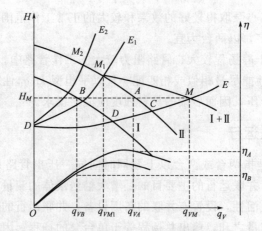

图 2-25　不同性能离心泵并联运行分析

为了使并联运行的离心泵取得较好的效果和较大的正常工作范围，应注意以下方面。

① 并联的台数尽量减少，因为并联的台数越多，总流量增加的倍率越小。

② 管路系统中的流动阻力损失要小，即管路特性曲线要平坦。

③ 并联泵的性能应尽可能相近，最好性能相同。

④ 并联泵的 H-q_V 性能曲线，陡降型比平坦型效果好。

综上所述，同一管路系统中，与泵独立运行比较，串联运行在扬程增大的同时流量增加了，并联运行在流量增加的同时扬程也增加了。因此，工程实际中选择泵联合运行方式时，尤其是性能相同的泵联合运行时，应进行具体分析。选择的依据是管路的通流或阻力特性。无论是为了增加流量还是提高扬程，一般管路流动阻力大，串联效果好，反之并联效果好。

2.4.3　并联工作离心泵的不稳定运行工况

(1) 驼峰型 H-q_V 性能曲线离心泵并联不稳定运行工况

如图 2-26 所示，Ⅰ泵的 H_1-q_{V1} 曲线为驼峰型，两泵并联后的合成性能曲线为Ⅰ+Ⅱ。当合成性能曲线与 DE 特性曲线有两个以上交点时会出现不稳定运行工况，如图中 L 工况点。因为此工况对应Ⅰ泵的工作点为 L_1，Ⅱ泵的工作点为 L_2、L_1 处于不稳定工况区，为不稳定工作点。

(2) "抢水"现象

性能相同的马鞍形或驼峰型 H-q_V 曲线的离心泵并联运行时可能出现一台泵流量很大、

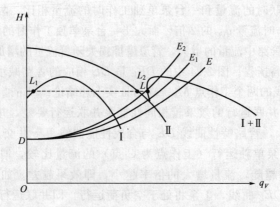

图 2-26　不同性能驼峰型 H-q_V 性能曲线离心泵并联不稳定运行工况

另一台流量很小的现象。此运行工况若稍有调节或干扰，则两者迅速互换工作点，原来流量大的变小、流量小的变大。如此反复，以至于两台泵不能正常并联运行，这种不稳定运行工况称为"抢水"现象。

图 2-27 所示为两台同性能驼峰型离心泵并联运行的性能曲线 Ⅰ 和 Ⅱ（虚线），合成性能曲线为 Ⅰ＋Ⅱ（实线）。如果合成性能曲线与 DE 曲线的交点为 M，则两台泵的工作点均为 A，即运行工况相同，不会出现"抢水"现象。如果关小挡板或阀门的开度，使管道特性曲线与合成性能曲线有两个交点，如图中的 DE_1 曲线，则泵的工作点可能是 B 点或 L 点。若工作点为 B 点时，两台泵处于稳定并联运行的极限情况；若两台泵的管路阻力稍有差别，则工作点为 L，此时一台泵的工作点为不稳定工况区小流量的 L_1 点，而另一台的工作点为稳定工况区大流量的 L_2 点。这时，若稍有干扰就会出现两台泵的流量忽大忽小、反复互换的"抢水"现象，使泵并联运行不稳定。

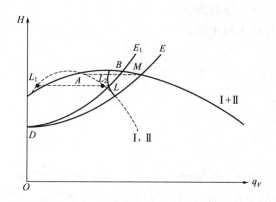

图 2-27　相同性能驼峰型离心泵"抢水"现象分析

除了 $H\text{-}q_V$ 曲线具有驼峰的离心泵并联运行时可能发生"抢水"现象外，$H\text{-}q_V$ 曲线无驼峰的同性能泵并联运行，若采用变速调节时不能保持各泵的转速相同，也可能产生"抢水"现象。

为了避免泵或风机并联的不稳定运行工况，应限制其工作区域，保证并联运行泵或风机的工作点落在稳定工况区。采用变速调节的并联离心泵手动调节时，应保持其转速一致。当离心泵低负荷时可单台运行，在单台运行流量不能满足后再投入第二台并联运行。当"抢水"现象发生时，应开启再循环调节门。

2.5　离心泵的运行与维护

离心泵如果安装、运行和维护不当，就会引起机器及电动机等各方面的故障及事故发生，从而降低了设备效能，缩减了设备使用寿命，造成不必要的浪费。要做好离心泵的运行维护工作，就必须了解和掌握离心泵的运行特性。

2.5.1　离心泵的运行特性

（1）开泵特性

除自吸式离心泵外，其他形式的离心泵开泵前必须先灌泵，此外，离心泵开泵前必须关闭排出阀。

(2) 运转特性

① 可短时间关闭排出阀运转。

② 管路堵塞时泵不致损坏。

(3) 流量调节特性

可调节排出阀，调节水泵转速，个别情况也可采用旁路调节。

(4) 工作压力调节特性

① 工作压力随流量变化而变化。流量增大，工作压力降低。

② 调节泵的转速，则工作压力随之变化。

(5) 介质黏度对泵工作的影响

① 适合输送低黏度介质。

② 输送黏性介质时，效率迅速降低，甚至不能工作。

(6) 吸入系统漏气对泵工作的影响

少量漏气即能使离心泵工作中断。

(7) 停泵

离心泵停泵前必须先关闭排出阀。

2.5.2　离心泵的运行

(1) 启动前的准备工作

① 启动前的检查

a. 工作场地的检查。检查工作场地清洁、无杂物，无安全隐患。

b. 电源及用电设备的检查。检查电气线路完好，各种联动、控制开关按钮正常，电动机的转动方向正确，有关试验项目已按运行规程要求完成。

c. 泵设备的检查。检查电动机及泵的紧固部件无松动，联轴器等各种连接部件良好。盘动转子内部无摩擦声、卡涩等现象，转动灵活。

d. 轴封系统的检查。检查轴封部件完好，密封冷却水、冷油器的冷却水系统进出阀门正常。启动密封冷却水水泵，打开密封水阀门，调整轴封密封情况，以滴水为宜。

e. 监测表计的检查。检查各种监测表计齐全完好，指位正确，声光信号试验正常。

f. 轴承及润滑油的检查。检查轴承冷却水畅通，润滑油油质良好，油位正常。

g. 调节机构的检查。对于采用电动机驱动的大型锅炉给水泵，应检查调速机构是否正常；采用小汽轮机驱动的给水泵，应对小汽轮机作全面检查，小汽轮机的启动准备工作就绪。

② 启动前的操作

a. 灌泵。泵在启动前一定要进行充水放气工作。否则，由于空气的存在使泵的吸入口难以达到足够的真空度，泵启动后打不出水。

泵的灌泵方式根据其系统布置情况及吸水方式的不同而不同。小型真空吸水泵一般采用灌水法，开启灌水阀及放气旋塞，待放气旋塞连续出水后关闭；对于置于吸水液面下方的泵，用进口阀门直接充水并排除空气；大型离心泵可采用真空泵抽空气；采用虹吸进水的立式泵，必须对吸入喇叭口和泵壳内充水或抽真空。

b. 暖泵。对于输送高温水的泵，如发电厂中的锅炉给水泵，启动前必须进行暖泵，并控制温升率，以防止泵启动过程中热应力过大，导致泵体变形而损坏。

暖泵的方式有正暖和反暖。冷态启动时采用正暖，即顺水流暖泵。处于热备用的泵采用反暖，暖水流程与正暖相反。暖泵的过程待泵的上、下温差在规定的范围内结束。

c. 采用出口端节流调节的离心泵，应关闭出水阀门。

d. 设置有最小流量再循环的水泵，应开启最小流量再循环阀门。

e. 汽动泵要按规程做好小汽轮机的启动前准备工作。

f. 按规程做好其他各项启动前的操作。

（2）启动

① 电动泵合闸后，在泵的升速过程中，应注意启动电流值、电流表指针返回时间和空载电流值、转速、出口压力表读数等，并做好记录。

② 转速到达额定转速后，检查动静部分有无摩擦、振动和异音，油压、油温、轴承温度及轴向位移是否正常等。泵启动后空转时间不宜过长，以 2～3min 为限，否则水温升高，水泵会发生汽蚀。

③ 逐渐开启泵的出水阀门，或开大动叶安装角度，增加流量。对于设置有最小流量再循环的水泵，应逐渐关闭再循环阀。

④ 汽动泵在启动时，应首先完成小汽轮机的启动操作。主要包括：连续盘车、送轴封汽、抽真空、暖管、冲转、暖机、过临界转速以及升速过程中的有关试验及检查。机组冷态启动时，小汽轮机的冲转采用的是新蒸汽，一般在主机并网后开始。当汽动泵出口压强达到给水泵母管压强时，可开启汽动泵出口阀门，逐步带鱼荷与电动泵并联运行。当主机抽汽压强随着负荷上升至一定压强时，小汽轮机汽源开始由主蒸汽切换为抽汽。

⑤ 投入泵的联锁及保护。

⑥ 根据规程规定，做好泵启动时的其他相关工作。

（3）正常运行维护

泵运行正常后，应做好以下工作。

① 随时注意检查各个仪表工作是否正常、稳定，并定时做好记录。电流表上的读数应不超过电动机的额定电流，电流过大或过小都应及时停车检查。引起电流过大的原因一般是叶轮中有杂物卡住、轴承损坏、密封环互摩、轴向力平衡装置失效、电网中电压降太大、管路阀门开度过大等；引起电流过小的原因有吸水底阀或出水闸阀打不开或开不足、水泵汽蚀等。

② 定期记录泵的流量、扬程、电流、电压、功率等有关技术参数。严格执行岗位责任制和安全技术操作规程。

③ 检查轴封填料盒处是否发热，滴水是否正常。滴水应呈滴状连续渗出，运行中可通过调节压盖螺栓来控制滴水量。

④ 检查泵与电动机的轴承和机壳温度。轴承温度一般不得超过周围环境温度 35℃，轴承的最高温度不得超过 75℃，否则应立即停车检查。在无温度计时，也可用手摸，凭经验判断，如感到烫手时，应停车检查。

⑤ 检查流量计指示数是否正常。无流量计时可根据出水管水流情况来估计流量。

⑥ 随时监听机组的声响是否正常。

（4）停泵

泵的停运与启动操作的顺序相反，停泵时应注意以下事项。

① 先断开泵的联锁开关，开启再循环阀门，关闭出口阀门，启动辅助油泵后，才能按

停止按钮停泵。对于变速泵，停泵前还应逐渐降低转速至最小流量状态。对虹吸式泵，应先打开真空破坏阀，再关闭出口阀，待水下落后再停泵。

② 按下停止按钮后，应记录惰走时间，如果时间过短，应分析、查明原因。

③ 对汽动泵还要投入小汽轮机的盘车装置，并做好小汽轮机停运时的相关操作。

④ 泵停运后，如需作联锁备用，则应将进口阀门开启，出口阀门关闭。联锁开关应在备用位置，投入辅助油泵和润滑油系统；若密封冷却系统已投入的应调整为运行备用状态。对于大型锅炉给水泵应投入暖泵水系统。

⑤ 如停泵检修或长期停用，应切断电源和水源，放尽泵内的余水，并"挂牌"，做好其他安全措施。

（5）定期试验和切换

为保证泵的安全、经济运行，应对泵进行定期联锁保护和切换试验。大型泵的保护项目比较完善，试验项目也较多。以电厂锅炉给水泵为例，一般有以下联锁保护试验项目。

① 润滑油压保护试验。包括油压高时辅助油泵的自停，油压低于一定值时分别进行闭锁泵的启动、辅助油泵自启动、报警和运行泵跳闸等。

② 低水压保护。报警和启动备用泵。

③ 轴向位移保护。报警和跳闸。

④ 轴封水压保护。水压低于一定值时分别进行报警、启动备用密封水泵、闭锁泵的启动和运行泵跳闸等。

⑤ 故障联动试验。运行泵故障跳闸时，自启动备用泵。

为保持备用泵的良好状态，应定期进行备用泵的切换运行。切换时，应先断开联锁开关，关闭暖泵阀，再按正常启、停步骤操作，启动备用泵，待正常后可停运原运行泵。停泵过程中，逐渐关闭出口阀门，注意观察出水母管压强，如母管压强下降至非正常值，应查明原因并处理后才能继续，否则停止切换操作。

2.5.3 离心泵的水击及其防护

（1）停泵水锤及其危害

在压力管道中，局部区域由于水流速度的急剧变化而引起一系列的压力交替升降的水力冲击现象，称为水锤，又称水击。所谓停泵水锤是指水泵因突然失电或其他原因，造成开阀停车时，在水泵及管路中水流速度发生递变而引起的压力递变现象。

离心泵本身供水均匀，正常运行时在水泵和管路系统中不产生水锤危害。一般的操作规程规定，在停泵前需将压水阀门关闭，因而正常停泵时不引起水锤。压水管中的水在断电后的最初瞬间，主要靠惯性以逐渐减慢的速度继续向水池方向流动，然后流速降为零。管道中的水在重力作用下，又开始向水泵倒流，速度由零逐渐增大，由于管道中流速的变化而引起水锤。下面就水泵出口处有无止回阀的情况分别讨论。

① 水泵出口处有止回阀的情况　当管路中倒流水流的速度达到一定程度时，止回阀很快关闭，因而引起很大的压力上升；当水泵惯性小、供水落差大时、压力升高也大。这种带有冲击性的压力突然升高能击毁管路和其他设备。国内外大量的实践证明，停泵水锤的危害主要是因为水泵出口止回阀的突然关闭所引起的。停泵水锤的最高压力有时几乎达到正常压力的 2 倍。

② 水泵出口处无止回阀的情况　水泵突然失电时，管路中的水以逐渐增长的速度倒流

回水泵。在机组惯性很大的条件下，当反向水流到来时，水流使水泵原来正向的转速很快地降低，最后降到零（即制动工况）。在反向水流继续作用下，水泵的转速由零很快增大到最大反转速，水泵处于水轮机工况下工作。

停泵水锤的危害主要表现为：

一般的水锤事故会造成水泵、阀门、管道的破坏，引起"跑水"、停水；严重的事故造成泵房被淹，有的设备被打坏，伤及操作人员甚至造成人员死亡的事故。

如果水泵反转转速过高，当突然终止水泵反转或反转时电动机再启动，就会使电动机转子变形，引起水泵剧烈振动，甚至联轴器断裂。如果水泵倒流量过大，则使整个管网压力下降，导致不能正常供水。

当满足以下条件时，易产生停泵水锤。

a. 单管向高处输水，当供水高度超过 20m 时，就要注意防止停泵水锤的危害。

b. 水泵总扬程或工作压力大。

c. 输水管道内流速过大。

d. 输水管道过长，且地形变化大。

e. 在自动化泵站中阀门关闭太快。

(2) 防止水锤的措施

① 设下开式水锤消除器　如图 2-28 所示，水泵在正常工作时，管道内水压作用在阀板 3 上的向上托力大于重锤 1 和阀板 3 向下的压力，阀板与阀体密合，水锤消除器处于关闭状态。突然停泵时，管道内压力下降，作用于阀板的下压力大于上托力，重锤下落，阀板落于分水锥 4 中（图中虚线所示位置），从而使管道与排水口 2 相连通。当管道内水流倒流冲闭止回阀致使管道内压力回升时，由排水口泄出一部分水量，从而使水锤压力大大减弱，使管道及配件得到了保护。

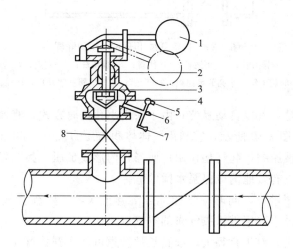

图 2-28　下开式水锤消除器

1—重锤；2—排水口；3—阀板；4—分水锥；
5—压力表；6—三通管；7—放气门；8—闸阀

这种水锤消除器的优点：管道中压力降低时动作，能够在水锤升压发生之前打开放水，因而能比较有效地消除水锤的破坏作用。此外，它的动作灵敏，结构简单，加工容易，造价低，工作可靠。其缺点是消除器打开后不能自动复位，且在复位操作时，容易发生误操作。

消除器的复位工作应先关闸阀把重锤从杠杆上拿下来，抬起杠杆，插上横销，再加上重锤。开闸阀复位后，还要拔下横销，下次发生突然停电时，消除器才能再打开；否则，在下次突然停电时，消除器将不动作。另外，如果没有关闸阀就把立杆和阀板3抬起，常常会形成二次水锤。

② 自动复位下开式水锤消除器 如图 2-29 所示，其工作原理是：突然停电后，管道起始端产生压降，水锤消除器缸体外部的水经闸阀 10 向下流入管道 9，缸体内的水经单向阀 8 也流入管道 9。此时，活塞 1 下部受力减少，在重锤 3 的作用下，活塞下降到锥体内（图中虚线位置），于是排水管 2 的管口开启，当最大水锤压力到来时，高压水经消除器排水管流出，一部分水经单向阀瓣上的钻孔倒流入锥体内，随着时间的延长，水锤逐渐消失。缸体内活塞下部的水量慢慢增多，压力增大，直至重锤复位。为使重锤平稳，消除器上部设有缓冲器 4。活塞上升，排水管口又关闭，这样即自动完成一次水锤消除作用。

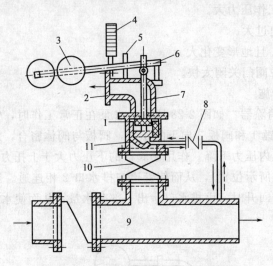

图 2-29 自动复位下开式水锤消除器

1—活塞；2—排水管；3—重锤；4—缓冲器；5—保持杆；6—支点；7—活塞连杆；
8—阀瓣上钻有小孔的单向阀；9—管道；10—闸阀（常开）；11—缸体

此消除器的优点是：可以自动复位；由于采用小孔延时方式，有效地消除了二次水锤。

③ 设空汽缸 如图 2-30 所示，它利用气体体积与压力成反比的原理，当发生水锤、管内压力升高时，空气被压缩，起气垫作用；而当管内形成负压、甚至发生水柱分离时，它又可以向管道补水，可以有效地消减停泵水锤的危害。

它的缺点是需要用钢材，同时空气能部分溶解于水，需要有空气压缩机经常向缸内补气。目前，国内外已推广采用带橡胶气囊的空汽缸。

空汽缸的体积较大，对于直径大、线路长的管道可能达到数百立方米，因此，它只适用于小直径或输水管长度不长的场合。

④ 采用缓闭阀 缓闭阀有缓闭止回阀和缓闭式止回蝶阀，阀门的缓慢关闭或不全闭，允许局部倒流，能有效地减弱由于开闸停泵而产生的高压水锤。

⑤ 取消止回阀 取消水泵出口处的止回阀，则水流倒回时，可以经过水泵泄回吸水井，这样不会产生很大的水锤压力；还能减少水头损失，节省电耗。但是，倒回水流会冲击泵倒转，有可能导致轴套退扣而松动（轴套为螺纹连接时）。此外，还应采取其他相应的技术措

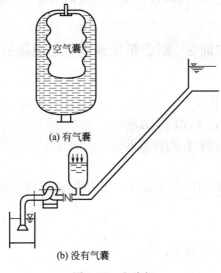

图 2-30　空汽缸

施，以解决取消止回阀后带来的新问题。在取消止回阀的情况下，应进行停泵水锤的计算。

⑥ 其他措施　如设置自动缓闭水力闸阀；用闸门控制即不设止回阀，而按一定的程序用常备动力缓闭出水阀门，来消除水锤危害；在突然停电后，对泵轴采取"刹车"措施，水泵失电后，允许水流倒回，但叶轮不转动，能使升压大人减少，也避免了叶轮高速反转时引起的一些问题。

实训 1　离心泵定速运行工况调节

（1）实训目的

① 熟悉离心泵的启停操作。

② 掌握离心泵的定速运行工况调节方法。

③ 掌握离心泵的定速运行特性的测试方法。

（2）实训器材与设备

离心泵及其管路系统、压力表/真空压力表、流量计、电流表、电压表、功率因数表等。

（3）实训步骤与要求

选定离心泵，并配置必要的测量仪表。

主要步骤如下。

① 根据要求，做好启动前的各项检查准备工作。

② 关闭出水管路阀门，全开进水阀门。

③ 合闸启动离心泵。在泵的升速过程中，监测各仪表的读数，并做好记录。

④ 逐渐开启出水阀，让管路建立起一定的水流量。

⑤ 待离心泵运行稳定后，记录离心泵进/出口压力表读数（表格自拟）；同时，测量水流量和各仪表参数并做好记录。

⑥ 改变出水管路上阀门的开度（从大到小或从小到大），重复步骤⑤，记录相关数据。重复此步骤 3～5 次，直至阀门全开（或接近关闭），记录全部测试数据。

⑦ 实验完成后，先关闭出水管路阀门，停机并清理现场。

⑧ 整理和分析测试资料，比较阀门在不同开度时离心泵的流量、扬程和功耗的变化，完成实训报告。

实训 2　离心泵变速运行工况调节

(1) 实训目的

① 熟悉离心泵的启停操作。

② 掌握离心泵的变速运行工况调节方法。

③ 掌握离心泵的变速运行特性的测试方法。

(2) 实训器材与设备

离心泵及其管路系统、电动机变速装置、压力表/真空压力表、流量计、电流表、电压表、功率因数表等。

(3) 实训步骤与要求

选定离心泵，并配置必要的测量仪表。

主要步骤如下。

① 根据要求，做好启动前的各项检查准备工作。

② 关闭出水管路阀门，全开进水阀门。

③ 合闸启动离心泵。在泵的升速过程中，监测各仪表的读数，并做好记录。

④ 逐渐开启出水阀，让管路建立起一定的水流量。

⑤ 待离心泵运行稳定后，记录离心泵进/出口压力表读数（表格自拟）；同时，测量水流量和各仪表参数并做好记录。

⑥ 通过变速装置改变离心泵电动机的转速（从大到小或从小到大），重复步骤⑤，记录相关数据。重复此步骤 3～5 次，直至达到电动机额定转速（或接近停运），记录全部测试数据。

⑦ 实验完成后，先关闭出水管路阀门，停机并清理现场。

⑧ 整理和分析测试资料，比较阀门在不同开度时离心泵的流量、扬程和功耗的变化，完成实训报告。

实训 3　离心泵联合运行性能测试

(1) 实训目的

① 熟悉离心泵启停操作。

② 掌握离心泵串、并联运行工况及其特点。

③ 掌握离心泵串、并联运行特性曲线的绘制方法。

④ 了解离心泵单泵运行与联合运行的性能差异。

(2) 实训器材与设备

离心泵联合运行实验台、时钟、水桶等。

(3) 实训步骤与要求

① 参考图 2-31 熟悉实验装置及其原理。

② 单台泵运行性能测试实验。

a. 关闭阀门 3、5、7，全开阀门 15，启动离心泵 1。

b. 由小到大调节阀门 7 到一定开度，使实验台在一定的流量和扬程下运行。

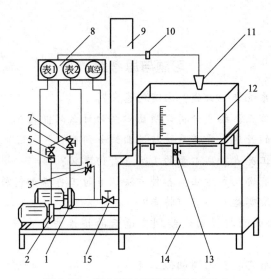

图 2-31 离心泵运行性能测试实验台

1、2—离心泵；3、5、7、13、15—阀门；4、6、10—孔板流量计；8—仪表盘（压力表1、压力
表2、真空表）；9—压差板；11—活动管嘴；12—计量水箱；14—蓄水箱

c. 运行稳定后，读取压力表 1 的读数，计算扬程 H，并记录（表格自拟）；由压差板 9 读出水流经孔板流量计 6 后所产生的压头差 Δh，计算相应的流量 q_V，并记录。或者由计量水箱计算流量 q_V。具体方法如下：首先放干计量水箱 12 里的水，将管路中的水通过活动管嘴流入计量水箱，改变活动管嘴方向的同时记录水流时间；当水位达到一定刻度后，迅速全开阀门 13，并记录水流时间。用水箱里的水容积除以所用时间即为水的流量。

d. 逐次调节阀门 7 的开度，按步骤 c 测得一系列的 H 和 q_V 值，并记录。

e. 实验完成后，先关闭阀门 7，关闭电源，打开阀门 5，使水流回蓄水箱中。

③ 两台离心泵的串联运行性能测试实验。

a. 关闭阀门 3、5、7、15。

b. 接通电源，启动离心泵 2，离心泵 2 运行正常后，打开出口阀门 3 使离心泵 1 充水。

c. 启动离心泵 1，离心泵 1 运行正常后打开出水阀门 7。

d. 调节阀门 7 的开度，待运行稳定后，记录此时串联运行的 H 和 q_V 值。

e. 逐次调节阀门 7 的开度，按上述方法测得一系列 H 和 q_V 值。

f. 实验完成后，先关闭阀门 7，停止离心泵 1；关闭阀门 3，停止离心泵 2。

g. 关闭总电源，将计量水箱 12 中的水放回蓄水箱 14 中。

④ 两台离心泵的并联运行性能测试实验。

a. 开启阀门 15，关闭阀门 3、5、7。

b. 接通电源，开启离心泵 1、2。

c. 观察压力表 1 和压力表 2，调节阀门 5、7 的开度，使得压力表 1 值等于压力表 2 值，并具有一定的 H 和 q_V。

d. 待水泵运行稳定后，读取压力表的数值，用计量水箱或压差法计算流量，并记录。

e. 逐次调节阀门 5、7 的开度，按步骤 d 测得一系列 H 和 q_V 值，并记录。

f. 完成实验后，先关闭阀门 5、7，再关闭电源，将计量水箱 12 中的水放回蓄水箱 14 中，并清理现场。

⑤ 答疑和讨论。

⑥ 完成实训报告。

习题与思考题

2-1　什么是离心泵管道系统特性曲线？它有何意义？

2-2　什么是离心泵的工作点？绘图分析说明离心泵为什么只能在工作点上运行。

2-3　调节管道系统阀门的开度，管道系统特性曲线如何变化？

2-4　如何确定离心泵的工况点？离心泵的工况点有何意义？

2-5　离心泵的流量调节有哪几种方法？各种方法调节时工作点如何移动？

2-6　离心泵的变速方式有哪些？各有何特点？

2-7　如何由已有的离心泵的特性曲线绘制变速后的特性曲线？离心泵调速时应注意哪些问题？

2-8　离心泵的相似条件有哪些？何谓相似工况？

2-9　离心泵的相似定律有哪些？

2-10　比例定律有哪些用途？

2-11　何谓比转速？比转速的物理意义是什么？

2-12　比转速和型式数有何区别？随着比转速的增加，泵的性能如何变化？

2-13　离心泵的变速方式有哪些？

2-14　离心泵变速时应注意哪些事项？

2-15　为什么要将离心泵串联或并联运行？

2-16　什么是离心泵的串、并联工作？串、并联后性能曲线怎样？

2-17　为什么两台离心泵串联后的总扬程小于两台单泵分别运行的扬程之和？

2-18　为什么两台离心泵并联后的总流量小于两台单泵分别运行的流量之和？

2-19　离心泵串联和并联运行的台数是否越多越好？为什么？

2-20　离心泵并联运行时可能会出现哪些不稳定运行工况？为什么？

2-21　什么是"抢水"现象？发生的条件是什么？如何防止和消除？

2-22　简述离心泵启动、运行、停泵时的注意事项。

2-23　什么是停泵水锤？停泵水锤对系统有什么影响？怎样防止停泵水锤？

2-24　离心泵的性能曲线如图 2-32 所示，其管路系统特性曲线方程为 $H=20+20000q_V^2$（q_V 单位为 m^3/s），则离心泵的工作流量为多少？如果并联一台同性能泵联合工作，总流量是多少？两台泵并联运行比单独工作时流量增加了多少？并联后每台泵的流量又为多少？

2-25　有两台性能相同的离心泵串联工作，其性能曲线 Ⅰ 和 Ⅱ 及对应管路系统特性曲线 Ⅲ 如图 2-33 所示，试求两台泵串联时的总扬程、总流量。此时各泵的流量和扬程与每台泵在同一系统中单独运行时相比，有什么变化？

2-26　某泵的转速 $n_m=1500r/min$，扬程为 $H_m=80m$，流量 $q_{Vm}=0.3m^3/s$，轴功率 $P_m=180kW$，现改用一台与之相似且出口直径为该泵 2 倍的泵，输送的液体种类不变，求当转速 $n_p=2000r/min$ 时，其流量、扬程、轴功率分别为多少？

2-27　有一离心泵在转速 $n_m=1450r/min$ 下某工况的参数：$q_V=40m^3/h$、$H=70m$、$P=8kW$，其他条件不变，当转速变为 $n=1500r/min$ 时，试确定与上述工况相似的工况

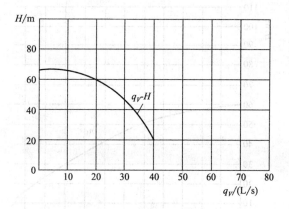

图 2-32　习题 2-24 的图

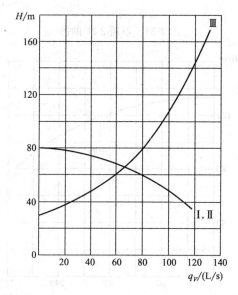

图 2-33　习题 2-25 的图

点的流量、扬程、轴功率。

2-28　某离心泵在转速为 $n_1 = 1450 \text{r/min}$ 下的性能曲线如图 2-34 所示，试确定泵在运行工况改变到流量 $q_V = 80 \text{m}^3/\text{h}$、扬程 $H = 70 \text{m}$ 时需要的转速。

2-29　某水泵在 $n_1 = 2960 \text{r/min}$ 时的性能曲线 $H\text{-}q_V$ 如图 2-35 所示，其工作管路系统特性曲线方程为 $H = 50 + 9500 q_V^2$。采用变速调节方式，将泵的工作流量调节为 $q_V = 160 \text{m}^3/\text{h}$，其转速 n_2 应为多少？

2-30　有一台离心泵，在转速 $n_1 = 2950 \text{r/min}$ 时，所得实验资料如下表：

$q_V/(\text{m}^3/\text{s})$	0.73	3.09	4.23	5.10	5.80	6.66	7.67
H/m	238.8	225.6	206	186.5	167.4	138.5	99
$\eta/\%$	13.9	42	47.6	48.7	47.8	43.7	25.2

① 绘出 $H\text{-}q_V$ 及 $\eta\text{-}q_V$ 性能曲线；② 绘出转速变为 $n_2 = 2250 \text{r/min}$ 时的性能曲线；③ 求水泵在 $q_V = 4.5 \text{m}^3/\text{s}$、$H = 180 \text{m}$ 工况时的转速。

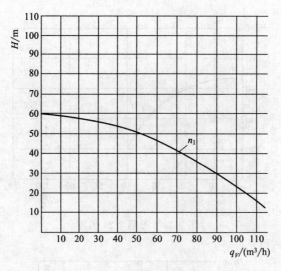

图 2-34 习题 2-28 的图

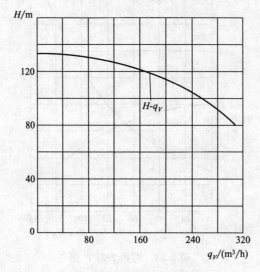

图 2-35 习题 2-29 的图

2-31 如图 2-36 所示,在管路特性曲线 $H_c = 20 + 20000q_V^2$(m³/s)的管路系统中工作,其

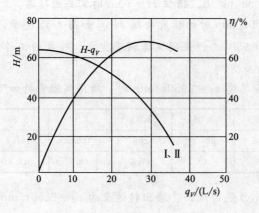

图 2-36 习题 2-31 的图

流量为多少？如果并联一台同性能泵联合运行，总流量又是多少？增加了百分之几？并联后每台泵的轴功率为多少？

2-32　DG500-200 型锅炉给水泵在 $n=2970\text{r/min}$ 时的性能曲线如图 2-37 所示，已知给水管路系统的特性方程为 $H_c=1700+19400q_V^2$（m^3/s），给水泵年运行时间为 8000h。若将给水量调节到 100L/s 时，试问采用变速调节比节流调节省多少电能。

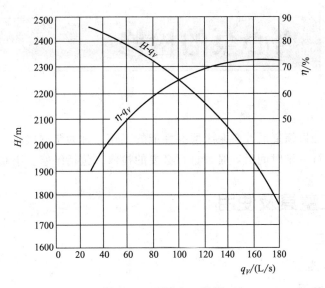

图 2-37　习题 2-32 的图

第3章

离心泵的检修

通过检查和修理以恢复或改善泵组原有性能的工作,称为泵的检修。为保证泵持续可靠地运行,在连续运行一定时间后,必须进行必要的检修,包括维修、小修、中修和大修。

3.1 常用工量具及使用

3.1.1 常用工具

3.1.1.1 手工工具

(1) 扳手与螺丝刀

① 固定开口扳手 又称呆扳手,有单头、双头及单只、成套之分。

② 梅花扳手 其工作部位是封闭的,受力情况优于开口式。由于其工作部位内孔有 12 个角,故柄部只要能位移 30°,就能拆装螺母。又因扳手头部下弯,故拆装位于稍凹处的六角螺母,特别方便。其规格以内孔六边形对边宽进行区分。

③ 套筒扳手 由套筒、手柄、连接杆和万向接头等组成。套筒扳手除具有梅花扳手的优点外,特别适用于各种特殊位置(如位置狭小、凹下、转角等处)拆装螺母。套筒扳手的规格与梅花扳手相同。

④ 活扳手 其主要优点是通用性强。在螺母尺寸不规范、数量不多时,用它较为方便。为防止在拆装螺母时损坏扳手,一般不宜将扳手开到最大开度扳螺母,而只用最大开度的 3/4 来扳螺母;同时,也不允许用大规格活扳手紧小螺母。

⑤ 扭力扳手 为一种用于对紧力值要求较精确的螺栓安装时使用的扳手,并可指示出紧螺栓时的转矩值。有的扭力扳手的转矩值不能根据需要进行调整,且无转矩控制装置。有的扭力扳手的转矩值可调,并能控制工作时的转矩不超值,有的还可自动记录螺栓的转矩,但价格高。从技术工艺规范的要求看,应普及扭力扳手的应用,以改变现在紧螺栓凭"自我感觉"无据可查的工艺状况。

⑥ 内六角扳手 仅用于内六角螺栓的拆装。使用时要求扳手与螺栓六角孔的配合不能松动,否则会将六角孔拧成圆形,失去其拆装功能,给拆装工作增加麻烦。

⑦ 螺丝刀 其功能是拆装小直径螺钉。螺丝刀的工作头分平口和十字形两类。

(2) 扳手与螺丝刀使用注意事项

① 使用扳手时,不允许加套管以增加其力臂(专用呆扳手除外);不允许用手锤锤击扳

手手柄以冲击力松紧螺母。

② 使用活扳手时应注意扳手活动块的位置，不允许反用，其夹口的开度应与螺母两对边距一致并要求夹紧。

③ 松紧螺母（尤其是松紧大的螺母）时，应注意人体的操作姿势，以防一旦发生扳手滑脱，螺栓拧断或突然松动，人的手臂将顺着力的方向高速前冲，身体也因失去平衡而沿着力的方向跌倒，造成伤手甚至更大的人身伤害事故。正确的姿势是，应用一只手抓住固定物或身体靠着固定物，以控制人的稳定姿势，另一只手发力松紧螺母，但注意不要突然加力。

④ 扳手不许作榔头用；木柄螺丝刀不许当錾子、撬棍用。

3.1.1.2 电动工具

电动工具是由电力驱动、用手操纵的一种便携式工具的统称。这类小型化电动工具由电动机、传动机械和工作头三部分组成。

电动工具使用的电动机要求体积小、重量轻、超载能力大、绝缘性能好。最常用的电动机包括：交直流两用串励电动机，转速在 10000r/min 以上；三相工频电动机（笼型异步电动机），转速在 3000r/min 以下。

传动机构的作用是改变电动机转速、转矩和运动形式。运动形式可分为三种。

① 旋转运动　电动机通过齿轮减速，带动工具轴作旋转运动，如电钻、电动扳手等。也有电动机不经过减速直接带动工具的，如手提式砂轮机等。

② 直线运动　电动机经减速后带动曲柄连杆机构，使工具轴作直线运动，包括振动、往复运动和冲击运动，如电锯、电冲剪、电铲等。

③ 复合运动　工具作冲击旋转运动，如电锤、冲击电钻等。

工作头是直接对工件进行各种作业的刀具、磨具、钳工工具的统称，如钻头、锯片、砂轮片、螺母套筒等。

在泵检修工作中常用的电动工具包括以下几种。

(1) 手电钻

图 3-1 所示为手电钻结构示意图。它分为手提式和手枪式两种。手电钻除用来钻孔外，还可用来代替作旋转运动的手工操作。手枪式电钻钻孔直径一般不超过 6mm。

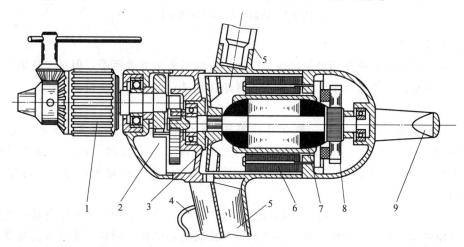

图 3-1　手电钻结构示意图

1—钻夹头；2—减速机构；3—风扇；4—开关；5—手柄；6—静子；7—转子；8—整流子；9—顶把

(2) 角向砂轮机

图 3-2 所示为角向砂轮机结构示意图。它有多种规格，以适应不同场合的需要。它主要用于金属表面的磨削、去除飞边毛刺、清理焊缝及除锈、抛光等作业，也可用于切割小尺寸的钢材。

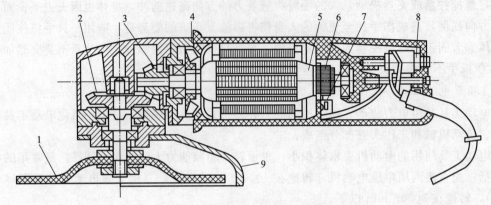

图 3-2　角向砂轮机结构示意图

1—砂轮片；2—大伞齿轮；3—小伞齿轮；4—风扇；5—转子；6—整流子；7—炭刷；8—开关；9—安全罩

在使用角向砂轮机时，砂轮机应倾斜 15°～30°［见图 3-3(a)］，并按图 3-3(b) 所示方向移动，以使磨削的平面无明显的磨痕，且电动机也不易超载。当用来切割小工件时，应按图 3-3(c) 所示的方法进行。

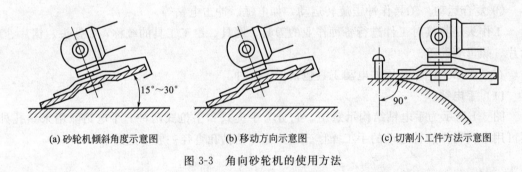

(a) 砂轮机倾斜角度示意图　　　　(b) 移动方向示意图　　　　(c) 切割小工件方法示意图

图 3-3　角向砂轮机的使用方法

(3) 电动扳手

在检修中，由于螺栓类别繁多且地点分散，一般不采用电动扳手，但对大转矩、高强度的螺栓可采用定转矩电动扳手。这种扳手当转矩达到某一定值后，会自动停机。

(4) 电锤与冲击电钻

电锤用于清除铁锈、水垢、地面开孔等作业，其工作原理如图 3-4 所示。电锤作冲击-旋转运动，冲击力靠活塞 4 产生的压缩空气带动锤头往复运动，锤头 3 冲击钻杆。若将钻杆换成短杆，由于压缩空气从排气孔 2 排出，锤头处于不动作状态，此时电锤仅作旋转运动。

冲击电钻主要用于开孔作业，其结构如图 3-5 所示。冲击电钻的冲击作用是靠机械式冲击，无缓冲机构，故冲击装置易磨损。在只需作旋转运动的作业时应不要使冲击装置投入工作状态。

使用电动工具时应注意以下几点。

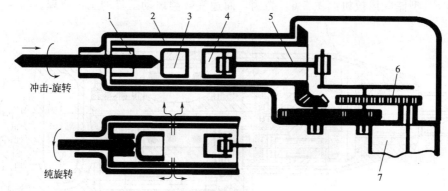

图 3-4 电锤工作原理

1—旋转空心轴（内部为汽缸）；2—排气孔；3—锤头；4—活塞；5—曲柄机构；6—减速齿轮；7—电动机

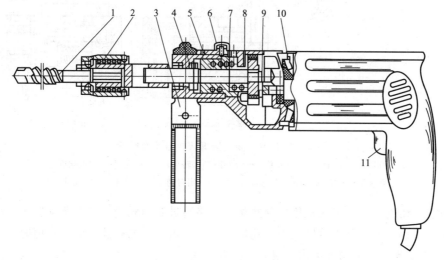

图 3-5 冲击电钻结构示意图

1—硬质合金钻头；2—钻套；3—把手；4—钻轴；5—冲击块；6—调节环；
7—固定冲击块；8—机壳；9—主轴；10—风扇；11—开关

① 定期检测电动机的绝缘性能（用摇表测量），绝缘不合格或已漏电的电动工具应严禁使用。

② 使用前检查电源电压是否与工具的使用电压相符；橡皮电缆、工具上的电气开关是否完好。

③ 使用时待工具的转速达到额定转速后，方可进行作业并施加压力。

④ 使用的电动工具是靠人力压着或握持着的，在工具吃力时要特别注意工具的反扭力或反冲力；使用较大功率的电动工具或进行高空作业时，必须要有可靠的防护措施。

⑤ 在工作中发现电动工具转速降低时，应立即减小压力；若突然停转，则应及时切断电源，并查明原因。

⑥ 移动电动工具时，应握持工具手柄并用手带动电缆，不允许拉橡皮电缆拖动工具。

3.1.1.3 风动工具

风动工具的动力是压缩空气，工作气压一般为 0.6MPa。由于风动工具的动力部分无传动机构、活动件少，故工作可靠、维护方便、使用安全。这对于情况复杂的场地是非常适用的。现以 SB 型储能风扳机（图 3-6）为例，简述旋转类风动工具的工作原理。

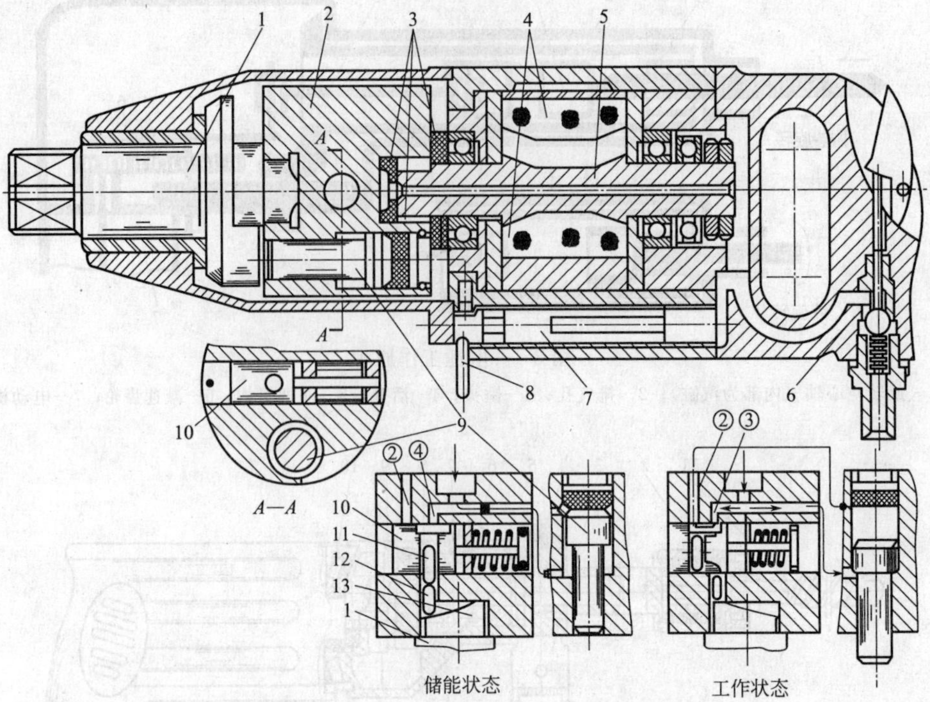

图 3-6　SB 型储能风扳机结构与动作原理

1—扳轴；2—飞锤；3—橡皮垫；4—滑片；5—转子；6—进气阀；7—倒顺阀芯；
8—倒顺手柄；9—冲击销；10—离心阀；11—定时销；12—顶杆；13—扳轴凸缘

压缩空气经进气阀 6 进入机体后分两路：一路通过变向阀进入汽缸驱动转子 5 旋转，并带动飞锤 2 旋转；另一路通过转子中心孔进入飞锤。当转子的转速达到一定值时，飞锤中的离心阀 10 克服弹簧张力向外滑出，滑到一定位置后，气道①与气道②接通，压缩空气推动冲击销 9 伸出飞锤，并冲动扳轴 1 上的挡块带动扳轴转动，从而将螺母拧紧。在拧紧螺母的过程中，随着阻力的增加，飞锤能量耗尽而转子的转速降低，离心阀 10 也因离心力减小被弹簧拉回原位，气道①与气道②被切断，此时，冲击销下部的压缩空气将冲击销压回飞锤内。这样，飞锤不断地重复上述动作，直至拧紧螺母。

扳轴头部有一凸缘 13，飞锤每转一周，定时销 11 被凸缘顶起一次；被定时销锁住的离心阀只有当定时销被顶起的瞬间方可滑出；凸缘与挡块间错开一定的角度，从而保证冲击销在伸出后再冲动挡块。

SB 型储能风扳机技术性能见表 3-1。

表 3-1　SB 型储能风扳机主要技术性能

型　　号	螺栓直径/mm	最大转矩/N·m	使用气压/MPa	机重/kg
SB5	50	5000	0.4～0.6	17
SB6	100	12000	0.4～0.6	28

在泵检修工作中，使用电动工具、风动工具可大大减轻劳动强度，提高工效，且紧力均匀，螺栓也不易承受弯矩。

3.1.2　常用量具

（1）百分表与千分表

百分表与千分表是测量工件表面形状误差和相互位置的量具。它们的动作原理相同，都是使测量杆作直线位移，通过齿条和齿轮传动，带动表盘上的指针作旋转运动。图 3-7 所示为百分表外形及动作原理。

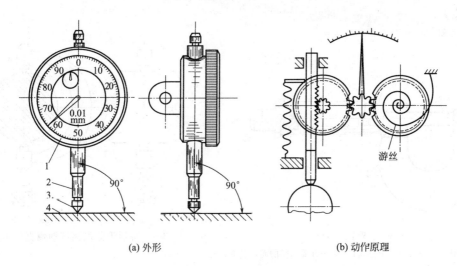

（a）外形　　　　　　　　　　　　（b）动作原理

图 3-7　百分表

1—表圈；2—测量杆；3—测头；4—工件

百分表的刻线原理是：测量杆移动 1mm，表盘上的指针旋转一周（即小齿轮旋转一周），将表盘圆周等分为 100 格，则每格为 1/100mm。千分表的刻线原理是：测量杆移动 0.1mm。表盘上的小针用于指示大针的旋转圈数。如百分表表盘上小针移动一格，表示大针旋转一圈，即测量杆移动了 1mm。

在泵的检修中，常用的表包括每格为 1/100mm 的百分表和每格为 1/1000mm、2/1000mm 或 5/1000mm 的千分表。这两种表都配有专用表架和磁性表座。磁性表座内装有合金永久磁钢，扳动表座上的旋钮，即可将磁性钢吸附于导磁金属的表面。

使用百分表或千分表时应注意以下几点。

① 使用前把表杆推动或拉动两三次，看指针是否能回到原位置，不能复位的表，不许使用。

② 在测量时，先将表夹持在表架上，表架要稳。若表架不稳，则应将表架用压板固定在机体上。在测量过程中，必须保持表架始终不产生位移。

③ 测量杆的中心线应垂直于测点平面，若测量轴类，则测量杆中心应通过轴心。

④ 测量杆接触测点时，应使测量杆压入表内一小段行程，以保证测量杆的测头始终与测点接触。

⑤ 在测量中应注意大针的旋转方向和小针走动的格数。当测量杆向表内进入时，指针是顺时针旋转，表示被测点高出原位，反之则表示被测点低于原位。

（2）螺旋千分尺

① 外径千分尺　千分尺有内径千分尺和外径千分尺两种类型。外径千分尺用于测量外

径，包括普通的和桥形的两种，测量时根据所测部位尺寸选用。普通外径千分尺用于测量小尺寸部位，使用方法如图 3-8 所示。测量时，将零件置于千分尺测量表面之间，利用帽 7 旋转千分丝杆，零件压住时不能产生歪斜。然后将零件轻轻晃动一下，并将千分螺钉向前试拧，直到帽 7 旋转而千分丝杆不动时为止。桥形千分尺（图 3-9）用于测量轴颈的椭圆度和锥度，精度可达 0.01mm。桥形千分尺使用时，将千分尺上端（A 点）定位在轴颈上面，千分尺丝杆通过轴心，使下端 B 点作 X 弧移动，能轻微触及轴颈表面时，千分尺的读数即为测得的尺寸。

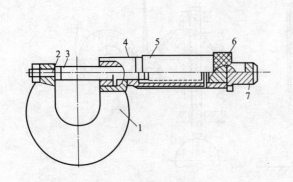 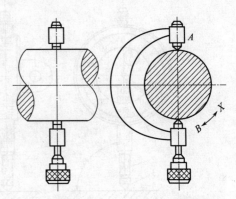

图 3-8　外径千分尺　　　　　　　　图 3-9　桥形千分尺测量轴颈直径示意图

1—马蹄架；2—砧；3—千分丝杆；4—有横刻度的固定套帽；

5—与 3 共同转动的套筒，表面带有刻度；6—调整帽；

7—帽（测量时用手转动此帽使千分丝杆进退）

②内径千分尺　如图 3-10 所示，内径千分尺为杆式结构，用于测量精度为 0.01mm 的零件内径及两表面所限定的距离，最小测量范围一般为 50mm。若测量范围超过这一范围，则可在千分尺轴柄的另一端加上一段量杆，如图 3-11 所示。通常每一内径千分尺配有一定数量的各种长度的接长杆。

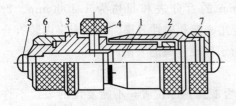 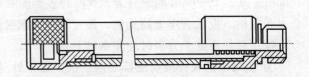

图 3-10　内径千分尺　　　　　　　图 3-11　内径千分尺接长杆

1—千分丝杆；2—有游标刻度的转动套筒；3—有刻

度的固定套筒；4—止动螺钉；5—测头；6—保

护套；7—调整帽（可调整读数误差）

测量时，内径千分尺的一端支撑在固定点上，为寻求最大尺寸，可将千分尺相对该点晃动，并旋动转动套筒 2，直至与顶端一点接触为止。图 3-12 所示为圆筒内径的测量情况。将千分尺一端支持在圆筒底部，测尺通过内径圆心，左右晃动，调整测尺，当另一端定在最大位置上后，紧固止动螺钉，此时千分尺读数即为所测数值。

利用内径千分尺测量两平行平面间的距离时，将千分尺向任意方向摇动，当千分尺轻微地触及平面一点时，即测得两平面间的最小距离，如图 3-13 所示。

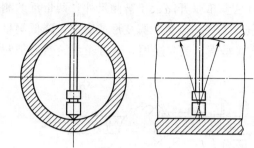
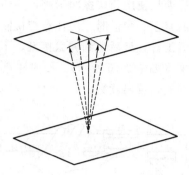

图 3-12　用内径千分尺测量圆筒内径示意图　　　　图 3-13　用内径千分尺测量两平面间的距离示意图

（3）游标卡尺

图 3-14 所示为一种可以测量工件内、外径和深度的三用游标卡尺及其主要组成。游标卡尺测量的准确度（刻度值）有 0.1mm、0.05mm 和 0.02mm 三种。

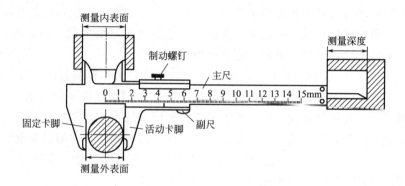

图 3-14　游标卡尺及其各部分组成

现以刻度值为 0.1mm 的游标卡尺为例，说明其读数原理和读数方法。如图 3-15（a）所示，主尺刻度的间距为 1mm，副尺刻度的间距为 0.9mm，两者刻度间距之差为 0.1mm。副尺共分 10 格。当主尺和副尺零线对准时，副尺上最后一根刻度线即与主尺上的第九根刻度线对准，但这时副尺上的其他刻度线都不与主尺刻度线对准。当副尺（即活动卡脚）向右移动 0.1mm 时，副尺零线后的第一根刻度线就与主尺零线后的第一根刻度线对准，此时，零件的尺寸为 0.1mm。当副尺向右移动 0.2mm 时，副尺零线后第二根刻度线与主尺零线后的第二根刻度线对准，此时，零件的尺寸为 0.2mm，以此类推。所以，读尺寸时，先读出主尺上尺寸的整数是多少毫米，再看副尺上第几根线与主尺刻度线对准，以读出尺寸的小数，两者之和即为零件的尺寸。如图 3-15（b）所示，主尺整数是 27mm，副尺第五根刻度线与主尺对准，即为 0.5mm，所以其读数为 27.5mm。

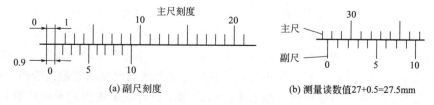

　　　　（a）副尺刻度　　　　　　　　　（b）测量读数值27+0.5=27.5mm

图 3-15　游标卡尺读数原理和方法

游标卡尺使用前应擦净卡脚，并闭合两卡脚检查主、副尺零线是否重合，否则应对读数做相应的修正。测量时，应注意拧松制动螺钉，将两量爪张开略大于被测尺寸，两量爪的测量面靠近工件，最后达到轻微接触，不要使卡脚紧压工件，以免卡脚变形或磨损，降低测量的准确度（如图3-16所示）。同时注意测量面的连线垂直于被测表面，不可歪斜。然后把制动螺钉拧紧，读出读数。

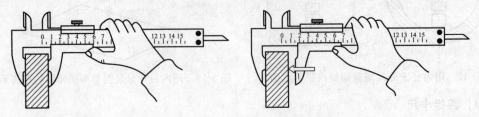

图3-16 游标卡尺测量时量爪的动作

（4）外卡钳

外卡钳是一种间接量具，用作测量尺寸时，必须先在工件上度量后，再与带读数的量具进行比较，才能得出读数；或者先在带读数的量具上度量出必要的尺寸后，再去度量工件。用作测量平行面间的尺寸差值误差时，则直接用比较法得出。

① 测量方法 测量方法如图3-17所示。当工件误差较大作粗测量时，可用透光法来判断其尺寸差值的大小［见图3-17（a）］，此时，外卡钳一卡脚测量面要始终抵住工件基准面，观察另一卡脚测量面与被测表面的透光情况。当工件误差较小作精测量时，要用感觉法，即比较测量时的松紧感觉，来判断尺寸差值大小。此时，最好利用卡钳的自身重量由上而下垂直测量［见图3-17（b）］，以便控制测量力。卡钳测量面的开度尺寸，应保证在测量时靠卡钳自身重量通过工件，又有一定摩擦。

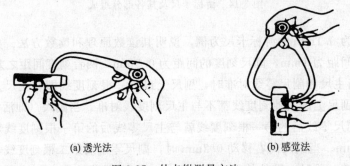

(a) 透光法　　　　　　　　　　(b) 感觉法

图3-17 外卡钳测量方法

如图3-18所示，测量时，两卡脚的测量面与工件的接触要正确，其控制方法是，使卡脚处于测量时感觉最松的位置。

② 外卡钳两测量面间的尺寸调节 如图3-19（a）所示，外卡钳在钢直尺上量取尺寸时，一个卡脚的测量面要紧靠钢直尺的端面，另一个卡脚的测量面调节到对准所取尺寸的刻度线，且两测量面的连线应与钢直尺边平行，视线要垂直于钢直尺的刻度线平面。外卡钳在标准量规上量取尺寸时，应调节到使卡钳在稍有摩擦感觉的情况下通过，如图3-19（b）所示。调节卡钳开度大小的方法是：需要调小时，可在台虎钳上或其他金属上敲击卡钳外侧，使其逐步缩小；需要调大时，可在棒料上敲击卡钳的内侧，使其逐步张大。卡钳量取好尺寸后，要放好，不要碰撞，以防尺寸发生变动。

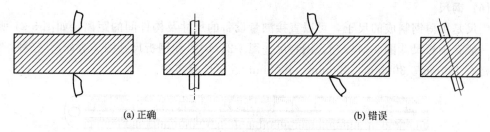

(a) 正确　　　　　　　　　　(b) 错误

图 3-18　外卡钳测量面与工件的接触

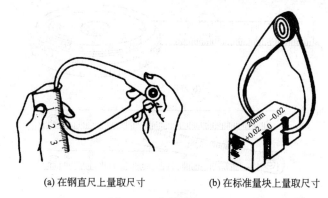

(a) 在钢直尺上量取尺寸　　　　(b) 在标准量块上量取尺寸

图 3-19　卡钳测量尺寸

(5) 塞尺

塞尺又称厚薄规，由一组不同厚度的钢片重叠，并将一端松铆在一起而成，如图 3-20 所示。每片钢片上都刻有自身的厚度值。在泵检修中，常用来检查固定件与转动件之间的间隙，检查配合面之间的接触程度。

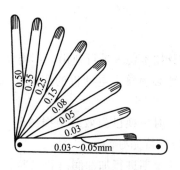

图 3-20　塞尺

在测量间隙时，先将塞尺和测点表面擦干净，然后选用适当厚度的塞尺插入测点，用力不要过大，以免损坏塞尺片。用塞尺测量的测量精确程度全凭个人的经验，过紧、过松均会造成误差，一般以手指感到有阻力为准，其手感要通过多次实践。

若单片厚度不合适，可同时组合几片来测量，一般控制在 3～4 片以内。超过 3 片，通常就要加测量修正值。依据经验，大体上每增加一片加 0.01mm 修正值。在组合使用时，应将薄的塞尺片夹在厚的中间以保护薄片。

当塞尺片上的刻度值不清或塞尺片数较多时，可用分厘卡（千分尺）测量塞尺厚。塞尺用完后应擦干净，并抹上机油进行防锈保养。

（6）钢尺

钢尺是由薄钢制成的尺子，可以直接测量设备的尺寸及构件间的距离。如图 3-21 所示，钢尺一般有钢板尺［图 3-21（a）］、钢卷尺［图 3-21（b）］和钢折尺［图 3-21（c）］三种，钢尺的规格有 150mm、300mm、500mm、1000mm 或更长等多种。

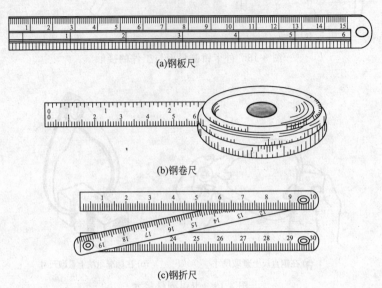

(a)钢板尺

(b)钢卷尺

(c)钢折尺

图 3-21　钢尺的类型

钢尺使用前应经过校验，在一个项目的测量中应尽量使用同一把尺子。测量时，钢尺应与被测线（件）垂直，以保证测量的准确性。使用长钢卷尺测量时，钢卷尺应拉紧、拉直、放平，尺面向上，不应有松动、扭卷等现象。

3.1.3　工、量具的保养

3.1.3.1　工具保养

① 任何工具均应按其性能及技术要求进行使用，不得超出工具的使用范围。

② 使用电动工具时，其电源必须符合电动机的用电要求（如交直流、电压、频率等），并严禁超负荷使用。

③ 工具应定期进行检查，及时更换已失效或磨损的附件。电动工具应定期测量电动机绝缘并作记录，电源线、开关应保持完好。

④ 凡需加油润滑的工具，应定期进行加油润滑和保养。

⑤ 所有工具应存放在固定地点，存放处应干燥、清洁，盒装工具使用后应清点，并擦干净再装入盒内。

3.1.3.2　量具保养

量具是贵重仪器，应精心保养。量具保养的好坏直接影响其使用寿命和量具的精度，要求做到以下几点。

① 使用时不得超过量具的允许量程。

② 用电的量具，电源必须符合量具的用电要求。

③ 所有量具应定期经国家认可的检验部门进行校验，并将校验结果记入量具档案。不符合技术要求或校验不合格的量具禁止使用。

④ 贵重精密量具应由专人或专业部门进行保管，其使用及保管人员应经过专业培训，熟知该仪器、仪表的使用与保养方法。

⑤ 使用时应轻拿轻放，并随时注意防湿、防尘、防振，用完后立即擦净（该涂油的必须涂油保养），装入专用盒内。

3.2　单级离心泵的检修

3.2.1　检修前的准备工作

3.2.1.1　确定工作负责人，资源准备

（1）人员准备

至少应有两人，如 350MW 火力发电机组给水泵检修一般需配备 6～7 人。人员结构上，高级、中级、初级三种级别应适当搭配，并从中确定一位工作负责人。

（2）技术准备

开工前由技术人员编写技术措施，并进行技术交底，明确技术责任。检修人员一定要熟悉有关泵的图纸，对所要检修的设备，了解它的工作原理、运行方式、内部结构、零件用途及零件之间的关系，牢记重要零件的装配方法及要求。认真学习技术人员的大修技术交底内容及检修规程，必要时做好笔录，严格按质量标准检修。

（3）备品、备件准备

① 消耗材料包括各种清洗剂、螺栓松动剂、红丹粉、黑铅粉等。

② 油料包括汽油、煤油、常用机油、润滑脂等。

③ 准备好泵易磨损的备件，以免在拆卸完毕后没有备件而延长泵组的检修工期。

④ 工具包括各种常用工具、专用工具（自行配制加工或制造厂供给的）、各种普通或精密量具、小型千斤顶、链条葫芦等。

3.2.1.2　运行状态参数采集与分析评审

在泵组检修停运之前，有关部门要做好泵运行时状态参数（如温度、振动、转速、压力等）记录工作，了解设备运行中存在的问题及设备缺陷。检查所记录的技术参数是否与泵的额定参数相符，若与额定参数不符，则应在本次设备的检修工作中重点处理。泵检修停运前技术参数与检修后泵运行技术参数相比较，也是评测人员检修技术水准高低的一个手段。

3.2.1.3　办理工作票，做好安全措施

设备检修开工前必须先办理检修工作票，在开工时要检查检修措施是否完备，设备是否安全隔离，泵内存水是否放净等，确认检修安全措施完备后，方可进行检修工作。

3.2.1.4　对检修工作几点要求

① 工作场地要清洁，无杂物，做到物放有序。

② 在检修工作中严禁强行拆装，如零件拆不下来就用大锤敲打，螺钉拧不动就用錾子鏨等，防止零件碰伤或损坏。

③ 正确地使用工具，不允许超出其使用范围，如活扳手当榔头用，螺丝刀当扁铲、撬棍等用。

④ 检修设备必须认真严格执行检修规程，严禁马虎、凑合。检修中应注意节约，禁止大材小用。

⑤ 做好标识，防止零件回装时装错。

3.2.2 单级离心泵的检修

3.2.2.1 单级单吸离心泵检修

以 BA 型单级单吸离心泵为例，其结构如图 3-22 所示。其检修工艺如下。

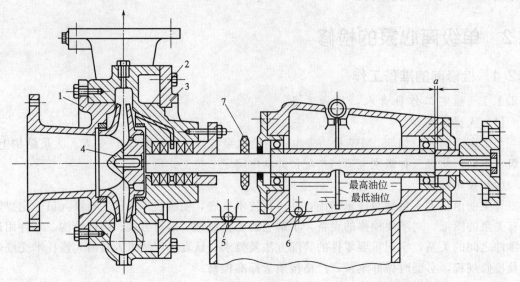

图 3-22 BA 型单级单吸离心泵结构

1—泵盖；2—泵体；3—托架；4—圆锥形螺母；5—排污孔；6—放油孔；7—防水胶圈

(1) 叶轮的取出

泵的叶轮装在轴头上，用一圆锥形螺母 4 固定。在拧下泵盖螺栓用顶丝顶出泵盖 1 后，将止退垫圈的止退边敲平，用专用扳手拧下圆锥螺母（松螺母的方向与叶轮旋转方向相同），即可取下叶轮。若叶轮与轴锈死或配合过紧取不下来时，不许用撬棍之类的工具撬叶轮。正确的拆法是：将泵体 2 与托架 3 的固定螺栓拆除，在托架上装上顶丝顶泵体，通过泵体将叶轮顶出。也可采用取轴的方法，把轴连同滚动轴承一起拉出，使轴与叶轮分离，再取出叶轮。

(2) 叶轮的更换

若发现叶轮有裂纹或因冲刷而使壁厚减薄至 2mm 以下或口环处磨偏不能修复时，则应更换。更换新叶轮，必须进行平衡试验。

(3) 对各部件间隙与紧力的要求

这类泵的轴承多为双支点单向定位，要求轴承外圈与轴承孔的配合有一定的紧力，以防外圈在运行中转动。密封环与叶轮的间隙可参照给水泵的标准。

此外，检修时还应注意的是，泵体与托架的结合面不许加垫，也不用涂料；排污孔应畅通，拧下放油孔螺钉将油放尽并更换新油；防水胶圈应紧箍在轴上；轴承与外端盖要留有膨胀间隙 a（见图 3-22）。

3.2.2.2 单级双吸离心泵检修

以 Sh 型单级双吸离心泵为例，其结构如图 3-23 所示。凡属外壳为中开式的离心泵，均可按 Sh 型单级双吸离心泵检修方法进行。其检修工艺如下。

(1) 解体时的注意事项

① 在起吊泵盖时，先将固定在泵盖和泵体上的整体零件拆下（如填料压盖等），再拧下

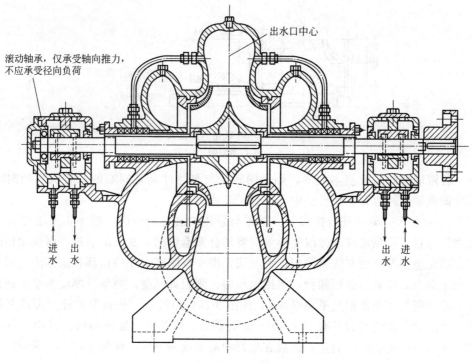

图 3-23　Sh 型单级双吸离心泵的结构

结合面螺母并取出定位销，用顶丝将泵盖与泵体的结合面顶松。在未松动前，不许用起吊设备强行起吊，也不许用撬棍、錾子撬打结合面。起吊时应保持泵盖的水平并防止窜动，以防憋坏密封环和撞伤叶轮。

② 在起吊转子前，应先将穿在轴上且固定在泵体内的零件如密封环、填料压盖、轴承等，一一松动，不松动不许起吊转子。吊出的转子应用枕木或支架支撑轴的两端，使转子上的所有零件均悬空。

（2）检修、组装、调整

① 检查叶轮磨损、汽蚀情况，并查看是否有裂纹。如能通过修理可继续使用的，则应尽量设法修复。叶轮的一般修理可连同轴整体进行，不必将叶轮取下。转子的测量工作如测瓢偏、晃动、轴弯曲等，最好用原轴承在泵体内进行。

② 填料轴套最易磨损，特别是水中带砂时尤为严重。当磨损超过 0.8mm 时，应更换轴套，新轴套与轴的配合间隙为 0.03～0.05mm。

③ 密封环与泵体的径向配合应有 0～0.03mm 的紧力。密封环就位时不许用黏结性的涂料，只需擦抹一层干黑铅粉。密封环与叶轮口环的径向间隙可采用给水泵的标准。

④ 转子修理完毕后，在组装滚动轴承前，应将内径比滚动轴承外径小的轴上零件按顺序先装在轴上，并注意不要装反，然后再装滚动轴承。经检查无误后，即可吊装转子。当转子接近泵体洼窝底部时，把轴上的零件一一对准装配部位，再将转子就位。转子在泵体内的轴向位置，要求叶轮出水口中心对准蜗壳中心，同时，要求叶轮两侧口环与密封环的轴向间隙 a 相等，如图 3-24 所示。

转子在泵体内的径向位置（即中心位置），应以泵体的密封环洼窝为准。当密封环内外圆的同心度及叶轮口环处的晃动度均在允许值以内时，便可测量密封环与叶轮口环的圆周径

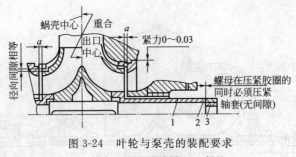

图 3-24 叶轮与泵壳的装配要求

1—轴套；2—O形胶圈；3—螺母

向间隙。若圆周径向间隙基本相等，则说明转子与泵体洼窝是同心的。若圆周径向间隙不等，则应调整轴承的位置，使转子中心重合于泵体中心。

⑤ 转子就位后，即可进行扣泵盖。泵盖与泵体的法兰结合面一般不需要加垫料，只需涂一层密封涂料。若泵盖或泵体因变形等而将结合面重新刨、铣或刮削过，则应加相应厚度的垫料，确定垫料厚度的方法常采用压铅丝法，即在双侧密封环的顶部和泵体法兰面上放上铅丝，扣上泵盖，拧紧结合面螺栓，将铅丝压扁，测记其厚度，则垫料厚度为结合面铅丝平均厚度，减去密封环顶部铅丝平均厚度 b，如图 3-25(a) 所示。垫料厚度还要考虑其压缩量及在结合面压紧后能使密封环有 $0\sim0.03$mm 的紧力。在盘根室处的垫料要做得与盘根室边缘齐平，如不齐平就会形成通道，造成在运行中漏水或漏空气，如图 3-25(b) 所示。

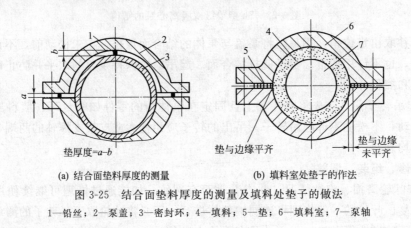

垫厚度=a-b

(a) 结合面垫料厚度的测量   (b) 填料室处垫子的作法

图 3-25 结合面垫料厚度的测量及填料处垫子的做法

1—铅丝；2—泵盖；3—密封环；4—填料；5—垫；6—填料室；7—泵轴

3.3 多级离心泵的检修

多级单吸分段式离心泵的结构如图 3-26 所示。50D8×4 型离心泵的零部件分解图如图 3-27 所示。现以该泵为例，说明多级分段式离心泵的检修工艺。

3.3.1 解体

3.3.1.1 解体注意事项

① 解体时，对于相同和有位置要求的零件，应在其结合面的侧表面明显处用钢字打上记号，记号不要打在零件的配合面上，也不要用粉笔、样冲做记号。若零件原就有标记，标识正确，则不要再标识。

② 有间隙、有紧力要求的组合体，或有组装尺寸要求的零件，应测量其值，并做好原

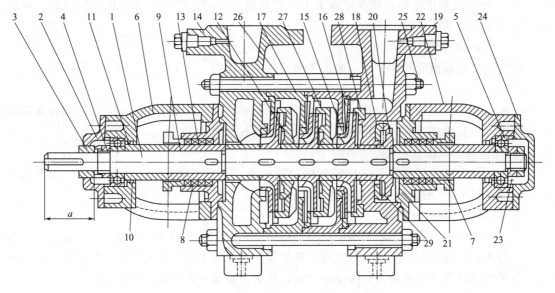

图 3-26　D 型多级单吸分段式离心泵结构

1—泵轴；2—低压侧轴承端盖；3—前轴套；4—轴套螺母；5—向心滚动球轴承；6—低压侧轴承支架；

7—填料压盖；8—填料；9、11—轴套；10—O 形密封圈；12—叶轮间距套；13—低压侧外盖（盘根盒）；

14—进水段；15—密封环；16—叶轮；17—中间段；18—平衡座；19—出水段；20—平衡盘；

21—高压侧外盖（盘根盒）；22—高压侧轴承支架；23—锁紧圆螺母；24—高压侧轴承端盖；

25—穿杠螺栓；26—保护罩；27—导叶；28—出水导叶；29—调整套

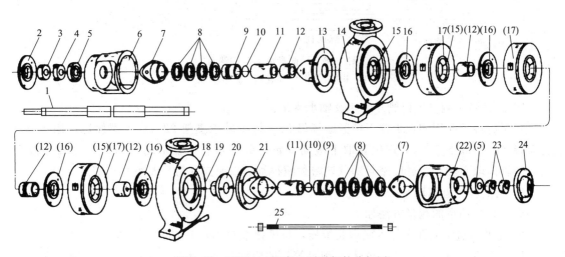

图 3-27　50D8×4 型离心泵零部件分解图

1—泵轴；2—低压侧轴承端盖；3—前轴套；4—轴套螺母；5—向心滚动球轴承；6—低压侧轴承支架；7—填料压盖；

8—填料；9—轴套；10—O 形密封圈；11—定位套；12—叶轮间距套；13—低压侧外盖（填料盒）；14—进水

段；15—密封环；16—叶轮；17—中间段（泵段壳体）；18—平衡座；19—出水段；20—平衡盘；21—高压

侧外盖（填料盒）；22—高压侧轴承支架；23—锁紧圆螺母；24—高压侧轴承端盖；25—穿杠螺栓

始记录。

③ 拆下的零件应分类放置并保管好，需修理加工的零件应及时安排修理。精密的轴拆
下后，应用多支点支架水平放置。

④ 在拆卸过程中，如有些零件拆不下，必须毁坏个别零件时，应保存价值高的、制造困难的或无备品的零件。

3.3.1.2 解体步骤

解体前先切断电源并挂上警示牌，关闭泵进出口阀门，拧下放水丝堵，排尽泵内存水。

① 拆附件。

先拆除表计、表管、平衡管、冷却水管、水封管、联轴器防护罩，取下联轴器连接螺栓后，将电动机从机座上移开，用拉具取下水泵侧联轴器对轮。

② 测量轴头长度。

轴头长度是确定泵轴在泵体内的轴向位置的重要数据。测量时，取下低压侧轴承端盖2，用深度游标卡尺测记轴套螺母4到轴端的距离。

③ 测量泵平衡盘窜动量。

退开两侧填料压盖，用填料钩钩出全部盘根，再取下高压侧轴承端盖。在泵轴任意一端架上百分表，使表的测杆垂直于轴端面，表架固定在泵体上或泵的机座上，然后来回推动转子，转子在来回终端位置的百分表读数之差，即为平衡盘的窜动量（见图 3-28）。

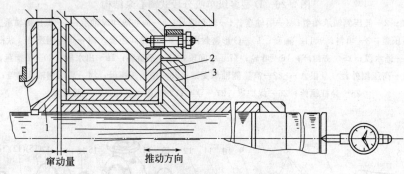

图 3-28　平衡盘窜动量的测量
1—末级叶轮；2—平衡座；3—平衡盘

④ 拆除高压侧（出口侧）轴承及轴承支架。

按泵运转方向用钩扳手拧下锁紧圆螺母 23，拆下轴承支架 22（取下螺栓后，用顶丝将支架顶松，再取下支架），用拉具取下滚动轴承，并将填料压盖取出。拆高压侧外盖 21后，沿轴向取下轴套、硅胶密封圈（该密封圈很细，取时应注意）及填料轴套。

⑤ 测量转子总窜动量。

转子总窜动量的测量方法如下。

a. 在平衡盘工艺孔内拧入两根长螺栓，将平衡盘拉出，并取下方形键。

b. 在平衡盘轴上位置装一个与平衡盘等长的假轴套（应事先准备好），然后把轴的套装件按装配顺序一一装复（不装胶圈及键）。用锁紧螺母将轴上套装件压紧。

c. 用测量平衡盘窜动量的方法测记百分表读数，两值之差即为转子总窜动量（见图 3-29）。

d. 测量完毕后，拆下平衡盘、假轴套等部件。

⑥ 拆卸泵体大穿杠螺栓，并做好记号。每个螺栓上的螺母在螺杆抽出后，应及时再套上，以防检修中互换。

⑦ 拆下出水段上连接的管道及附件。用铜棒轻振出水段，松动后沿轴向缓缓吊出。然后退出末级叶轮、键、定距轴套等，接着逐级拆下各级中段、叶轮等。拆下的各级部件均应

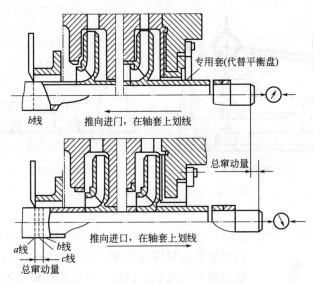

图 3-29 转子总窜动量的测量

做好记号，防止回装时顺序错乱。

⑧ 抽出泵轴，按规定放好。泵的进水段一般不必拆卸。

3.3.2 检修

3.3.2.1 转子部件检修

转子上各零部件清洗后，逐个检查其磨损、锈蚀程度及配合尺寸，能修复的尽量修复，不能修复的应更换。

(1) 滚动轴承

按轴承检修工艺，对轴承进行质量鉴定。相关内容查阅有关书籍。

(2) 轴套类

多级泵的轴套种类较多，各有其不同的用途，检查时应根据轴套功用加以区分。各轴套的形位公差及配合要求可参照以下标准。

① 端面不垂直度不超过 0.01mm；两端面不平行度不超过 0.02mm；内外圆的同轴度误差小于 0.02mm。

② 各轴套孔与泵轴通常采用间隙配合，要求能用手将轴套拉出，但又无明显间隙（0.03mm 厚的塞尺片塞不进去）。

③ 叶轮间距套外径与导叶孔径（或导叶衬套孔径）的间隙应略小于叶轮口环与密封环之间的间隙（一般小 1/10）。

测量套装件端面与轴心线的垂直度时，应按图 3-30 所示的方法进行。

(3) 平衡盘

检查平衡盘工作面的磨损程度，当平衡盘的窜动量超过转子总窜动量的 1/2 时，说明平衡盘已被严重磨损，需要更换。对平衡盘面的摩擦沟痕，可先用车床车去沟痕后，再进行磨合，要求平衡盘与平衡座的磨合印迹不小于工作面积的 70%。

(4) 叶轮

由于叶轮工况恶劣，承受着高速流体的冲刷、汽蚀及机械摩擦，致使叶轮受损。受损部

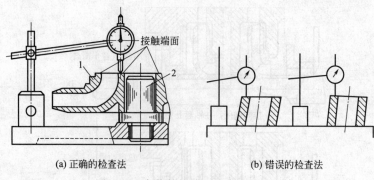

(a) 正确的检查法　　　　　(b) 错误的检查法

图 3-30　套装件的端面垂直度的检查

1—套装件；2—假轴

位多发生在叶轮口环处、叶轮进水口（即叶片面根部）及出水口（即叶片尖部），在这些部位可能磨成很深的沟痕，被磨成缺口，以致磨穿或将金属冲刷成蜂窝状组织。因此，叶轮的检修是离心泵检修的重点。

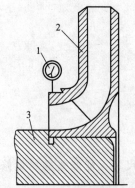

图 3-31　叶轮口环晃度的测量

1—百分表；2—叶轮；3—假轴

通常对价值高、制造困难的叶轮，大都采用特殊工艺进行修复；对于一般小容量的铸铁叶轮，多直接更换。

叶轮口环被磨损后，多采用更换密封环的办法，以保证口环与密封环之间的配合间隙。在更换新密封环前，应先将被磨损的口环外圆车圆。此外，也可在叶轮口环处采用镶套的方法。无论采用何种修理工艺，在检修后都必须测量口环处的径向晃度，其方法如图 3-31 所示（晃动度小于0.04mm）。

(5) 泵轴

泵轴细长，几乎全轴均为配合段，且在轴的轴向同一侧开了一排键槽。泵轴的结构特点，要求检修中应特别注意对泵轴的保护。

① 在拆装轴上套装件时，应避免将轴擦伤、拉毛，若发生拉毛、擦伤，则及时用油光锉或细油石将擦痕磨光。为防止出现这些现象，在拆装时应用干净的布将套装件孔及轴擦干净，并涂抹清机油；有止口的套装件，应倒棱。

② 每次检修都应检测轴的弯曲值，该值应符合检修规程的技术标准。对一般小型泵轴，其弯曲值一般不大于 0.05mm。

③ 泵轴取下后，最佳放置方法是吊放，不允许斜靠在墙上或随便放在地面上。

3.3.2.2　静子部件检修

(1) 平衡座（平衡环）

平衡座通常是固定在出口泵段上，该件的工作面的修理方法与平衡盘的相同。平衡座背面与泵段的配合处在检修时应注意该处的平整情况及锈蚀程度。

(2) 密封环

每次检修都应测记密封环间隙。密封环间隙是指密封环内径与相对应的叶轮口环外径之差值，其值一般为密封环内径的 0.15%～0.30%。测量时在 0° 和 90° 位置做两次，并以其中的小值为计算依据。对密封环密封面上的冲刷或摩擦伤痕，可以进行修刮或磨光，其修刮量以不超过最大允许密封环间隙为限。密封环间隙的位置见图 3-32。

(3) 导叶衬套

导叶衬套的功能主要是保护导叶轴孔，其位置如图 3-32 所示。一般小型多级泵无导叶衬套。导叶衬套与导叶轮采用过盈配合，并加止动螺钉紧固。

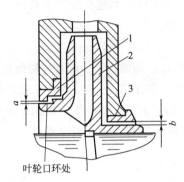

图 3-32　密封环和导叶衬套的间隙

1—密封环；2—叶轮；3—导叶衬套；

a—密封环间隙；*b*—导叶衬套间隙

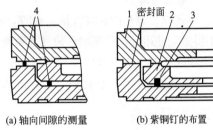

(a) 轴向间隙的测量　　(b) 紫铜钉的布置

图 3-33　导叶间隙的测量及压紧方法

1—泵壳；2—导叶；3—紫铜钉；4—铅丝

(4) 导叶

导叶的流道应光滑，无严重冲蚀现象。若冲蚀严重，则可采用环氧树脂砂浆修补。修补前将修补处进行除锈，并用丙酮或乙醇清洗修补处，再用红外线灯烘干，使表面温度控制在 40℃ 左右，然后在修补处表面涂刷一层环氧基液，待表面稍稍变黏后，再用抹刀将环氧砂浆涂抹在修补处。

导叶在泵壳内应被压紧，以防导叶和泵壳、隔板接触面被水冲刷及水发生涡流。为此，应先测量出导叶与泵壳间的轴向间隙。测量方法是：在泵壳的密封面及导叶下面放上 3～4 段铅丝，再将导叶与另一泵壳放上 [见图 3-33(a)]；垫上软金属垫，用大锤轻轻敲打几下，取出铅丝测其厚度，两处铅丝平均厚度之差，即为轴向间隙值。若轴向间隙值超过允许值，则可在导叶背面沿圆周方向并尽量靠近外线均匀地钻 3～4 个孔，装上紫铜钉，利用紫铜钉的过盈量使两平面密封 [见图 3-33(b)]。紫铜钉的高度应比测出的轴向间隙值大 0.3～0.5mm，这样使泵壳压紧后导叶具有一定的预紧力。

(5) 泵壳

① 检查泵壳内部流通槽道被冲刷的情况，并清除其铁锈、水垢。

② 检查壳体有无裂纹。最简便的检查方法是用手锤轻击壳体，声音嘶哑，说明已有裂纹；随后在疑点处浸上煤油，少顷，将煤油擦干并涂上白粉，再用手锤振击壳体，裂纹内的煤油渗透出来，使白粉显现一条湿线，以此证实裂纹的长度与范围。对铸钢上的非穿透性裂纹，可采用开槽焊补工艺。

③ 测量相邻两泵段（泵壳）的止口间隙。测量方法如图 3-34 所示。即先将相邻两泵段叠起，再往复推动上面的泵段，百分表的读数差即为止口间隙。然后按上述方法对 90° 方位再测量一次。其间隙值一般为 0.04～0.08mm。当止口间隙大于 0.1mm 时，应进行修理。简单的修理方法可在泵壳凸止口周围均匀地堆焊 6～8 处。每处长度 25～

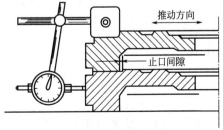

图 3-34　泵壳止口间隙的测量

40mm，然后将止口车削到需要的尺寸。当用游标卡尺测量时，应测 0°与 90°两个方位内外止口直径值之差，即为止口间隙。

在检修时，对泵壳的止口应倍加保护，不允许将其击伤、碰伤，也不要轻易用砂布、锉刀修磨止口配合面，否则会增大止口配合间隙。值得注意的是，多级分段式水泵的静止部分与转动部分的实际间隙，与泵壳的止口配合精度直接相关。

(6) 螺栓与螺钉

① 对螺栓、螺钉应认真清洗、检查，凡是有滑丝、乱扣、锈蚀严重、配合过松的应更换新件，不得重复使用。在组装时，应注意螺纹部位的防锈处理（如用机油、黑铅粉、二硫化钼等）。

② 位于机体上的内螺纹，若发现过松或滑丝现象时，则应采取将螺纹加深、攻螺纹的办法，或将螺纹加大一个规格，重新配螺栓，也可以将螺孔钻穿，改用对穿螺栓。

3.3.3 转子小装

转子小装也称转子预装或试装，是多级分段式泵检修一项不可省略的工序。其步骤如下。

(1) 组装轴上的套装件

将轴上已检修完毕的套装件按其装配顺序一一组装在轴上的各配合段，不得装错位、装倒及遗漏。

(2) 测量

将转子放在固定平稳的 V 形铁上，并用轴肩或顶针将转子的窜动控制在尽可能小的范围。用百分表测量如图 3-35 所示各部位的瓢偏与晃动值。其标准见表 3-2。

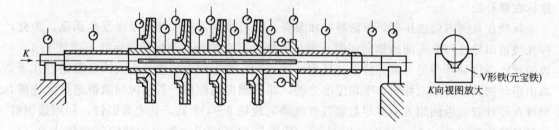

图 3-35 转子晃动的测量部位

表 3-2 转子晃动的允许值

测量位置	轴颈处	轴套处	叶轮口环处	平衡盘	
				径向	轴向
允许值/mm	≤0.02	≤0.04	≤0.08	≤0.04	≤0.3

(3) 确定轴向的配合尺寸

用专用量具依次测量各相邻叶轮口环端面的距离（或出水口中心距离），所测各段的尺寸应与泵壳相邻泵段的尺寸相符。如不符，则可调整轴上套筒的长度予以解决。

3.3.4 总装与调整

泵经转子小装后，即可进行总装。在总装过程中，应特别注意总体的调整，并严格按照技术标准进行检查。

3.3.4.1 组装步骤（见图 3-27）

① 将低压侧进水段 14 就位（将地脚螺栓拧上，但不要拧紧）。随后装好低压侧外盖 13

及轴承支架 6。

② 将泵轴从高压侧穿入低压侧外盖，从轴的低压端顺序装入定位套、盘根轴套、硅胶圈及短轴套，再装上盘根压盖及滚动轴承，并拧上轴套螺母 4。用深度游标尺测量该螺母至轴端的长度，其长度值应与拆卸时的测量值相等。随后将泵轴的悬空端端头用支架支撑好。

③ 组装首级叶轮，并调整好首级叶轮的位置。其定位方法如图 3-36 所示。

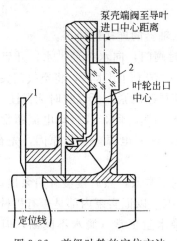

图 3-36 首级叶轮的定位方法

1—单刃划针；2—定位片

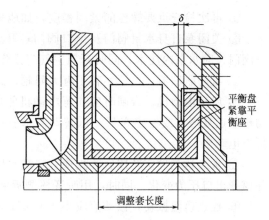

图 3-37 调整转子轴向位置的方法

④ 放好支撑泵壳的专用垫木，按零件的组装顺序及要求依次将其装好，密封面应按要求进行密封处理（加垫、抹涂料），最后装好高压侧的出水段 19。

⑤ 装上穿杠螺栓，对称拧紧后用专用工具测量两侧端盖的平行度，其差值应小于0.05～0.10mm。

3.3.4.2 转子轴向位置的调整

① 在装平衡盘前，测量转子总窜动量，其方法同前所述。

② 装上平衡盘，测量平衡盘窜动量（方法同前）。推动转子，当平衡盘紧靠平衡座时，首级叶轮的定位线应与图 3-36 所示的划针位置平齐。平衡盘的窜动量应略小于或等于总窜动量的 1/2。若大于总窜动量的 1/2 时，可通过调整平衡盘背部的垫片厚度 δ 等办法加以解决（见图 3-37），从而保证叶轮的出水口中心正对导叶入水口中心。

3.3.4.3 平衡盘与平衡座接触状况的检查

该项检查工作在解体前进行一次，以提供检修平衡装置的依据。总装时应进行复查，以检验检修、总装质量。检查方法如下。

(1) 压铅丝法

铅丝的布局如图 3-38 所示。要求铅丝放置的半径相同，采用黄油粘贴，装好后用力推挤平衡盘，将铅丝挤扁，取下铅丝，测其厚度。再将平衡盘转 180°，用相同方法测记一次，根据两次测值进行分析。

(2) 着色磨合法

该法效率高、直观。着色分两次进行，一次将着色剂涂在平衡盘上，一次涂在平衡座上，两次着色的目的主要是判定平衡盘与平衡座谁的问题较大。

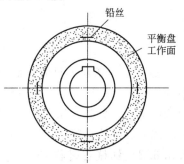

图 3-38 铅丝在平衡盘上的
放置位置

3.3.4.4 高压侧零部件的组装

将高压侧转子上的零部件和泵段上的零部件按组装顺序装好，最后装上滚动轴承及锁紧螺母，并用钩扳手将螺母拧紧。当向两端轴承注入清洁黄油后，将轴承端盖装复。此时用手盘动转子，应轻快、无卡涩及无机械摩擦声。随后将泵就位并拧紧地脚螺栓。

3.3.5 试运行

① 再次检查重要螺栓的紧固程度，如地脚螺栓、联轴器的连接螺栓等。

② 关闭泵自身水封阀门及出口阀门；开启外来水封阀门，向水封环供水；开启水泵入口阀门，向水泵内注水，同时开启空气门排除泵内空气；空气门出水后，将空气门关闭。

③ 盘动联轴器，以证实转子有无问题，此时因轴填料已压紧，所以转时无惯性。

④ 启动电动机。合闸时应注意电动机的启动电流及加速时间，若启动电流超常，且电动机加速甚慢（或稳定在某一低转速），则应停止启动，断开电源，查找原因，先查水泵，再查电动机。

⑤ 水泵达到额定转速后，先检查空载水压是否达到正常值，然后慢慢开启泵出口阀门，并监视出口压力变化。同时，用听音棒测听泵的运行声响，以证实泵内部是否有机械摩擦。

⑥ 检查机组振动，振动值应小于 0.05mm；填料滴水量正常（滴水不间断，但不成线状，检查前应将水封管切换为泵自身供水）；填料盒及轴承外表温度均为正常范围；管道及泵体各密封面无渗漏现象。

经上述各项检查并证实无问题存在后，即认定该泵检修、总装合格。

3.3.6 轴封装置检修

3.3.6.1 填料密封检修

水泵的填料密封装置与阀门的填料密封装置在结构和检修方法上大体相同，由于泵轴是在高转速下运行的，所以在加填料时应注意以下两点。

① 凡是填料密封装置内有水封环的，则应使水封环必须对准水封管，如图 3-39 所示。

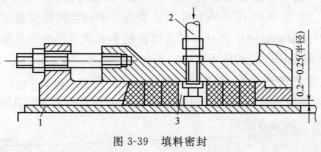

图 3-39 填料密封
1—填料轴套；2—水封管；3—水封环

② 填料压盖压填料的松紧程度应适当。压得过紧，填料和轴套发热甚至烧毁，使轴功率的损失增大；压得太松，渗漏量太大。一般控制填料压盖的压紧程度为液体从填料室中成滴状渗漏，每分钟为几十滴。高压水泵常用的填料有油浸石墨石棉填料、铜丝石棉填料和四氟乙烯石英棉填料等。

3.3.6.2 机械密封检修

机械密封（端面密封）的结构如图 3-40 所示。机械密封实质上是由动静两环间维持一层极薄的液体膜而起到密封作用（这层膜也起着平衡压力和润滑动静端面的作用）。因此，在动静环的接触面上需要通入冷却液进行润滑及冷却，泵在启动前需要先通入冷却液；停泵时需等转子静止后方可切断冷却液。

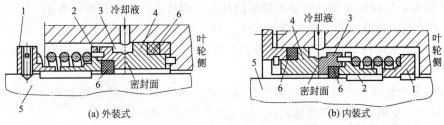

图 3-40　机械密封结构

1—传动座；2—推环；3—动环；4—静环；5—轴；6—密封胶圈

检修时，应很仔细地研磨动静环的密封面，以保持接触良好。为了使密封面得到润滑冷却，可在动静环端面圆周上开几个不通的缺口，以便冷却液进入密封面。为了使动环动作灵活，辅助密封胶圈在轴上装得不可过紧，且轴或轴套的表面粗糙度 Ra 不应大于 $0.8\mu m$。由于机械密封具有摩擦力小（仅为盘根密封的 $10\% \sim 15\%$）、密封性能好、泄漏量少等优点，因此得到广泛应用。对于原来采用填料密封的泵，可以改装成机械密封。采用机械密封的泵，其轴向窜动量一般不允许超过 $\pm 0.5mm$。

实训 1　单级离心泵的检修

(1) 实训目的

① 掌握单级离心泵的检修方法与步骤，熟悉常用工具、量具的使用。

② 熟悉单级单吸、单级双吸离心泵的构造、性能、特点。

(2) 实训要求

① 泵检修之前，先要了解泵的外部结构特点，分析泵检修的方法和步骤。

一般泵检修都是按解体、检修、组装、调整的步骤进行。

② 泵检修过程中要严格按工艺要求操作，拆下的零部件要摆放有序，应注意某些部件的方向性，如有必要，应做标记。

③ 泵检修过程中，重点检查和测量以下内容并做记录。

a. 所检修泵的叶轮的瓢偏、晃动的测量。

b. 所检修泵的填料的磨损情况及轴套与轴的配合间隙。

c. 叶轮与泵体的配合间隙（径向间隙、轴向间隙）。

d. 泵盖与泵体的配合情况。

④ 提出问题并讨论。

⑤ 按顺序将泵组装复原，条件具备的要进行试车运转以检验装配是否符合要求。

⑥ 提交实训记录与实训体会。

(3) 实训器材与设备

主要有：顶丝、活扳手、呆扳手、梅花扳手、一字或十字旋具、百分表；干黑铅粉、枕木、涂料；黄油、机油；单级离心泵。

实训 2　多级离心泵的检修

(1) 实训目的

① 掌握多级离心泵的检修方法与步骤，熟悉常用工具的使用。

② 熟悉各种常用多级离心泵的构造、性能、特点。

(2) 实训要求

① 多级离心泵检修之前，先要了解泵的外部结构特点，制订泵检修方案。

多级离心泵的检修内容一般包括泵解体、转子部件检修、静子部件检修、转子小装、泵总装与调整、泵试运行等。检修前应做好各项准备工作，如各种工具、量具的准备，对所拆卸的关键零件（如泵轴）的保护措施等。

② 多级泵检修过程中要严格按工艺要求操作，拆下的零部件要摆放有序，应注意某些部件的方向性，如有必要，应做标记。

③ 泵解体之后，重点进行以下测量工作并做记录。

a. 测量轴头长度。

b. 测量水平平衡盘窜动量。

c. 测量转子总窜动量。

d. 测量轴套端面与轴心线的垂直度。

e. 检测泵轴的弯曲值。

f. 测量相邻两泵段（泵壳）的止口间隙。

g. 测量转子各部位的瓢偏和晃动值。

h. 测量各相邻叶轮口环端面的距离。

i. 测量平衡盘窜动量。

j. 测听泵的运行情况。

④ 提出问题并讨论。

⑤ 提交实训记录与实训体会。

(3) 实训器材与设备

主要有：钩扳手、一字或十字旋具、多支点支架、游标卡尺、百分表、铜棒、软金属垫、大锤、手锤、垫木、拉具、机油、常用多级离心泵。

习题与思考题

3-1 常用工具有哪些？常用量具有哪些？如何进行工、量具的保养？

3-2 离心泵检修前应做哪些准备工作？

3-3 如何从单级单吸离心泵中取出叶轮？

3-4 单级单吸离心泵检修时有哪些注意事项？

3-5 单级双吸离心泵解体的注意事项有哪些？

3-6 单级双吸离心泵检修的内容主要有哪些？

3-7 如何检修多级离心泵？简述其检修内容。

3-8 多级离心泵如何解体？解体时应注意些什么？

3-9 如何对多级离心泵的转子进行检修？

3-10 如何对多级离心泵的静子进行检修？

3-11 简述多级离心泵的组装过程。如何对组装后的多级离心泵进行试运行？

3-12 如何对多级离心泵的轴封装置进行检修？

第4章

离心泵常见故障分析与处理

4.1 离心泵常见故障分类

离心泵特性复杂，引起其故障的原因也很多，归结故障的原因主要包括离心泵的设计、制造、安装、使用以及机组管路布置等因素。通常将泵运行中的故障分为腐蚀和磨损、振动和噪声、性能故障、轴封故障和轴承故障等。由于多个零部件间相互偶合，使得离心泵故障具有多层次性，一种故障由多层次故障原因所构成，如叶轮的腐蚀和磨损会引起性能故障和振动，轴封的损坏也会引起性能故障和振动。因此，判断离心泵故障时，应结合设备状态基本指标和丰富的维修经验进行诊断。

(1) 腐蚀和磨损

所谓腐蚀，就是泵的材料与输送介质（或周围的介质）作用生成化合物而丧失其原来的性质，造成泵的故障或零部件的损坏。发生腐蚀的主要原因是选材不当以及泵自身结构的因素，故腐蚀故障发生时应从介质和材料两方面入手解决。

磨损常发生在输送含固体颗粒的浆液泵中。随着工质所含固体颗粒的硬度、浓度和流速等的增加，磨损程度也随之加剧。常发生磨损的部件有叶轮、轴封和轴套等。磨损会使泵的流量和扬程减少，性能下降。因此对输送浆液的泵，除泵的通流部件应采用耐磨材料外，轴封应采用冲洗措施以免杂质侵入，并在泵内采用冲洗设施以免流道堵塞。易损件在磨损量达到使用极限时应及时更换，确保设备正常运转。

(2) 振动和噪声

离心泵故障的外在特征大部分表现为与振动有关的信息，但是产生振动的原因却是多方面的，而且不易判别。振动往往伴随着噪声，为此必须了解可能产生振动和噪声的原因，以便采取措施来消除振动和噪声。

产生振动的原因主要有两个方面：水力振动和机械振动。

水力振动包括：当离心泵发生汽蚀并发展到一定严重程度时就伴随着振动和噪声，此时振动的频率高达 $600 \sim 25000$ 次/s；在泵运转时突然停泵或流量突然变化时，会产生水力冲击，引起泵的振动；泵内液体流动不均匀，造成径向或轴向推力不平衡也会引起振动等。

机械振动包括：因口环损坏、叶轮腐蚀、轴弯曲或局部堵塞等引起的转子不平衡振动；泵的工作转速等于临界转速时引起的共振；找中心不正、基础刚度不够或基础下沉使中心变动、地脚螺栓松动或灌浆不牢等因素引起的振动等。

（3）性能故障

性能故障主要指流量、扬程不足，泵的汽蚀余量不足和原动机超载等，导致离心泵发生性能故障的原因是多方面的。

吸入室或轴封漏气，启动时离心泵未灌满液体或发生汽蚀等都会造成泵内积存空气，使得离心泵流量不足或停止。排出阀未开启或失灵，排出管路系统堵塞会导致离心泵处于空转状态，排出室无液体排出。原动机出现超载故障，根据发生的阶段不同，原因也各有不同。若在试运转阶段发生超载，主要是因为设计和安装上出现问题。若超载故障发生在启动和运转阶段，则与运行人员操作和维护不当有关。

（4）轴封故障

轴封故障主要指密封处出现泄漏。对于常见的填料密封和机械密封，导致其发生泄漏的原因各不相同。填料密封泄漏主要原因有：填料选择不符合要求、安装填料的轴套等零件磨损严重或填料箱与轴套零件的间隙过大等。机械密封的泄漏有周期性泄漏和经常性泄漏及突发性泄漏，其原因各有不同。因泵转子轴向窜动，动环来不及补偿位移或操作不稳，密封箱内压力经常变动或是转子的周期性振动都会导致周期性泄漏。而动、静环密封面变形或损伤或轴套表面在密封圈处有轴向沟槽、凹坑等将引起经常性泄漏。突发性泄漏是由于泵强烈抽空使密封烧坏、弹簧折断或动、静环表面损伤等原因造成的。

（5）轴承故障

轴承故障往往表现为先发热后烧坏或损坏。造成轴承故障有可能是因为轴承本身的原因，也与轴承的润滑冷却条件和工作条件不良等有关。若采用滚动轴承，滚珠破碎、外圈断裂、内圈松动和疲劳磨损都会使得滚动轴承损坏。对于压力润滑系统，产生故障的原因可能是油压不足、油路不通或油质不好等造成。对于甩油润滑系统，产生故障的原因可能是甩油环断裂，油位太高或太低或油质不好。由于转子不平衡、中心未找正、轴弯曲等都会引起转子振动，使轴承工作条件恶化，导致轴承故障。

4.2 离心泵常见故障分析与处理

离心泵的故障产生原因可能是多方面的，但绝大多数与技术管理水平、安装、保养、操作人员的素质及重视程度有关。若能充分重视，则能够将离心泵的修理平均间隔时间延长，使泵的可靠性和利用率得到大幅度提高。离心泵的常见故障及处理方法见表 4-1。

表 4-1 离心泵常见故障及处理方法

故障特征	故障原因	故障处理方法
启动后不出水或流量不足	泵内未灌满水,空气未排净	继续灌水或排净空气
	吸水管路及填料有漏气	堵塞漏气,适当压紧填料
	水泵转向不对	对换一对接线,改变转向
	水泵转速太低	检查电路,是否电压太低
	叶轮进水口及流道堵塞	揭开泵盖,清除杂物
	底阀堵塞或漏水	清除杂物或修理
	吸水井水位下降,水泵安装高度太大	核算吸水高度,必要时降低安装高度
	减漏环及叶轮磨损	更换磨损零件
	水面产生旋涡,空气带入泵内	加大吸水口淹没深度或采取防止措施
	水封管堵塞	拆下清通

续表

故障特征	故障原因	故障处理方法
开启不动或启动后轴功率过大	泵轴弯曲，轴承磨损或损坏	矫直泵轴，更换轴承
	填料压得太死	放松填料压盖
	多级泵中平衡孔、平衡管或回水管堵塞	清除杂物，疏通平衡管或回水管路
	靠背轮间隙太小，运行中两轴相顶	调整靠背轮间隙
	电压太低	检查电路，向电力部门反映情况
	实际液体的相对密度远大于设计液体的相对密度	更换电动机，提高功率
	流量太大，超过使用范围太多	关小泵的出口闸阀
运行中扬程降低	叶轮损坏和密封磨损	检修或更换叶轮和密封
	压水管损坏	关小压水管阀门，进行检修
	转速降低	检查原动机及电源电压和频率是否降低
抱轴	油箱缺油或无油	及时切换至备用泵，停运转泵，同时通知操作室
	润滑油质量不合格，有杂质或含水乳化	
	冷却水中断或太小，造成轴承温度过高	
	轴承本身质量差或运转时间过长造成疲劳老化	
转子窜动大	操作不当，运行工况远离泵的设计工况	严格操作，使泵始终在设计工况附近运行
	平衡管不通畅	疏通平衡管
	平衡盘及平衡盘座材质不合要求	更换材质符合要求的平衡盘及平衡盘座
发生水击	由于突然停电，造成系统压力波动，出现排出系统负压，溶于液体中的气泡逸出，使泵或管道内存在气体	将气体排净
	高压液柱由于突然停电迅猛倒灌，冲击在泵出口单向阀阀板上	对泵的不合理排出系统的管道、管道附件的布置进行改造
	出口管道的阀门关闭过快	慢慢关闭阀门
机组振动和噪声过大	地脚螺栓松动或没填实	拧紧并填实地脚螺栓
	安装不良，联轴器不同心或泵轴弯曲	找正联轴器同心度，矫直或更换轴
	水泵产生汽蚀	降低吸水高度，减少水头损失
	轴承损坏或磨损	更换轴承
	基础松软	加固基础
	泵内有严重摩擦	检查咬住部位
	出水管存留空气	在存留空气处加装排气阀
轴承温度升高	轴承损坏	更换轴承
	轴承缺油或油太多（使用黄油时）	按规定油面加油，去掉多余黄油
	油质不良、不干净	更换合格润滑油
	轴弯曲或联轴器没找正	矫直或更换泵轴，找正联轴器
	滑动轴承的油环不起作用	放正油环位置或更换油环
	叶轮平衡孔堵塞，使泵轴向力不平衡	清除平衡孔上堵塞的杂物
	冷却水不足、中断或冷却水温度过高	加大冷却水量或联系调度降低循环水的温度
	多级泵平衡轴向力装置失去作用	检查回水管是否堵塞，联轴器是否相碰，平衡盘是否损坏

续表

故障特征	故障原因	故障处理方法
原动机过载	转速高于额定转速	调整电源或变速装置,使转速降回
	水泵流量过大,扬程低	关小闸阀
	原动机或水泵发生机械损坏	检查原动机及水泵
	电源电压下降而电流增加,两相运行	检查电源状态和接线状态
	抽送密度、黏度较大的液体	限制泵流量在允许范围运行,更换大容量的电动机
	电机轴与泵轴不对中或不平行	调整电机和泵轴对中
	轴承损坏	更换或修复轴承
填料处发热,渗漏水过少或没有水渗漏出来	填料压得太紧	调整松紧度,使滴水呈滴状连续渗出
	填料环装的位置不对	调整填料环位置,使其正对水封管口
	水封管堵塞	疏通水封管
	填料盒与轴不同心	检修,改正不同心的地方
	填料选择或安装不当	重新选择填料和安装
	填料磨损严重	更换新填料
	密封水或冷却水不足	设法保持密封水足够压力,保持必要的冷却水量
	轴的偏转	检查泵轴,矫正轴的偏转
	轴套磨损严重	更换轴套

4.3 离心泵故障分析与处理实例

例 4-1 某电厂锅炉给水泵的前置泵是 SQ300-670 型卧式单级双吸蜗壳式离心泵。主要性能参数如下：流量 1405m³/h，扬程 140m，必需汽蚀余量 5.1m，转速 1490r/min。2 台发电机组共配置 6 台前置泵，机组投产以来，6 台前置泵相继发生叶轮锁母松脱、键碎裂、叶轮与轴配合部位磨损啃坏等故障，给发电机组的运行带来严重的安全隐患。

该厂 6 台前置泵在运行近半年后，都表现出振动变大、噪声增大、低负荷时泵轴窜动明显等特征。停泵解体检查后发现泵轴、键、叶轮密封环等部件都存在不同程度的损坏，其中已损坏的 3 台泵的泵轴如图 4-1 所示，已磨损损坏的叶轮密封环如图 4-2 所示。

通过对以上前置泵损坏部件的特征、运行工况和受力进行分析，得出造成前置泵损坏的原因主要有以下几个方面。

① 叶轮与轴的配合间隙过大，导致叶轮定位较差。

② 叶轮锁母无止动垫片，运行中叶轮锁母易松脱，引起叶轮在泵轴上滑动。

③ 有几台泵解体时发现叶轮键已碎裂，从应力计算结果看出，键的强度选用偏低，需增强键的强度。

④ 泵长期在低流量下运行，叶轮周围压力分布不均匀，产生径向力。泵在运转中，叶轮受到径向力的作用使泵轴产生交变应力，并且造成一定的挠度，引起叶轮口环与密封环的摩擦。因叶轮与轴的配合间隙过大，定心不好，叶轮与密封环发生碰磨时引起转子振动，进而引起叶轮与轴产生磨损。长期运行后叶轮与泵轴的间隙越来越大，碰磨和振动越来越厉

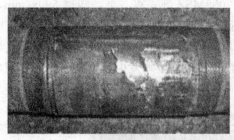

图 4-1　损坏的三个泵轴

图 4-2　磨损损坏的叶轮密封环

害，应力也越来越大，最终造成泵转子损坏。

针对上述分析的原因，采取了一系列的措施。

① 加工新的泵轴，对已磨损的叶轮内孔按照新泵轴的尺寸重新进行加工配制，使叶轮与轴的直径配合间隙严格控制在 0.04～0.06mm。

② 键的材料由原来的 0Cr18Ni9 改为 2Cr13，提高键的许用应力。

③ 对叶轮锁母重新设计增加止动垫片，防止运行中叶轮锁母松脱。

④ 对配合组装的泵轴转子进行动平衡试验，减小前置泵运行中的振动。

⑤ 尽可能避免前置泵在小流量下运行。

经改进后，该厂 6 台前置泵振动明显变小，噪声也有所改善。经过近一年的运行后，对其中 2 台前置泵进行解体检查，叶轮锁母处因增设止动垫片没有松动迹象，叶轮与轴配合良好、无磨损发生，密封环处磨损也较轻。

例 4-2　某电厂烟气脱硫系统采用湿法石灰石-石膏脱硫工艺。烟气由侧面进气口进入吸收塔，并在上流区与雾状浆液逆流接触产生反应，脱去烟气中 SO_2，处理后的烟气在吸入塔顶部翻转向下，进入下流区，从吸收塔侧面出来，经后续处理后从烟囱排入大气。吸收塔内的石灰石渣浆液通过渣浆循环泵在吸收塔内循环。脱硫渣浆循环泵输送浆液密度较高，含有较大硬质颗粒，颗粒浓度高且具有腐蚀性和磨损作用。

该厂所用的渣浆循环泵为日本马自达 RO-7002MSZ 卧式离心泵，转速 590r/min，扬程 18.5m，流量 8000m³/h，运行方式为连续运行。由于渣浆液的质量波动，设备备用时间较少，到第一次解体时 3 台渣浆循环泵运行时间均超过 8000h，通流浆液（石膏浆液）特性如表 4-2 所示。解体检修时发现渣浆循环泵的叶轮及口环部位均发生严重腐蚀与磨损现象，如图 4-3 所示。

表 4-2　吸收塔渣浆循环泵通流浆液（石膏浆液）特性

平均密度 /(kg/m³)	最大密度 /(kg/m³)	平均固体含量 /(g/L)	平均固体含量 百分数/%	设计氯离子含量 /(g/L)	pH 值	温度/℃
1126	11155	150	16.93	40	4~6	≤50

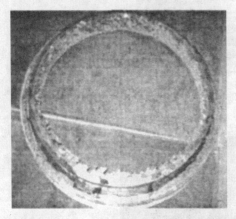 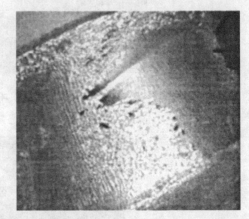

图 4-3　叶轮与口环部位的腐蚀与磨损

分析其腐蚀和磨损原因，主要有以下几点。

① 渣浆中硬质颗粒超标，脱硫设备的负担增加，加剧设备的腐蚀与磨损。化验结果表明渣浆中有 4 项指标不合格，其中超标最大的 SiO_2 含量是设计值的 4.2 倍。

② 设备所用材质不良。渣浆循环泵在选择时没有考虑到石灰石浆液中硬质颗粒对循环泵通流部件的磨损，所用材质的耐化学腐蚀性能较好，但耐磨性能不足。

③ 设备工作环境较差。循环泵输送的石灰石浆液中氯离子浓度很高，对泵的通流部件产生晶间腐蚀。渣浆循环泵运行过程中，叶轮出口高压渣浆液通过叶轮口环间隙回流至泵入口，造成磨损。氧化风机的扰动使浆液中含有大量气泡，气泡随渣浆一同进入泵腔，造成叶轮的汽蚀损坏。

针对以上原因，该电厂重新选择了循环泵叶轮材料。新选用的 GLH-5 材料，添加了 Ni、Mo、Cu 含量并降低了 C 含量，提升了部件的耐腐蚀性能。同时通过增加 Cr、Si 等元素含量来提高部件的耐磨性。改造一年后，对渣浆循环泵各主要易腐蚀和磨损部件进行检查，腐蚀和磨损量很小，达到了预期效果。

实训 1　离心泵的流量不足故障的分析与处理

（1）实训目的

① 掌握离心泵流量不足故障的产生原因。

② 掌握离心泵流量不足故障的处理方法。

（2）实训要求

① 根据故障现象和特征，分析可能导致离心泵流量不足故障的原因。

a. 检查吸水管路和填料，查看是否有管道漏水或填料漏水现象。

b. 检查电动机的转向是否正确。

c. 检查水泵的转速是否在额定转速。

d. 检查吸水井水位是否下降。

e. 检查吸水井水面波动情况。

f. 若以上项目检查都无异常，则按操作规程停泵，将离心泵灌满水并按操作规程重新启动，测量出水流量。

g. 若还是没解决问题，则停泵，解体离心泵，对离心泵及管路进行检修。

h. 检查叶轮进口及流道是否有杂物堵塞。

i. 检查水封管是否有杂物堵塞。

j. 检查底阀是否有杂物堵塞。

k. 拆下叶轮，检查叶轮和减漏环是否磨损。

② 找出故障原因后，按照表 4-1 中故障处理方法对故障进行处理。需要注意的是，在故障处理过程中，必须严格按工艺要求操作。

③ 提出问题并讨论。

④ 提交实训记录与实训体会。

（3）实训器材与设备

主要有：流量计、电压表、转速仪、电流表、顶丝、活扳手、呆扳手、梅花扳手、一字或十字旋具、百分表；干黑铅粉、枕木、涂料；黄油、机油等。

实训 2　离心泵轴承发热故障的分析与处理

（1）实训目的

① 掌握离心泵轴承发热故障的产生原因。

② 掌握离心泵轴承发热故障的处理方法。

（2）实训要求

① 根据故障现象和特征，分析可能导致离心泵轴承发热故障的原因。

a. 从视油孔检查润滑油液位是否合理。

b. 检查润滑油油质是否良好。

c. 检查冷却水的流量和温度是否合理。

d. 检查滑动轴承的油环是否起作用。

e. 检查轴承是否完好。

f. 检查叶轮平衡孔是否堵塞。

g. 检查轴是否弯曲。

h. 检查联轴器是否找正。

i. 若是多级泵，检查轴向力平衡装置是否起作用。

② 找出故障原因后，按照表 4-1 中故障处理方法对故障进行处理。需要注意的是，在故障处理过程中，必须严格按工艺要求操作。

③ 提出问题并讨论。

④ 提交实训记录与实训体会。

(3) 实训器材与设备

主要有：流量计、温度计、电流表、顶丝、活扳手、呆扳手、梅花扳手、一字或十字旋具、百分表；干黑铅粉、枕木、涂料；黄油、机油等。

习题与思考题

4-1 离心泵的常见故障有哪几类？

4-2 简述离心泵常见故障特征及原因。

4-3 简述离心泵常见故障的识别和排除方法。

第5章

离心泵的节能简介

5.1 离心泵的节能设计简介

对离心泵设计的要求大都是：①满足所需要的流量和扬程的工况点应在最高效率点附近；②离心泵效率值要高，而且效率曲线平坦，泵的汽蚀性能好；③扬程曲线的稳定工作区间要宽；④结构简单、工艺性好，尺寸尽可能小、重量轻，并保证具有足够的强度和刚度，运转安全可靠；⑤噪声低；⑥调节性能好，工作适应性强；⑦操作和维护方便，拆装运输简单易行。要同时满足上述全部要求，一般是不可能的，比如流体流动性能和结构强度及工艺之间往往存在矛盾，因而设计时要抓住主要矛盾协调解决。

5.1.1 影响离心泵性能的因素

离心泵效率是泵的有效功率 P_e 和轴功率 P 的比值。由于泵内的各种损失，使得泵的效率总是小于1。因而，只有尽可能减少泵内的各种损失，才能提高效率。

（1）机械损失

① 轴封与轴承摩擦损失　它与其他各项损失相比，所占比重不大，一般只占轴功率的 $1\%\sim3\%$。若采用填料密封，损失会大一些。若采用机械密封，损失则小很多。

② 圆盘摩擦损失　即叶轮在充满液体的泵体内旋转时，叶轮前后盖板外侧与液体之间的摩擦损失。圆盘摩擦损失比较大，在机械损失中占主要成分，尤其是中、低比转速的离心泵，圆盘摩擦损失更大。比如当 $n_s=30$ 时，圆盘摩擦损失接近有效功率的 30%。

影响圆盘摩擦损失的因素有：转速，叶轮外径，叶轮盖板、泵体内壁的表面粗糙度等。转速越高，叶轮外径越大，叶轮盖板、泵体内壁的表面粗糙度越高，则圆盘摩擦损失越高。

（2）容积损失

一般来说，在吸入口直径相等的情况下，比转速大的泵，容积效率比较高；在比转速相同的情况下流量大的泵，容积效率也比较高。对于给定的泵，要提高容积效率，降低泄漏量，可采用以下措施：①减少密封间隙的环形面积，即在保证安全运行和制造允许的前提下，尽量选取较小的间隙宽度；②增加密封环间隙阻力，如将普通柱形密封环改成迷宫形或锯齿形，会增加密封间隙的沿程阻力，提高密封效率，减少容积损失。

（3）水力损失

① 水力摩擦损失　即沿程损失。要减少水力摩擦损失，应提高流过表面的光洁度、减

少流道长度等。

② 局部阻力损失   局部阻力损失主要是由于流道急剧扩大、收缩、转弯及死水区产生的漩涡而引起的损失。

③ 冲击损失   当流动方向与流道方向不一致时，在流道进口将产生冲击损失。这种现象一般出现在叶片及导叶出口。偏离设计工况越远，冲角越大，冲击损失即越大。

综上所述，要设计出具有高水力效率的离心泵，应注意以下问题。

a. 流体在过流部件各部位的速度大小要确定得合理，而且变化要平缓。

b. 避免在流道内出现死水区。

c. 合理选择各过流部件的入、出口角度，以减少冲击损失。

d. 避免在流道内存在尖角、突然转弯或扩散。

e. 流道表面应尽量光洁，不允许有粘砂、飞边、毛刺等铸造缺陷存在。

5.1.2　离心泵的节能设计方法

对于水泵的设计有速度系数设计法和加大流量设计法等。速度系数设计法是利用相似原理和产品统计系数来确定叶轮各部分尺寸，可通过选择相应的速度系数来设计高效率或高汽蚀性能的泵。这种方法对中高比转速离心泵设计效果较好，但对低比转速离心泵设计效果欠佳。对于低比转速（$n_s = 23 \sim 80$）离心泵的设计，一般采用加大流量设计法。

(1) 低比转速离心泵加大流量设计法

① 加大流量设计法的基本原理   加大流量设计法是对给定的设计流量和设计比转速进行放大，用放大了的流量和比转速来设计泵，使泵的效率有较大幅度的提高，并且在设计点的效率高于用普通方法设计的泵效率，如图 5-1 所示。

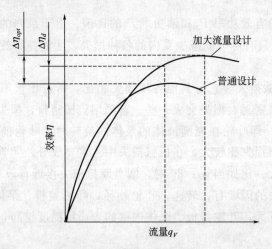

图 5-1　加大流量设计原理

加大流量设计法的依据是低比转速泵的效率随流量和比转速的增加而迅速提高，其实质是综合考虑设计工况和最佳工况的一种特殊的低比转速泵水力优化方法，主要措施是增加叶片出口安装角 β_{2y}、叶片出口宽度 b_2 和泵体喉部面积 F_8 等。

② 加大流量设计的基本方法及叶轮各主要几何参数的选择   加大流量设计的基本方法是，在大量实验研究的基础上，通过对现有的设计参数进行修正，使之适合于低比转速泵的高效率设计。然后用修正过的有关设计参数，综合考虑设计指标和各几何参数，以求对给定

的性能参数，设计出较为合理的流动组合和几何参数组合。可表示为：

$$q'_V = K_1 q_V \tag{5-1}$$

$$n'_s = K_2 n_s \tag{5-2}$$

式中　q_V、n_s——设计流量和设计比转速；

　　　q'_V、n'_s——放大的流量和比转速；

　　　K_1、K_2——流量和比转速的放大系数。

一般而言，流量越小，放大系数 K_1 越大，比转速越低，放大系数 K_2 越大。表 5-1 和表 5-2 分别给出了放大系数 K_1、K_2 的推荐值。

表 5-1　流量放大系数

$q_V/(m^3/h)$	3～6	7～10	11～15	16～20	21～25	26～30
K_1	1.70	1.60	1.50	1.40	1.35	1.30

表 5-2　比转速放大系数

n_s	23～30	31～40	41～50	51～60	61～70	71～80
K_2	1.48	1.37	1.28	1.21	1.17	1.14

设计低比转速泵时的具体措施有以下几个方面。

a. 选取较大的叶片出口安装角 β_{2y}　叶轮外径由下式确定

$$D_2 = \frac{60}{n\pi} \left[\frac{c_{2r}}{2\tan\beta_{2y}} + \sqrt{\left(\frac{c_{2r}}{2\tan\beta_{2y}}\right)^2 + gH_{T\infty} + u_1 c_{1u}} \right] \tag{5-3}$$

式中　n——水泵转速；

　　　c_{2r}——出口绝对速度的轴面分量；

　　　g——重力加速度；

　　　$H_{T\infty}$——无限叶片数时的理论扬程；

　　　u_1——叶轮进口圆周速度；

　　　c_{1u}——进口绝对速度的圆周分量。

由上式可看出，当其他参数不变时，叶片出口角 β_{2y} 越大，叶轮外径 D_2 越小，则与外径 5 次方成正比的圆盘摩擦损失也越小，从而提高了水泵的效率。若增加 β_{2y} 时，保持 D_2 和其他参数均不变，可提高水泵的扬程 $H_{T\infty}$。但是当 β_{2y} 过大时，H-q_V 曲线易出现驼峰，成为不稳定的性能曲线；当其他参数不变时，泵的轴功率随着 β_{2y} 的增加而增加，易出现超载现象。

此外，β_{2y} 的选取还与叶轮其他各几何参数密切相关，设计时务必综合考虑，大致可按表 5-3 选取。

表 5-3　比转速与出口角的关系

n_s	31～41	41～50	51～60	61～70	71～80
$\beta_{2y}/(°)$	35～38	32～36	30～34	28～32	25～30

b. 选取较大的叶片出口宽度 b_2　低比转速泵叶轮的几何特征除叶轮外径较大之外，叶轮的轴面流道较窄，即 b_2 较小。对于中、高比转速泵，一般 b_2 按式（5-4）进行计算。

$$b_2 = 0.64 \left(\frac{n_s}{100}\right)^{5/6} \sqrt[3]{\frac{q_V}{n}} \tag{5-4}$$

对于低比转速泵，当 $n_s<80$ 时，按式(5-5) 计算；当 $n_s<120$ 时，按式(5-6) 计算；当 $n_s<90$ 时，按式(5-7) 计算。

$$b_2 = 0.70\left(\frac{n_s}{100}\right)^{0.65}\sqrt[3]{\frac{q_V}{n}} \tag{5-5}$$

$$b_2 = 0.78\left(\frac{n_s}{100}\right)^{0.5}\sqrt[3]{\frac{q_V}{n}} \tag{5-6}$$

$$b_2 = (0.3598 + 0.003767n_s)\sqrt[3]{\frac{q_V}{n}} \tag{5-7}$$

计算 b_2 时，若用放大的流量和比转速，则用式(5-4) 计算；若用原设计流量和比转速，则用式(5-5) 和式(5-6) 计算。需要指出，以上计算 b_2 的公式并不是决定性的，也不是唯一的，应综合考虑各几何参数和各种改进泵性能的措施，才能合理选取 b_2。

c. 选取较少的叶片数　对于低比转速泵铸造叶轮，叶片数的计算公式为：

$$Z = 6.5\frac{D_2 + D_1}{D_2 - D_1}\sin\frac{\beta_{1y} + \beta_{2y}}{2} \tag{5-8}$$

式中　D_1、D_2——叶轮进出口直径；

β_{1y}、β_{2y}——叶片进出口安装角。

叶片数的选取也可按表 5-4 选取。

表 5-4　叶片数与比转速的关系

n_s	30～45	45～60	60～120	120～300
Z	8～10	7～8	6～7	4～6

d. 控制流道面积变化　两叶片间流道有效部分出口和进口面积之比对泵的性能有重要影响，推荐

$$\frac{F_2}{F_1} = 1.0\sim1.3 \tag{5-9}$$

式中　F_2、F_1——两叶片间流道有效部分出口和进口面积。

控制叶片进出口面积的变化即控制叶片进出口相对速度的变化，故式(5-9) 也可写成

$$\frac{w_1}{w_2} = 1.0\sim1.3 \tag{5-10}$$

式中　w_1、w_2——叶轮进出口相对速度。

加大流量设计中，因 β_{2y}、b_2 等较大，难以满足式(5-9) 的要求，此时可将叶片从进口到出口逐渐增厚以堵塞部分出口流道。

e. 其他措施　除上述几个主要几何参数外，其他一些提高泵性能的措施也在加大流量设计法中应用。如减小叶轮进口直径以减少泄漏损失；推荐 $K_0 = 3.5\sim4.2$，则 $D_0 = K_0\sqrt[3]{\frac{Q'}{n}}$；叶片前伸并减薄；叶轮轴面流道和平面流道面积变化应均匀；叶片进口面积尽量呈正方形；参考已有性能优秀的模型泵几何特征等。

③ 设计实例　设计参数：流量 $q_V = 12.5\text{m}^3/\text{h}$，扬程 $H = 60\text{m}$，转速 $n = 2900\text{r/min}$，效率 $\eta = 40\%$，汽蚀余量 $\Delta h = 2.8\text{m}$，比转速 $n_s = 45$。

a. 放大系数按表 5-1 选取，流量放大系数 $K_1 = 1.5$，按表 5-2 选取比转速放大系数 $K_2 = 1.28$，故计算用的流量 $q'_V = 18.75\text{m}^3/\text{h}$，比转速 $n'_s = 58$。

b. 查表 5-3，根据 $n'_s=58$ 取 $\beta_{2y}=33°$。

c. 出口宽度 b_2。

先根据 $q_V=12.5\text{m}^3/\text{h}$、$n_s=45$ 用式(5-6) 计算

$$b_2=0.78\times\left(\frac{45}{100}\right)^{0.5}\times\sqrt[3]{\frac{12.5}{3600\times2900}}=5.36\times10^{-3}\text{m}$$

再按 $q'_V=18.75\text{m}^3/\text{h}$、$n'_s=58$ 用式(5-4)、式(5-6) 计算

$$b_2=0.64\times\left(\frac{58}{100}\right)^{5/6}\times\sqrt[3]{\frac{18.75}{3600\times2900}}=5.0\times10^{-3}\text{m}$$

$$b_2=0.78\times\left(\frac{58}{100}\right)^{0.5}\times\sqrt[3]{\frac{18.75}{3600\times2900}}=7.2\times10^{-3}\text{m}$$

由于 $b_2=5.6\text{mm}$ 偏小，$b_2=7.2\text{mm}$ 偏大，比较结果，取 $b_2=6\text{mm}$。

d. 选叶片数 $Z=5$。

e. 叶轮进口直径 D_0。

取 $K_0=3.7$，则

$$D_0=K_0\sqrt[3]{\frac{q'_V}{n}}=3.7\times\sqrt[3]{\frac{18.75}{3600\times2900}}=0.045\text{m}$$

轴面流道和平面流道面积变化检查及其他几何参数计算、选取与普通设计法一致。

(2) 离心泵的速度系数设计法

对于中高比转速的泵，一般采用速度系数设计法，该方法以图表或经验公式提供了叶轮几何参数与其他比转速之间的统计关系。

① 速度系数与比转速的关系　两台相似的泵在相似工况下，有：

$$\frac{H}{H_m}=\frac{D_2^2n^2}{D_{2m}^2n_m^2}=\frac{u_2^2}{u_{2m}^2}$$

或

$$u=\sqrt{\frac{u_{2m}^2}{2gH_m}}\sqrt{2gH}$$

另 $K_{u2}=\sqrt{\frac{u_{2m}^2}{2gH_m}}$，则

$$u_2=K_{u2}\sqrt{2gH}\ \ (\text{m/s})\tag{5-11}$$

同理可得

$$c_0=K_{c0}\sqrt{2gH},\ c_{2r}=K_{c2r}\sqrt{2gH}\tag{5-12}$$

式中　H——泵的扬程；

u_2——叶轮出口圆周速度；

K_{u2}——叶轮出口周向速度系数；

K_{c0}——叶轮入口速度系数；

K_{c2r}——叶轮出口轴向速度系数。

不同的 n_s，就有不同的 K_{u2}、K_{c0}、K_{c2r}。图 5-2 是以现有性能较好的产品为基础统计出来的离心泵叶轮各种流速的速度系数，设计时按 n_s 选取速度系数，作为计算叶轮尺寸的依据。

② 速度系数法的计算步骤

a. 确定叶轮入口直径 D_0　确定 D_0 前，先用下式确定叶轮入口速度 c_0

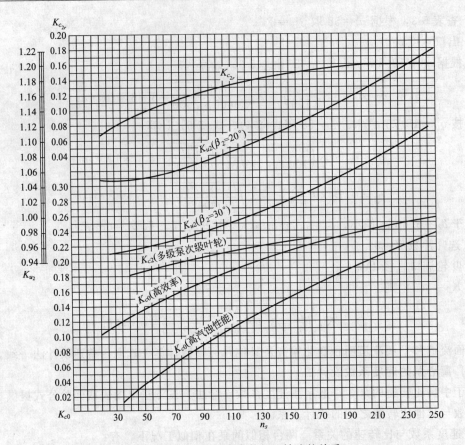

图 5-2 离心泵的速度系数与比转速的关系

$$c_0 = K_{c0} \sqrt{2gH}$$

式中 K_{c0}——叶轮入口速度系数，可按图 5-2 选取。

对悬臂式离心泵的叶轮，入口直径 D_0 可按水力学公式求得：

$$q_{VT} = \frac{\pi}{4} D_0^2 c_0$$

即：

$$D_0 = \sqrt{\frac{4q_{VT}}{\pi c_0}} \qquad (5\text{-}13)$$

式中，q_{VT} 为通过叶轮的理论流量，可按下式计算

$$q_{VT} = \frac{q_V}{\eta_V}$$

式中，η_V 为泵的容积效率，$\eta_V = 1 + 0.68 n_s^{-\frac{2}{3}}$。

在轮毂或轴穿过叶轮时，叶轮入口直径为：

$$D_0 = \sqrt{\frac{4q_{VT}}{\pi c_0} + d_h^2} \qquad (5\text{-}14)$$

式中 d_h——轮毂直径。

b. 确定叶片入口边直径 D_1 如图 5-3 所示，在叶轮流道入口边上取圆心，作流道的内切圆，内切圆圆心到轴心线距离的两倍即为叶片入口边直径 D_1，一般可按比转速 n_s 确定，见表 5-5。

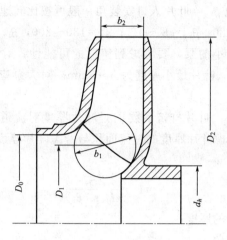

图 5-3 叶轮轴面投影图

表 5-5 D_1 与 n_s 的关系

比转速 n_s	叶片入口边直径 D_1	叶片形状
80~200	$(1\sim0.8)D_0$	圆柱形叶片,入口边与轴成 $10°\sim30°$
200~300	$(0.8\sim0.6)D_0$	双曲率叶片,入口边与轴成 $30°$
300~500	$(0.7\sim0.5)D_0$	双曲率叶片,入口边与轴成一定角度
>500	$D_0=D_2$	轴流泵

c. 确定叶片入口处径向速度 c'_{1r} 一般取 $c'_{1r}=c_0$ 或略大于 c_0,对抗汽蚀性能要求较高的泵,可取 $c'_{1r}=(0.4\sim0.83)c_0$。

d. 确定叶片入口宽度 b_1

$$b_1=\frac{q_{VT}}{\pi D_1 c'_{1r}} \tag{5-15}$$

当 q_{VT}、D_1 一定,c'_{1r} 小,b_1 就大,有利于改善泵的抗汽蚀性能;但 b_1 过大会使叶片流道变化剧烈,效率下降。

e. 确定叶片入口处圆周速度 u_1

$$u_1=\frac{\pi D_1 n}{60} \ (\text{m/s}) \tag{5-16}$$

f. 确定叶片数 Z 对 $n_s=80\sim250$ 的泵,一般取 6 片;对低比转速的泵,可以取 9 片,但应注意不要使入口流道堵塞,对高比转速的泵,可以取 $4\sim5$ 片。

也可用下列经验公式估计

$$Z=(1.1\sim1.5)\sqrt{D_2} \tag{5-17}$$

式中 D_2——叶轮外径,cm。

g. 计算进入叶片的径向速度 c_{1r}

$$c_{1r}=c'_{1r}/\psi_1 \tag{5-18}$$

式中 ψ_1——叶片入口排挤系数。设计时先选取排挤系数 ψ_1 进行试算,待叶片厚度和叶片入口安装角确定后,再来校核 ψ_1 值。

估算时,一般取 $\psi_1=0.77\sim0.91$,低比转速泵取较小值。

h. 确定叶片入口安装角 β_{1y} 叶片入口安装角一般可按比转速选取。

$$n_s = 80 \sim 130, \ \beta_{1y} = 8° \sim 12°; \ n_s = 130 \sim 200, \ \beta_{1y} = 3° \sim 6°$$

i. 确定叶片厚度 对较小的泵，要考虑到铸造的可能性，对于铸铁叶轮，叶片最小厚度为 $3 \sim 4$mm；对铸钢叶轮，叶片最小厚度为 $5 \sim 6$mm。对大泵应适当增加叶片厚度，以使叶片有足够的刚度。

j. 校核叶片排挤系数 ψ_1 叶片排挤系数 ψ_1 是叶片厚度对流道入口过流断面面积影响的系数。它等于流道入口不考虑叶片厚度的过流面积与考虑叶片厚度过流面积（即实际过流面积）之比。

$$\psi_1 = 1 - \frac{ZS_1}{\pi D_1 \sin\beta_{1y}} \tag{5-19}$$

式中 S_1——叶片在进口处的厚度；

   β_{1y}——叶片进口安装角。

按上式计算的 ψ_1 应与式(5-18) 计算 c_{1r} 时选取的 ψ_1 相等或接近。如果相差太大，则需要重新选取 ψ_1，重新从第 g 步计算，直至计算的 ψ_1 与选取的 ψ_1 相等或相接近。

k. 叶片包角 φ 的确定 φ 是叶片入口边与圆心的连线和出口边与圆心连线间的夹角。目前，对 $n_s = 80 \sim 220$ 的泵，一般取 $\varphi = 70° \sim 150°$，低比转速叶轮取大值，高比转速叶轮取小值。

l. 确定叶轮外径 D_2 叶轮外径 D_2 可按下式确定：

$$D_2 = \frac{60K_{u2}}{\pi n} \sqrt{2gH} \tag{5-20}$$

m. 叶片出口安装角 β_{2y} 叶片出口安装角 β_{2y} 一般在 $16° \sim 40°$ 范围内，通常选用 $20° \sim 30°$。高比转速的泵，β_{2y} 可选得小些；低比转速的泵，β_{2y} 可取得大些。

n. 确定叶轮出口宽度 b_2 叶轮出口宽度 b_2 可按下式确定：

$$b_2 = \frac{q_{VT}}{(\pi D_2 - Z\delta_2) K_{c2r} \sqrt{2gH}} \tag{5-21}$$

式中 δ_2——叶片出口处圆周方向厚度，$\delta_2 = \dfrac{S_2}{\sin\beta_{2y}}$（$S_2$ 为叶轮出口处叶片真实厚度），m。

o. 确定叶轮出口绝对速度与圆周速度的夹角 α_2 在有限叶片时，α_2 可按下式计算：

$$\alpha_2 = \arctan \frac{c_{2r}}{c_{2u}} \tag{5-22}$$

液流流出叶轮的绝对速度为：

$$c_2 = \sqrt{c_{2u}^2 + c_{2r}^2} \tag{5-23}$$

至此，叶轮的几何参数已全部确定。

5.1.3 CFD 在离心泵叶轮流场计算中的应用

近年来，随着计算机技术的日新月异，复杂流动问题的模拟计算迅速发展，计算流体力学（简称 CFD）越来越受到重视，其应用已从最初的航空扩展到包括离心泵在内的多个领域。CFD 具有模拟设备简单、投资低、计算速度快、计算空间不受限制、数据采集完整等优点。

应用 CFD 技术对离心泵叶轮内部的二维、三维流动场进行模拟，可以得到叶轮内部各种工况下的流动场分布，揭示叶轮内部流动的特殊规律和流动机理。通过对离心泵叶轮流道内流动规律的分析，可探讨离心泵叶轮叶片形式对流速分布、压力分布以及泵性能的影响。

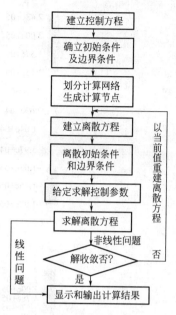

图 5-4　CFD 求解流程

应用 CFD 进行模拟仿真，其主要环节包括以下几个方面：建立数学物理模型、进行流场数值求解、将数值解可视化等，CFD 求解流程如图 5-4 所示。

这里简单介绍离心泵二维流动场数值模拟方法。已知叶轮叶片数为 6，叶轮进、出口直径分别为 69mm 和172mm，叶片进口安装角和出口安装角分别为 23°和 25°。蜗室出口直径为 150mm，叶轮进口流速为 3.22m/s，叶轮旋转速度为 2900r/min。蜗壳设计采用本章介绍的速度系数法。

（1）数值模拟的步骤

① 在 AutoCAD 中，按照速度系数法得到的参数绘制含有 6 个叶片的叶轮，同时绘制蜗壳，将叶轮和蜗壳联合求解，得到的结果更加真实可靠。

② 将 CAD 中导出的 ACIS 文件导入 GAMBIT 中，修改模型使模型符合实际工况，然后分别对蜗壳及叶轮两个流体区域划分网格，如图 5-5 所示。

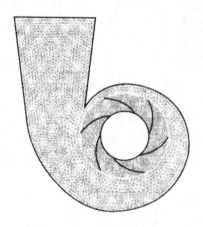

图 5-5　离心泵网格划分结果

③ 设定边界，设定流体区域，并导出 .msh 文件。

④ 将 .msh 文件导入 FLUENT 中，检查网格、设定单位、光顺网格与交换单元面，设置运行环境，设定流动介质为水，设定边界条件，选择求解控制参数、启动绘制残差功能，初始化，迭代求解。

⑤ 保存计算结果，同时进行后处理。

（2）模拟结果及其分析

图 5-6、图 5-7 分别为离心泵总体和叶轮的压力分布，从图上可以看出，从叶轮进口到出口，静压从低到高不断上升，叶轮出口处压力达到最大值。而离心泵出口压力比较低，有些地方还出现了负压，这样由较大的压降产生压头。

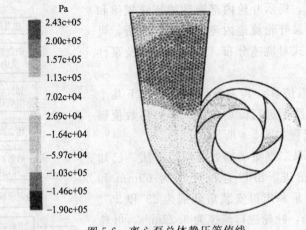

图 5-6　离心泵总体静压等值线

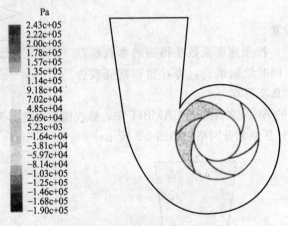

图 5-7　离心泵叶轮静压等值线

图 5-8、图 5-9 分别为离心泵总体和叶轮的速度分布。从图上可以看出叶轮进口处的流动情况，在进口处，流动角稍大于安装角，会产生冲击损失，不过液体基本上沿着叶片方向流动，但局部有回流、脱流等现象。同时，离心泵出口也有回流现象，造成水力损失。

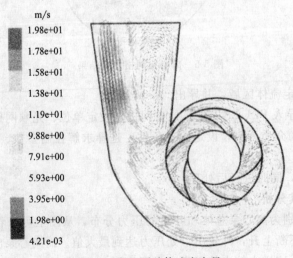

图 5-8　离心泵总体速度向量

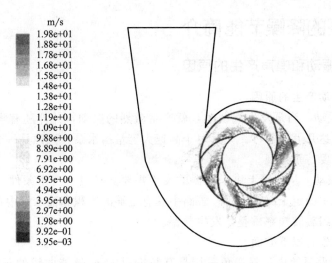

图 5-9　离心泵叶轮速度向量

图 5-10、图 5-11 为离心泵总体和叶轮的湍流强度分布。从图上可以看出，在叶片附近湍流强度较大，离心泵出口处的湍流强度也比较大。

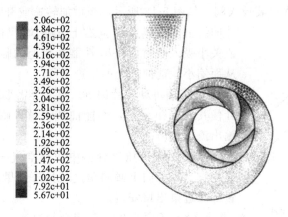

图 5-10　离心泵总体湍流强度分布

结合图 5-8～图 5-11 可以看出，有回流、脱流的地方，湍流强度一般都会很大。

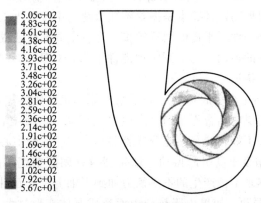

图 5-11　离心泵叶轮湍流强度分布

5.2 离心泵的降噪节能简介

5.2.1 离心泵振动和噪声产生的原因

(1) 离心泵振动产生的原因

① 汽蚀引起振动 当泵发生汽蚀时，就产生激烈的振动，并伴随有噪声。由汽蚀引起的振动，其频率可达几万次每秒。尤其对于高速大容量给水泵，汽蚀是一个主要的问题，所以在设计和运行中要特别重视。

② 喘振引起振动 从理论上讲，喘振的发生需要具备以下三个条件：离心泵具有驼峰型性能曲线，并在不稳定工况区运行；管路中具有足够的容积和输水管中存有空气；整个系统的喘振频率与机组旋转频率重叠，发生共振。

防止喘振的措施有以下方面。

a. 在大容量管路系统中尽量避免采用具有驼峰型 H-q_V 性能曲线的泵，应采用 H-q_V 性能曲线平直向下倾斜的泵。

b. 使流量在任何条件下不小于 q_{Vk}，如果装置系统中所需要的流量小于 q_{Vk} 时，可装设再循环管或自动排出阀门，使泵出口流量始终大于 q_{Vk}。

c. 改变转速或吸入口装吸入阀。如图 5-12 所示，当增加转速或开大吸入阀时，H-q_V 性能曲线上的临界点 K 向右上方移动，与此相反，当降低转速或关小吸入阀时，H-q_V 性能曲线上的临界点 K 向下方移动，从而缩小性能曲线上的不稳定段。

d. 采用可动叶片调节。当外界需要减小流量时，转动动叶使其安装角减小，性能曲线下移，临界点向左下方移动，输出流量相应变小。

e. 尽量避免压出管路中积存空气。如不让管路有起伏，使之有一定的向上倾斜角度。另外，尽量把调节阀及节流装置等靠近泵出口安装。

f. 多台泵并联时，如果负荷减小，应尽量提前减少投运的设备台数，以保证运行设备在接近正常流量下运行。

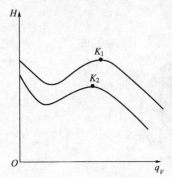

图 5-12 H-q_V 性能曲线
不稳定段的变化

③ 机械振动

a. 转动部分不平衡引起振动 当转动部件的重心不在转轴的中心线上时，转动部件便出现不平衡偏心力而引起振动，其特点是振幅不随负荷大小及吸入压头高低而变化，而是与转速大小有关。造成转动部件不平衡的因素很多，运行中局部腐蚀或磨损、局部破坏或有杂物塞住等，都会引起激烈的振动。为保证转动部件平衡，对低转速的泵可只做静平衡试验，高转速泵则必须进行动平衡试验。

b. 转动部件中心线不重合引起振动 如果泵与原动机联轴器中心不对正或端面平行度不好，就会造成泵和原动机的结合不平衡，产生强烈振动。造成中心不对正的原因主要有：泵在安装、检修时找中心不好，暖泵不充分或管路本身重量使轴中心错位等。

c. 联轴器螺栓间距精度不高引起振动 联轴器螺栓间距精度不高时，只由一部分螺栓承担大部分转矩，使得本来不该产生的不平衡力加到了轴上，从而引起振动。

d. 因固体摩擦引起振动 如果由于热应力而造成泵体变形过大或轴弯曲，以及其他原因使动、静部分接触，接触点的摩擦力作用于转子回转的反方向上，迫使转子激烈地振动旋转。这种振动是一种自激振动，与转速没有直接关系。

轴承的磨损和润滑不良等也会产生这种振动，只不过此时的振动是慢慢增加的。

e. 平衡盘所引起的振动　平衡盘由于设计不良亦会造成泵的振动。例如，若平衡盘本身的稳定性差，当工况变动后，平衡盘失去稳定，会产生左右较大的窜动，从而造成转轴有规律的振动，同时也使动盘与静盘产生碰摩。为增加平衡盘的工作稳定性，可以调整改变轴向间隙和径向间隙的数值，在平衡座上增开方形螺纹槽稳定平衡盘前小室的压力，调整平衡盘内外直径尺寸等。

f. 基础及泵座不好引起振动　除基础下沉使中心改变的问题外，还有刚度不够引起的振动。基础的固有频率很大，能够形成减振力，但如果基础固有频率不大且正好与泵的转速一致，就会产生共振。因此，在设计阶段应使两者固有频率错开。

泵座本身的刚性不好，则抗干扰性差，也容易引起振动。

g. 由原动机引起振动　原动机由于本身的特点，亦会产生振动。如泵由汽轮机驱动，则汽轮机作为流体动力机械，本身亦有各种振动，从而引起轴系振动；若泵由电动机驱动，则电动机亦会因电磁力的不平衡而使定子受到变化的电磁力，引起周期性振动。这种振动的频率等于转速与极数的乘积或为它的倍数。若这个频率与电动机座的固有频率一致，振动就会增加，泵由于受电动机影响而随之振动。

当泵在运行中发生振动时，应做如下处理。

a. 尽可能详细地测量泵和原动机各点的振动，以确定振动振源。

b. 调节泵的流量，确认振动的变化。如汽蚀主要在大流量时发生，而喘振在很小流量时发生。汽蚀引起的振动频率和喘振引起的振动频率相差较大，汽蚀的频率范围为 600～25000Hz，喘振的频率范围为 0.1～10Hz。

c. 将泵和原动机分离，测量原动机单独运行时的振动。

d. 将泵和原动机间的联轴器分离，确定冷态及抽送液体时（热态）的对中情况。

e. 弄不清楚原因时，用示波器显示振动波形。如为固体摩擦和轴承油压引起的振动，旋转速度与相应轴的旋转角速度无关，由此可以区分出由不平衡而引起的振动。

查清楚原因后，针对具体原因分析解决振动问题。但是，振动现象是非常复杂的，完全解决很困难。因而，允许泵在一定范围内振动，其值与转速有关，如图 5-13 所示。

（2）离心泵噪声产生的原因

泵是流体动力系统中主要噪声源之一，它不但直接辐射出一定量的声能，而且它所产生的压力波和结构振动能间接使一个装置产生大量空气噪声。如果一台泵的吸入口及排出口之间的流体压力变化很大或变化很快，就可能产生压力波。理想的"静"泵在入口及出口之间的过渡区域中压力是逐渐升高的，大部分噪声是由于在出口处流体以不同

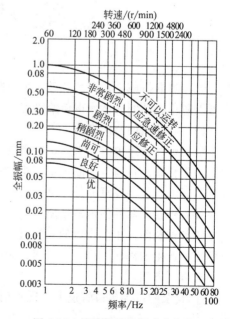

图 5-13　旋转机械的振动允许值

压力混合起来而产生的。当泵的压力腔中的压力低于出口处管道压力时，噪声最大。这时管道内的高压流体有一个冲回压力腔的趋势，从而对压力腔内的流体加压，直至压力腔内的压力达到管内的压力为止。返回的液流随之发生迅速的压力变化而产生噪声。在泵的出口处流体受压或减压，就会产生一个压力脉动。压力脉动是一个小的振动波，这种振动波从泵的出口向整个液压系统传播，并且很快衰减下去。实验证明，这种波动引起的噪声是不大的。凡是制造质量较高的泵，由于泵本身产生脉动而导致声功率约在 0.7dB 以下。然而，这个脉动频率如果与某些机械部件发生共振，则可能引起不小的噪声。

5.2.2　控制离心泵噪声的方法

(1) 离心泵本身的消声措施

泵的噪声的控制方法与风机噪声的控制方法基本上相同，详见第 9.2 节，但对泵而言，主要以防振为主，具体做法如图 5-14 所示。

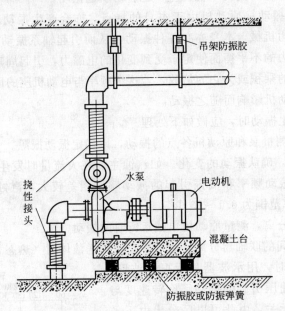

图 5-14　水泵防振措施

这种防振措施，是在其基础上装设防振胶或防振弹簧，在进出口管上设置挠性接头，这样可以防止振动的固体噪声传给管道。

(2) 电动机的消声措施

电动机的噪声由电磁噪声、电刷的摩擦噪声和旋转振动噪声所组成，其噪声的大小与电动机功率有关。目前多用隔声罩将电动机单独罩起来，如图 5-15 所示，也可将电动机和泵一起罩起来。但要注意的是，电动机是发热设备，应考虑罩内空气的流通，以利于散热。

(3) 管道及附件的消声措施

在管道及附件中，噪声的来源很多，如振动噪声，流体噪声，流速过大在弯头、大小头及管道中产生的涡流噪声，或孔板、阀门等附件后部的涡流和冲击产生的噪声，其消除方法主要有以下方面。

① 在泵的进、出口管道上，设置消声器或挠性接头，以防止设备振动或噪声传到管道系统中。

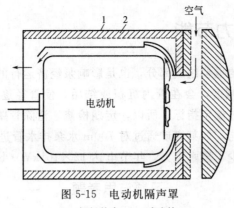

图 5-15　电动机隔声罩

1—钢板外壳；2—玻璃棉

② 管道外壁进行隔声处理，具体做法如图 5-16 所示。这种隔声套的隔声效果达 10～20dB，如果要求更高的隔声量时，可采用双层隔声套或在管壁和隔声套外涂阻尼材料。

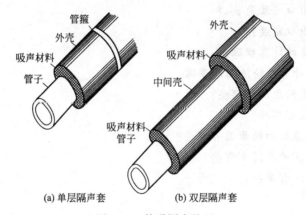

(a) 单层隔声套　　　(b) 双层隔声套

图 5-16　管道隔声处理

③ 管道产生共振时，应改变管径或支架间距。

④ 流速过大会增加流动损失，而且会成为弯头、大小头等处产生涡流噪声和振动噪声的原因。所以，降低管内流速是降低噪声的重要措施之一。

⑤ 管道转弯时弯曲半径不能太小，管子突然扩大或缩小时，其扩散角不得大于 8°。

⑥ 必要时将管道埋在地下敷设。

⑦ 管道穿墙时，为了防止把管道振动传给墙体，应对穿墙处进行密封处理，如图 5-17 所示。

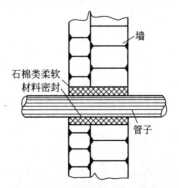

图 5-17　管道穿墙处的密封处理

5.3　减小管道阻力节能

　　排水管路是排水系统的重要组成部分，也是影响泵经济运行的主要因素。泵输送的流体中含有颗粒或有较大的酸碱度，会在管内沉积或结垢，使管径逐步变小，因而管路阻力增大，致使排水功耗远远超过规定指标。所以，定期检修，清除管壁附着的沉积物，恢复原有管径，使泵保持良好的性能。如某煤矿通过对 700m 水泵排水管进行清洗改造，增大了出水管的管径，最大限度地减少了排水阻力，年节电达 $12\times10^4\,kW\cdot h$。

习题与思考题

5-1　离心泵设计的要求是什么？

5-2　影响离心泵性能的因素有哪些？

5-3　加大流量设计法的原理是什么？

5-4　如何选取叶片出口安装角 β_{2y}？

5-5　如何选取叶片出口宽度？

5-6　简述速度系数法的计算步骤。

5-7　简述应用 CFD 计算叶轮流场的步骤。

5-8　离心泵振动产生的原因有哪些？

5-9　防止喘振的措施有哪些？

5-10　引起离心泵机械振动的原因有哪些？

5-11　离心泵产生噪声的原因有哪些？

5-12　控制噪声的方法有哪些？

第6章

离心风机的结构与性能

6.1 离心风机的分类及工作原理

6.1.1 离心风机的型号

离心风机是一种量大面广的机械设备,具有效率高、流量大、输出流量均匀、结构简单、操作方便、噪声小等优点。由于应用场合、性能参数、输送介质和使用要求的不同,离心风机的品种及规格繁多,结构形式多种多样。

离心风机型号由基本型号和补充型号组成,可表明风机的名称、型号、机号、传动方式、旋转方向和出风口位置等。由于其编制方法尚未完全统一,故在风机样本及使用说明书中,一般都应对该风机型号的组成和含义进行说明。

风机型号的组成形式如下:

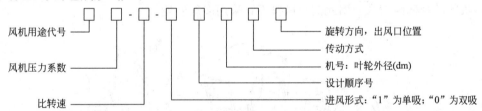

基本型号为数字,即为 10 倍全压系数值和比转速。有时为了区别采用相同的基本型号但用途不同的风机,又在基本型号前加上用途代号。表 6-1 给出了部分离心风机型号中某些汉语拼音字母通常所代表的意义。传动方式规定为六种方式,用汉语拼音字母作代号,见表 6-2。

表 6-1 常用用途及代号

用　途	代　号	用　途	代　号
排尘除灰	C	耐高温	W
输送煤粉	M	防爆炸	B
防腐蚀	F	矿井通风	K
工业炉吹风	L	电站锅炉引风	Y
冷却塔通风	L	电站锅炉通风	G
一般通风换气	T	特殊用途	T

表 6-2 传动方式代号

传动方式	无轴承电机直联传动	悬臂支承带轮在轴承中间	悬臂支承带轮在轴承外侧	悬臂支承联轴器传动	双支承带轮在外侧	双支承联轴器传动	齿轮传动
代号	A	B	C	D	E	F	G

如 Y4-13.2(4-73)-01No28F 右 180°型离心风机型号的意义为：Y—锅炉引风机，4—全压系数为 0.4，13.2—比转速，0—双吸叶轮，1—第一次设计，28—叶轮外径 $D_2 = 28\text{dm}$，F—F 型传动方式，右 180°—旋转方向为右旋且出风口位置是 180°。

6.1.2 离心风机的工作原理

离心风机的工作原理与离心泵的工作原理相同，只是所输送的介质不同。风机机壳内的叶轮安装在电动机或其他转动装置带动的传动轴上。叶轮内有些弯曲的叶片，叶片间形成气体通道，进风口安装在靠近机壳中心处，出风口同机壳的周边相切。当电动机等原动机带动叶轮转动时，迫使叶轮叶片之间的气体跟着旋转，因而产生了离心力。处在叶片间通道内的气体在离心力的作用下，从中心向叶轮的边缘流去，以较高的速度离开叶轮进入机壳，然后沿流道流出风口向外排出，这个过程称为压出过程。同时，由于叶轮中心的气体流向边缘，在叶轮中心形成了低压区，在吸入口外的气体在压差作用下进入叶轮，这个过程称为吸气过程。由于叶轮不停地旋转，气体便不断地排出、吸入，从而达到了连续输送气体的目的。

6.2 离心风机的构造

6.2.1 离心风机的整体结构

离心风机的构造和离心泵相似，包括转子和静子两部分，图 6-1 所示为离心风机的结构示意图。转子部分包括叶轮、轴和联轴器等，静子部分由进气箱、导流器、集流器、蜗壳、扩压器等组成。气体由进气箱引入，通过导流器调节进风量，然后经过集流器引入叶轮吸入口。流出叶轮的气体由机壳汇集起来，经扩压器升压后引出。由于离心风机输送的是气体，而且风机的动静间隙较大，因此离心风机不宜采用多级叶轮。

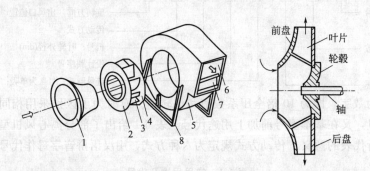

图 6-1 离心风机结构示意图

1—集流器；2—前盘；3—叶片；4—后盘；5—机壳；6—出口；7—截流板；8—支架

6.2.2 离心风机的主要零部件

离心风机的主要部件有叶轮、机壳、导流器、集流器、进气箱以及扩压器等，它们的功用与离心泵类似，下面就风机本身的特点进行分析。

(1) 叶轮

叶轮是离心风机传递能量的主要部件，其尺寸大小及过流部分形状是否合理，不仅影响到风机的性能及效率，而且直接影响到叶轮传递能量能力的大小，因此它是风机最重要的部件。它由前盘、后盘（双吸式风机称为中盘）、叶片及轮毂等部件组成，如图 6-2 所示。轮毂通常由铸铁或铸钢铸造加工而成，套装在优质低碳钢制成的轴上。轮毂可采用铆钉与后盘固定，在强度允许的情况下，轮毂与后盘可采用焊接方式固定。

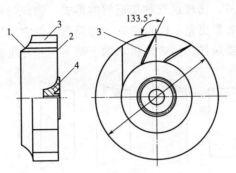

图 6-2　离心风机叶轮

1—前盘；2—后盘；3—叶片；4—轮毂

叶轮前盘的形式有平直前盘、锥形前盘及弧形前盘三种，如图 6-3 所示。平直前盘制造工艺简单，但气流进入后分离损失较大，导致风机效率较低。弧形前盘制造工艺复杂，但气流进入后分离损失很小，效率较高。锥形前盘介于两者之间。高效离心风机前盘多采用弧形前盘。

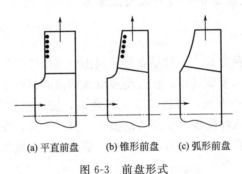

(a) 平直前盘　　(b) 锥形前盘　　(c) 弧形前盘

图 6-3　前盘形式

前、后盘之间装有叶片。叶片的形式根据叶片出口角不同分为前向式、径向式和后向式三种。对效率要求较高的离心风机一般采用后向式叶片。后向式叶片形状可分为机翼型、直板型和弯板型三种，如图 6-4 所示。机翼型叶片的流型更适应气体流动的要求，可使风机的效率高达 90％左右。此外，机翼型叶片还具有强度高、可以在比较高的转速下运转的优点。其缺点是制造工艺复杂，并且当输送的气体中含有固体颗粒时，空心的机翼型叶片容易磨损。叶片一旦被磨穿后，杂质进入叶片内部，使叶轮失去平衡而引起风机的振动，甚至无法工作。直板型叶片制造方便，但效率低。弯板型叶片如进行空气动力性能优化设计，其效率会接近机翼型叶片。

(a) 机翼型　　　　(b) 直板型　　　　(c) 弯板型

图 6-4　后向式叶片形状

（2）集流器

集流器装置又称为吸入口，它安装在叶轮前，使气流能均匀地充满叶轮的进口断面，并且使气流通过它时的阻力损失达到最小。集流器的形式如图 6-5 所示，有圆筒形、圆锥形、弧形、锥筒形和锥弧形五种。比较这五种集流器的形式，圆筒形集流器叶轮进口处会形成涡流区，直接从大气进气时效果更差。圆锥形好于圆筒形，但它太短，效果不佳。弧形集流器好于前两者，锥弧形集流器最佳，高效风机基本上都采用此种集流器。

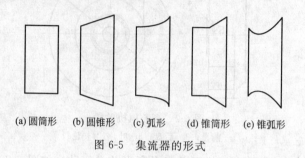

(a)圆筒形　(b)圆锥形　(c)弧形　(d)锥筒形　(e)锥弧形

图 6-5　集流器的形式

（3）导流器

在离心风机的集流器之前，一般安装有导流器，用来调节风机的流量，因此又称为风量调节器。常见的导流器有轴向导流器、径向导流器和斜叶式导流器。运行时，使导流器的导叶绕自身转轴运动，通过改变导叶的安装角度来改变风机的工作点，减小或增大风机的风量。

（4）进气箱

气流进入集流器有两种方式：一种是直接从周围空气中吸取气体，这种方式称为自由进气；另一种方式是从进气箱吸取气体。在大型或双吸的离心风机上，一般采用进气箱。进气箱的设置有两方面作用：一方面，当进风需要转弯时，安装进气箱能改善进气口的流动状况，减少因气流不均匀进入叶轮而产生的流动损失；另一方面，安装进气箱可使轴承安装在风机的机壳外，便于安装和维修。火力发电厂中，锅炉送、引风机及排粉机均装有进气箱。

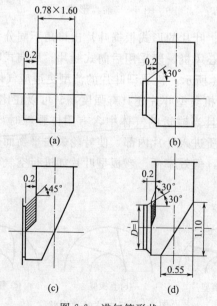

图 6-6　进气箱形状

　　进气箱的形状及几何尺寸对气流进入风机后的流动状态的影响极为明显。如果进气箱结构不合理，造成的阻力损失可达风机全压的 15％～20％。因而对进气箱的形状和尺寸一般有以下的要求。

　　① 进气箱入口端面的长宽比取 2～3 为宜。

　　② 进气箱的横断面积与叶轮的进口面积之比取 1.75～2.0 为宜。

　　③ 进气箱的形状对阻力影响很大。图 6-6 给出了几种不同形状的进气箱，它们的长宽比都为 2.05，进气箱横断面积与叶轮的进口面积比都为 1.55。试验表明，其局部阻力损失系数分别为 $\delta_a>1.0$，$\delta_b=1.0$，$\delta_c=0.5$，$\delta_d=0.3$。

　　(5) 机壳

　　离心风机的机壳与泵壳相似，也称为蜗壳。其作用是汇集叶轮出来的气流，并引向出口，与此同时，将气流的一部分动能转变成压力能。为了提高风机效率，机壳的外形一般采用阿基米德螺旋线或对数螺旋线型，但为了加工方便，也常做成近似阿基米德螺旋线型。机壳的截面形状为矩形，且宽度不变，如图 6-7 所示。

　　在蜗壳出口附近有"舌状"结构，称为蜗舌。其作用是可防止部分气流在蜗壳内循环流动。蜗舌有平舌、浅舌和深舌三种。蜗舌附近流动相当复杂，其形状以及和叶轮圆周的最小间距，对风机性能，尤其是效率和噪声影响很大。

图 6-7　机壳

　　(6) 扩压器

　　蜗壳出口断面的气流速度仍然很大，为了将这部分动能转换为压力能，在蜗壳出口装有扩压器。因为气流从蜗壳流出时向叶轮旋转方向偏斜，所以扩压器一般做成向叶轮一边扩大，其扩散角 θ 通常为6°～8°，如图 6-7 所示。根据出口管形状的要求，扩压器可做成圆形截面或矩形截面。

6.3　离心风机的性能曲线

6.3.1　离心风机的性能参数

　　离心风机的基本性能，通常用进口标准状况条件下的流量、压头、功率、效率、转速等参数来表示。

　　(1) 风机标准进口状态

　　离心风机的进口标准状况是指其进口处空气的压力为 101.3kPa，温度为 20℃，相对湿度为 50％的气体状况，其密度 $\rho=1.2kg/m^3$。

　　(2) 流量 q_V

　　单位时间内风机所输送的气体体积，称为该风机的流量，用符号 q_V 表示。必须指出的是，风机的体积流量特指风机进口处的体积流量，单位为 m^3/s、m^3/min 或 m^3/h。在风机样本和铭牌上常用 m^3/h，在设计计算和性能计算时用 m^3/s。

　　(3) 风机全压 p

　　全压是指单位体积气体通过风机之后所获得的能量增加值，也就是风机出口截面上的总压与进口截面上的总压之差，即：

$$p = \left(p_2 + \frac{\rho_2 v_2^2}{2}\right) - \left(p_1 + \frac{\rho_1 v_1^2}{2}\right) \quad \text{Pa} \tag{6-1}$$

式中 p_1、p_2——风机进、出口气体的静压，Pa；

v_1、v_2——风机进、出口气体的速度，m/s。

（4）风机静压 p_{st}

风机静压等于风机出口气体的静压与风机进口气体全压之差，即：

$$p_{st} = p_2 - \left(p_1 + \frac{\rho_1 v_1^2}{2}\right) \quad \text{Pa} \tag{6-2}$$

（5）风机动压 p_d

风机的动压等于风机出口截面上气体的动压，即：

$$p_d = p_{d2} = \frac{\rho_2 v_2^2}{2} \quad \text{Pa} \tag{6-3}$$

（6）风机的功率

① 有效功率 P_e 有效功率是指单位时间内气体从风机中所得到的实际能量。有效功率可由风机的输出流量及全压求得，即：

$$P_e = \frac{q_V p}{1000} \quad \text{kW} \tag{6-4}$$

当上式中全压 p 用风机静压 p_{st} 表示时则成为风机静压有效功率 P_{st}，即：

$$P_{st} = \frac{q_V p_{st}}{1000} \quad \text{kW} \tag{6-5}$$

② 轴功率 P 轴功率是指风机的输入功率，即由原动机传到风机轴上的功率。通常所说的功率就是指轴功率。轴功率通常由电测法确定，即用功率表测出原动机的输入功率 P_g'，则：

$$P = P_g \eta_d = P_g' \eta_g \eta_d \quad \text{kW} \tag{6-6}$$

式中 P_g、η_g——原动机输出功率及原动机效率；

η_d——传动效率，见表 6-3。

表 6-3 传动方式与传动效率

传 动 方 式	传 动 效 率
电动机直联传动	1.00
联轴器直联传动	0.98
V 带传动（滚动轴承）	0.95

③ 内功率 P_i 气体通过风机时，产生能量损失，如流动损失、内泄漏损失等，势必多耗功。实际用于气体的功率为有效功率与风机内部损失功率 ΔP_i 之和，称为内功率，即：

$$P_i = P_e + \Delta P_i \quad \text{kW} \tag{6-7}$$

内功率反映了叶轮的耗功，而轴功率则反映了整台风机的耗功。

④ 配用功率 P_T 为使原动机能安全运转，防止意外的超载而烧毁，在给风机配原动机的时候要增加一点安全裕量，即最后原动机的配用功率 P_T 为：

$$P_T = K \frac{P}{\eta_g \eta_d} \quad \text{kW} \tag{6-8}$$

式中 K——原动机的容量安全系数（原动机为电动机时 K 见表 6-4）。

表 6-4　电动机的容量安全系数

电动机功率 /kW	离 心 风 机		
	一般用途	灰尘	高温
<0.5	1.5		
0.5~1.0	1.4		
1.0~2.0	1.3		
2.0~5.0	1.2	1.2	1.3
>5.0	1.15		
>50	1.08		

注：电厂中风机所选用的电动机功率均远大于 5kW，为保险起见，其 K 值可选用 1.15。

(7) 效率

① 全压效率 η　为了表示输入的轴功率 P 被气体利用的程度，用有效功率与轴功率之比来表示风机的全压效率，简称效率：

$$\eta = \frac{P_e}{P} \tag{6-9}$$

风机在工作时内部存在各种能量损失，按其性质可分为机械损失、容积损失和流动损失三种。η 是评价风机性能好坏的一项重要指标。η 越大，说明风机的能量利用率越高，效率也越高，η 值通常由实验确定。一般前向叶轮的 $\eta = 0.7$，后向叶轮的 $\eta = 0.9$ 以上。

② 静压效率 η_{st}　风机的动压在全压中占较大比例，若不能较好地利用风机出口的动压，则将造成较大损失。因此，在衡量风机性能时，既要分析它的全压效率，还要看它的有用能如何。所以往往需要对静压的作用进行评价，故要用到静压效率 η_{st}：

$$\eta_{st} = \frac{P_{st}}{P} = \frac{q_V p_{st}}{P} \tag{6-10}$$

③ 内效率 η_i　全压内效率是风机的有效功率与内功率之比，用符号 η_i 表示：

$$\eta_i = \frac{P_e}{P_i} \tag{6-11}$$

相应风机静压内效率 η_{sti} 为风机静压有效功率 P_{st} 与风机内功率 P_i 之比，即：

$$\eta_i = \frac{P_{st}}{P_i} \tag{6-12}$$

(8) 转速 n

转速指风机叶轮每分钟的转数，常用的单位是 r/min。风机的转速一般为 1000~3000r/min，具体可参阅各风机铭牌上所标示的转速值。

例 6-1　某台离心风机运行时，由其入口 U 形管测压计读得 $h_v = 54.5$mmH$_2$O，出口 U 形管测压计读得 $h_g = 78$mmH$_2$O。已知风机入口直径 $d_1 = 600$mm，出口直径 $d_2 = 500$mm，输送的流量 $q_V = 12000$m^3/h，试求该风机的全压 p（设入、出口空气的密度相同，为 $\rho = 1.2$kg/m^3；取水的密度 $\rho_m = 1000$kg/m^3）。

解：

$$v_1 = \frac{q_V}{\pi d_1^2} = \frac{12000}{60 \times \pi \times (0.6)^2} = 176.84 \ (\text{m/s})$$

$$v_2 = \frac{q_V}{\pi d_2^2} = \frac{12000}{60 \times \pi \times (0.5)^2} = 254.77 \ (\text{m/s})$$

$$p = p_{2g} + p_{1v} + \frac{\rho v_2^2}{2} - \frac{\rho v_1^2}{2}$$

$$\approx \rho_m g h_g + \rho_m g h_v + \frac{\rho v_2^2}{2} - \frac{\rho v_1^2}{2}$$

$$= 1000 \times 9.8 \times 0.078 + 1000 \times 9.8 \times 0.0545 + \frac{1.2 \times 254.77^2}{2} - \frac{1.2 \times 176.84^2}{2}$$

$$= 21.48 \ (\text{kPa})$$

6.3.2 离心风机的性能曲线

离心风机的工作是以输送流量 q_V、产生全压 p、所需轴功率 P 及效率 η 来体现的。这些工作参数之间存在着相应的关系。当流量 q_V 或转速 n 变化时，就会引起其他参数相应的变化。

为了正确选择、使用离心风机，必须了解离心风机这些参数之间的相互关系。凡是将风机主要参数间的相互关系用曲线来表达，即称为风机的性能曲线。所以，性能曲线是在一定的进口条件和转速时，风机供给的全压、所需轴功率、具有的效率与流量之间的关系曲线。

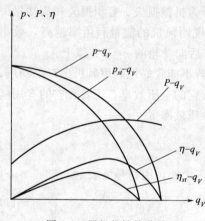

图 6-8 风机的性能曲线

风机的性能曲线有下述五条：①全压与流量的关系曲线 $p\text{-}q_V$；②轴功率与流量的关系曲线 $P\text{-}q_V$；③全压效率与流量的关系曲线 $\eta\text{-}q_V$；④静压与流量的关系曲线 $p_{st}\text{-}q_V$；⑤静压效率与流量的关系曲线 $\eta_{st}\text{-}q_V$。其中曲线 $p\text{-}q_V$ 和 $p_{st}\text{-}q_V$ 曲线是最主要的性能曲线，它反映着风机能否满足生产过程的需要；$P\text{-}q_V$ 曲线、$\eta\text{-}q_V$ 曲线和 $\eta_{st}\text{-}q_V$ 曲线反映着风机的工作效率和经济性。

离心风机的理论性能曲线与离心泵的理论性能曲线具有相同的特征，可参考前文离心泵的理论性能曲线。由于风机内部流动复杂，无法准确计算各项损失，因此实际性能曲线与理论性能曲线必然不同。但我们可以根据各项损失的定性分析，在理论性能曲线的基础上，估计出实际性能曲线的大致形状。为了使用方便，可将上述 5 条性能曲线画在同一图上，如图 6-8 所示。

风机的实际性能曲线需要通过实验的方法进行测定，通常由制造厂提供，供用户使用。

6.3.3 离心风机性能分析

6.3.3.1 最佳工况点与经济工作区

如图 6-8 所示，在性能曲线上，每一流量均有一组与之对应的全压、功率及效率等，这一组参数称为工况点。可以看出，风机的工况点有无数组。最高效率所对应的工况点，称为最佳工况点。它是风机运行最经济的一个工况。在最佳工况点左右的区域（一般不低于最高效率的 $0.85 \sim 0.9$），称为经济工况区或高效工况区。高效工况区越宽，风机变工况运行的经济性越高。一般认为，最佳工况点与设计工况点相重合。最佳工况点所对应的一组参数值，即为风机铭牌上所标出的数据。当阀门全部关闭时，$q_V = 0$、$p = p_0$、$P = P_0$，该工况称为空载工况，此时空载功率 P_0 主要消耗在机械损失上。

6.3.3.2　空载条件下启动

离心风机在空载时，所需轴功率（空载功率）最小，一般为设计轴功率的 30% 左右。在这种状态下启动，可避免启动电流过大，原动机超载。所以离心风机要在阀门全关的状态下启动，待运转正常后，再打开出口管路上的调节阀门。

6.3.3.3　后向式叶轮 $p\text{-}q_V$ 性能曲线的三种基本形状

对后向式叶轮，$p\text{-}q_V$ 曲线总的趋势一般是随着流量的增加，全压逐渐降低，不会出现∽形。但是，由于结构参数不同，使得后向式叶轮的性能曲线也有所差异。常见的有陡降型、平坦型和驼峰型三种基本类型，如图 6-9 所示。其性能曲线的形状是用斜度来划分的，即：

① 陡降型。如图中的 a 曲线，它的斜度为 25%～30%，当流量变化很小时，能头变化很大，因而适宜于流量变化不大而能头变化较大的场合。

② 平坦型。如图中的 b 曲线，它的斜度为 8%～12%，当流量变化较大时，能头变化很小，适用于流量变化大而要求能头变化小的场合。

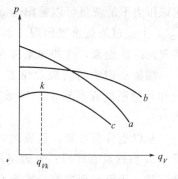

图 6-9　后向式叶轮 $p\text{-}q_V$ 性能曲线的三种基本性质

③ 驼峰型。如图中的 c 曲线，它不能用斜度表示。其特点是能头随流量的变化先增大而后减小。曲线上 k 点左侧为不稳定工作区，在该区域风机运行稳定性不好。所以在设计时应尽量避免这种情况，或尽量减小不稳定区。

6.4　离心风机的喘振

具有驼峰型 $p\text{-}q_V$ 性能曲线的离心风机在大容量管路系统中工作时，可能产生更为复杂的不稳定运行工况。风机的流量可能出现周期性大幅度时正时负的波动，引起整个系统装置周期性的剧烈振动，并伴随着强烈的噪声，这种不稳定运行工况通常称为喘振。

图 6-10 给出了具有驼峰状的 $p\text{-}q_V$ 性能曲线的某一风机。当风机在大容量的管路系统中工作时，若其工作点位于 $p\text{-}q_V$ 性能曲线下降段时，如图中 C 点，风机的风压变化能适应管路负荷的变化，工作是稳定的。当外界需要的流量增加至 q_{VB} 时，工作点从 C 移至 B 点，只要阀门开大，阻力减小些，此时工作仍然是稳定的。当外界需要的流量减少至 q_{VK} 时，此时阀门关小，阻力增大，对应的工作点为 K 点。

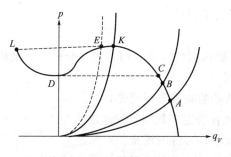

图 6-10　喘振现象

K 点为稳定工作的临界工况点，K 点左方即为不稳定工作区。若此时进行节流调节，流量继续减小到 $q_V < q_{VK}$，这时风机所产生的最大能头将小于管路中的阻力。然而由于管路容量较大，在这一瞬间管路中的压力并不马上降低。因此，出现管路中的压力大于风机所产生的能头。在这瞬间，管路中的气体就向风机倒流，风机的工作受到抑制，迫使风机流量从 K 点窜向 L 点。由于管路中的气体一方面向风机倒流，同时还向外供气，所以管路中的气流压力很快下降。气流流向低压，工作点很快由 L 点右移至 D 点，此时风机输出流量为零。由于风机在继续运行，管路中的压力已降低到 D 压力，从而风机又重新开始输出流量，对应该压力下的流量可以输出达 q_{VC}，即由 D 点又跳到 C 点。只要外界所需的流量保持小于 q_{VK}，上述过程会重复出现。如此周而复始，在整个系统中发生了周期性的轴向低频大振幅的气流振荡现象，这种现象称为风机的喘振。

喘振所造成的后果常常是十分严重的，气流出现脉动，产生强烈噪声；引起风机装置和管路系统强烈振动，导致密封及轴承损坏；使运动组件和静止组件相碰，造成严重事故。

从以上分析可知，造成大容量管路系统中风机易发生喘振的内因是其本身的性能缺陷，即 p-q_V 曲线具有驼峰；外因是用户使用不当，即风机在不稳定工况区的小流量下运行。因此，防止风机出现喘振的措施有以下几种。

① 大容量管路系统中尽量避免采用驼峰型 p-q_V 性能曲线，而应采用 p-q_V 性能曲线平直向下倾斜的风机。

② 使流量在任何条件下不小于 q_{VK}。如果装置系统中所需要的流量小于 q_{VK} 时，可设置再循环管，使部分流出量返回吸入口，或自动开启放空阀向空气排放，使风机的出口流量始终大于 q_{VK}。

③ 采用适当的调节方式，缩小风机性能曲线上的不稳定段。

实训　离心风机的拆装

(1) 实训的目的

① 提高对离心风机结构和工作原理的感性认识，通过对设备的拆装训练进一步强化对设备结构和性能的了解，将实物与书本知识有机地结合起来，并熟悉常用离心风机的构造、性能、特点。

② 通过对离心风机的拆装训练，掌握离心风机的拆装方法与步骤，熟悉常用工具的使用。有利于将从书本中学来的间接经验转变为自己的直接经验，为将从事的工作诸如设备的安装、维护、修理等打好基础。

③ 通过集体实训，共同分析和讨论相关的问题，如拆装过程中出现问题的排除、矛盾现象的分析等，以训练良好的工作技能。

(2) 实训要求与步骤

拆卸风机之前，先要了解风机的外部结构特点，分析出拆风机的次序。

① 离心风机的拆卸步骤。

a. 断开电源，拆下传动端的联轴器（或带）。

b. 拆下风机与进、出风管的连接软管（或连接法兰）。

c. 将轴承托架的螺栓卸下，再拆下托架。

d. 拆下风机两侧的地脚螺栓，使整个风机机体从减振基础上拆下。

e. 拆下吸入口、机壳。

f. 拆开锁片，将锁片板上的 3 枚紧固螺钉拧下，从轴上拆下销片。

g. 卸下叶轮、轴和轴承装置。

h. 拆下轮毂机座（要注意垫好才能拆下）。

i. 从机壳上拆下支架和截流板。

拆卸时应注意，将卸下的机械零件按一定的顺序放置好，等检查或清洗完相关的零部件后再装机。

② 拆完之后，重点了解以下内容并做记录。

a. 所拆风机的型号、性能参数。

b. 构成部件名称。

c. 有无蜗舌。

d. 叶轮的结构形式与叶型。

e. 吸入口、排出口、转向等的区分。

f. 与电动机的连接方式。

g. 单吸风机与双吸风机的差异。

③ 离心风机的组装。

组装时按照先将零件组装成部件、再把部件组装成整机的规则，并按照与拆机相反的顺序进行。装好的风机必须装回其原来的位置。

整机安装时应注意以下事项。

a. 风机轴与电机轴的同轴度，通风机的出口接出风管应顺叶轮旋转方向接出弯头，并保证弯头的距离大于或等于风机出口尺寸的 1.5～2.5 倍。

b. 装好的风机进行试运转时，应加上适度的润滑油，并检查各项安全措施。盘动叶轮，应无卡阻现象，叶轮旋转方向必须正确，轴承温升不得超过 40℃。

④ 提出问题并讨论。

⑤ 提交实训记录和体会。

(3) 实训设备和器材

本实训主要设备是装在空调管路中的离心风机或单体离心风机。风机可以是直联式或与电动机联轴器连接式的。

每组所用的器材主要包括：一字及十字螺钉旋具各 1 把，钳子 1 把，活扳手 1 把，记号笔，动平衡检测仪表，记录用纸等。

习题与思考题

6-1　离心风机的主要组成有哪些，分别有何作用？

6-2　离心风机的基本性能参数有哪些？

6-3　离心风机的性能参数中，全压、动压和静压分别是如何规定的？

6-4　不同叶型的离心风机各有何特点？举例说明不同叶型的离心风机的应用场合。

6-5　离心风机为何要空载启动？

6-6　离心风机发生喘振的原因和预防措施是什么？

6-7　某一风机装置，送风量为 19000m³/h，吸入风道的压强损失为 686.6Pa，压出风道的压强损失为 392.3Pa，风机效率为 75%。试求风机的全压及轴功率。

6-8 某一送风机，其全压为 1962Pa，产生 $q_V = 40m^3/min$ 的风量，其全压效率为 60%，试求其轴功率。

6-9 某系统中离心风机可以在以下两种工况下工作：工况 1（流量 $q_V = 70300m^3/h$，全压 $p = 1441.6Pa$，轴功率 $P = 33.6kW$）；工况 2（流量 $q_V = 37800m^3/h$，全压 $p = 2038.4Pa$，轴功率 $P = 25.4kW$）。问该风机在哪种工况下运行较为经济？

6-10 离心风机转速 $n = 1450r/min$，流量 $q_V = 1.5m^3/min$，风机的全压 $p = 1.2kPa$，$\rho = 1.2kg/m^3$。今用它输送密度 $\rho = 0.9kg/m^3$ 的烟气，风压不变，则它的转速应为多少？实际流量为多少？

第7章

离心风机的运行及工况调节

7.1 离心风机管道系统特性曲线

风机管路系统中，由于通流的是气体，通常用单位体积流体在管路中流动时所需的能量来表示，即 $p_c = \rho g H_z + p_B - p_A + \rho g h_w$。由于气体密度很小，且吸入风道入口及压出风道出口处压强差一般都很小，如火电厂中送风机从大气中吸入空气送入微负压炉膛，引风机将炉膛烟气抽出送至烟囱出口的大气中等。故取 $H_z = 0$，$p_B \approx p_A$，管路系统中流体流动所需压头可写为：

$$p_c \approx \rho g K q_V^2 = k' q_V^2 \tag{7-1}$$

式(7-1)描述的是风机管路系统中通过的流量与单位体积流体必须具有的能量之间的关系，即风机管路通流特性曲线方程。图 7-1 所示的通过坐标原点的二次抛物线为风机管路特性曲线。

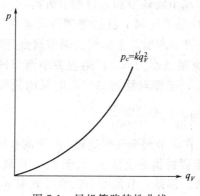

图 7-1 风机管路特性曲线

7.2 离心风机的运行工况与调节

7.2.1 离心风机运行工况点的确定

与确定离心泵的工况点方法相似，根据能量供求关系，将风机输送工作管路的特性曲线按同一比例绘于风机工作转速的性能曲线图上，则管路特性曲线与风机性能 $p-q_V$ 曲线的交点 M 即为总工作点。虽然全压能用来反映风机总能量，但全压中动能往往占有较大的比例，而真正克服管路阻力的是全压中的压能部分。当管路阻力较大时，用全压来确定工作点难以满足系统的要求，因而有时用静压流量曲线 p_{st}-q_V 与管路特性曲线的交点 N 来表示风机的工作点，如图 7-2 所示。

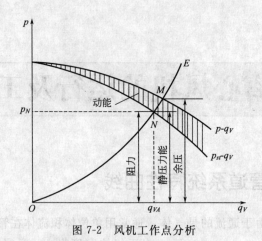

图 7-2　风机工作点分析

7.2.2　离心风机定速运行工况点的调节

运行工况点调节的实质就是改变工作点的位置，由于风机的工作点为 p-q_V 曲线与管路特性曲线的交点，所以，调节的途径就是通过改变风机自身性能或管路特性使工作点移动，从而达到调节运行工况的目的。其具体的调节方法如下。

(1) 节流调节

节流调节即通过改变管路系统中阀门或挡板的开度，使管路特性曲线变化来改变工作点的调节方法。节流调节分出口端节流调节和入口端节流调节。

① 出口端节流调节　出口端节流调节就是将调节阀装在风机的压出管路上，改变调节阀的开度进行工况调节。如图 7-3 所示，Ⅰ曲线为调节阀全开时管路系统的特性曲线，此时的工作点为 M。若需将泵的流量减小为 q_{VA}，则应关小调节阀开度，阀门局部阻力系数增大，使管路特性曲线上扬为Ⅱ，工作点移到 A。此时泵的流量为 q_{VA}，全压为 p_A，运行效率为 η_A。风机所需的轴功率为：$P_A = \dfrac{q_{VA} p_A}{1000 \eta_A}$。

由图 7-3 可知，管路系统在调节阀全开时通过 q_{VA} 所需要的能量为 p_B，但调节阀关小后在管路中通过相同的流量所需要提供的全压 p_A 大于 p_B，则风机多提供的能量 Δp 是消耗在调节阀上额外产生的节流损失。因此，节流调节的实际效率 η'_A 小于其运行效率 η_A，即

$$\eta'_A = \frac{p_A - \Delta p}{p_A} \eta_A = \frac{p_B}{p_A} \eta_A \tag{7-2}$$

所以，节流调节运行经济性较差，但其调节设备简单，操作方法可靠。

② 入口端节流调节　入口端节流调节即通过改变入口挡板，使风机的性能和管路系统特性同时发生变化来改变工作点的调节方法。如图 7-4 所示，当关小风机入口挡板的开度使流量为 q_{VB} 时，工作点为 B。而采用出口端节流调节时，工作点为 C。可以看出，节流损失 $\Delta p_1 < \Delta p_2$，即入口端节流调节的经济性高于出口端节流调节。

(2) 入口导流器调节

入口导流器调节是离心风机普遍采用的一种调节方法，它是通过改变风机入口导流器导

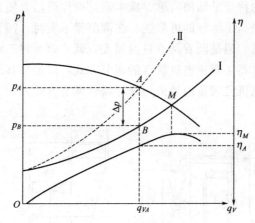

图 7-3 风机出口端节流调节分析

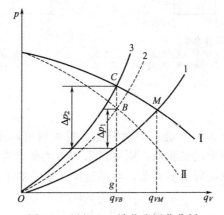

图 7-4 风机入口端节流调节分析

叶的安装角来改变气流进入叶轮的方向，使风机性能发生变化而改变输出流量的调节方法。如图 7-5 所示，当导流器全开时，气流径向进入叶轮，风机的全压和流量最大，其性能曲线如图 7-5 中的 α_1 曲线所示。若转动导流器导叶的安装角，使进入叶轮气流的角度减小，则风机的全压和流量均减小，其相应的性能曲线如图 7-5 中的 α_1' 曲线所示。同理，继续减小导叶安装角，则风机的性能曲线将随之改变为 α_1''、α_1'''、… 相对应的曲线。风机的工作则由 A 点一次变更为 B、C、D 等各点，从而使流量得到调节。

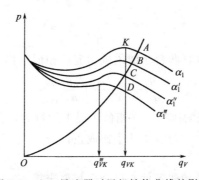

图 7-5 入口导流器对风机性能曲线的影响

如图 7-6 所示，入口导流器有轴向导流器和径向导流器两种。一般前者的调节效率高于后者。入口导流器调节的特点是结构简单、成本低，操作灵活方便且调节后驼峰性能有所改善，稳定工况区扩大，提高了运行的可靠性。在调节量不大时（70％～100％），调节的附加阻力较小，调节效率较高。但是随着调节量的加大，调节效率将不断降低。因此，调节范围大的离心风机常采用导流器加双速电机联合的调节方式，以提高其调节效率。目前电厂中大型机组的离心式送、引风机已较普遍地采用这种联合调节方式。

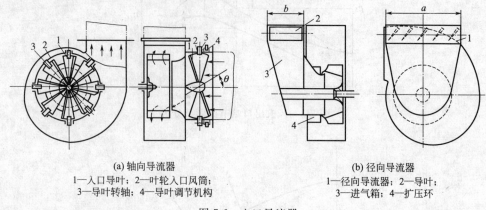

(a) 轴向导流器
1—入口导叶；2—叶轮入口风筒；
3—导叶转轴；4—导叶调节机构

(b) 径向导流器
1—径向导流器；2—导叶；
3—进气箱；4—扩压环

图 7-6 入口导流器

（3）变速调节

变速调节的方法很多，火力发电厂的锅炉送、引风机可以采用汽轮机驱动进行变速调节。如果锅炉送、引风机由电动机驱动，则可以采用液力偶合器或变频调速进行变速调节，还可采用双速电动机加装轴向导流器调节。归结起来，表示如下：

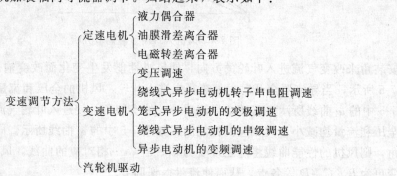

7.2.3 风机相似定律

（1）流量相似定律

与泵的流量相似定律一致，两台相似风机的流量相似定律为

$$\frac{q_V}{q_{Vm}} = \left(\frac{D_2}{D_{2m}}\right)^3 \frac{n}{n_m} \frac{\eta_V}{\eta_{Vm}} \tag{7-3}$$

式(7-3)表明，几何相似的风机，在相似工况下运行时，其流量之比与几何尺寸比的三次方成正比，与转速比成正比，与容积效率比成正比。

（2）全压相似定律

同理，根据全压关系式及相似条件推得全压相似定律：

$$\frac{p}{p_m} = \frac{\rho}{\rho_m} \left(\frac{D_2}{D_{2m}}\right)^2 \left(\frac{n}{n_m}\right)^2 \frac{\eta_h}{\eta_{hm}} \tag{7-4}$$

式(7-4)表达了几何相似的风机在相似工况下运行时,其全压之比与流体密度比成正比,与几何尺寸比的平方成正比,与转速比的平方成正比,与流动效率比成正比。

(3) 功率相似定律

由功率关系式推得功率相似定律:

$$\frac{P}{P_m}=\frac{\rho}{\rho_m}\left(\frac{D_2}{D_{2m}}\right)^5\left(\frac{n}{n_m}\right)^3\frac{\eta_{mm}}{\eta_m} \tag{7-5}$$

式(7-5)表达了几何相似的风机,在相似工况下运行时,其功率之比与几何尺寸比的五次方成正比,与转速比的三次方成正比,与流体密度比成正比,与机械效率比成反比。

工程实际中,当相似风机的几何尺寸比不太大,转速较高且相差不太大时,可以近似认为相似工况的 3 种局部效率分别相等,则上述关系式可化简为:

$$\frac{q_V}{q_{Vm}}=\left(\frac{D_2}{D_{2m}}\right)^3\frac{n}{n_m}$$

$$\frac{p}{p_m}=\frac{\rho}{\rho_m}\left(\frac{D_2}{D_{2m}}\right)^2\left(\frac{n}{n_m}\right)^2\frac{\eta_h}{\eta_{hm}}$$

$$\frac{P}{P_m}=\frac{\rho}{\rho_m}\left(\frac{D_2}{D_{2m}}\right)^5\left(\frac{n}{n_m}\right)^3 \tag{7-6}$$

值得注意的是,当泵的几何尺寸及转速比较大时,按式(7-6)计算的结果误差较大。

7.2.4　风机的比例定律

把两台完全相同的风机在相同条件下输送同种流体,仅仅转速不同,则由相似定律可知:

$$\frac{q_V}{q_{Vm}}=\frac{n}{n_m}$$

$$\frac{p}{p_m}=\left(\frac{n}{n_m}\right)^2$$

$$\frac{P}{P_m}=\left(\frac{n}{n_m}\right)^3 \tag{7-7}$$

式(7-7)即为风机的比例定律。其意义与离心泵的比例定律一样,不再赘述。

由风机的比例定律可知

$$\frac{p_1}{p_2}=\left(\frac{q_{V1}}{q_{V2}}\right)^2=\left(\frac{n_1}{n_2}\right)^2$$

即

$$\frac{p_1}{q_{V1}^2}=\frac{p_2}{q_{V2}^2}=\cdots=K'$$

则风机的比例曲线方程为:

$$p=K'q_V^2 \tag{7-8}$$

7.2.5　风机的比转速

风机的比转速习惯用 n_y 表示,它与泵的比转速性质完全相同,只是将扬程改为全压,并用下式计算

$$n_y=\frac{n\sqrt{q_V}}{p^{3/4}}\text{或}\ n_y=\frac{n\sqrt{q_V}}{p_{20}^{3/4}} \tag{7-9}$$

式中　q_V——风机设计工况的单吸流量,m^3/s,双吸叶轮时以 $q_V/2$ 代替 q_V 计算;

n——风机的工作转速，r/min；

p——风机的全压，Pa；

p_{20}——标准状态下（$t=20℃$，$p=1.01325×10^5\,\text{Pa}$）风机设计工况的全压，Pa。

当进口是非标准进气状态，应将实际状态下的全压 p 换算成标准状态的全压 p_{20}，换算关系式为

$$\frac{p_{20}}{\rho_{20}}=\frac{p}{\rho} \tag{7-10}$$

式中　p_{20}、ρ_{20}——标准进气状态时，风机产生的全压和气体密度；

　　　p、ρ——实际状态下风机产生的全压和气体密度。

空气在标况下，$\rho_{20}=1.2\,\text{kg/m}^3$，所以

$$p_{20}=\rho_{20}\frac{p}{\rho}=1.2\frac{p}{\rho} \tag{7-11}$$

将式（7-11）代入式（7-9）中，得

$$n_y=\frac{n\sqrt{q_V}}{p_{20}^{3/4}}=\frac{n\sqrt{q_V}}{(1.2\,p/\rho)^{3/4}} \tag{7-12}$$

如果是多级风机，则

$$n_y=\frac{n\sqrt{q_V}}{\left(\dfrac{p_{20}}{i}\right)^{3/4}}=\frac{n\sqrt{q_V}}{\left(\dfrac{1.2\,p/\rho}{i}\right)^{3/4}} \tag{7-13}$$

式中　i——叶轮的级数。

7.2.6　风机无因次性能曲线

比转速解决了不同类型风机最佳工况的性能比较问题，但在风机的选择和比较时，需要对不同类型的风机的整体性能进行比较。为了选择、比较和设计风机，采用一系列无因次参数。无因次参数去掉了各种计量单位的物理性质。用无因次参数可绘制无因次性能曲线。因为这些参数去除了计量单位的影响，所以对每一种类型的泵，仅有一组无因次性能曲线。无因次性能曲线与计量单位、几何尺寸、转速、流体密度等因素有关，所以使用起来十分方便。无因次性能曲线，在风机的选型设计计算中应用尤为广泛。

(1) 无因次参数

① 流量系数 $\overline{q_V}$　由流量相似定律变形可得

$$\frac{q_{Vm}}{D_{2m}^3 n_m}=\frac{q_V}{D_2^3 n}=常数$$

上式两端各除以 $\dfrac{\pi}{4}\times\dfrac{\pi}{60}$，并令 $u_2=\dfrac{\pi D_2 n}{60}$，$A_2=\dfrac{\pi D_2^2}{4}$，得

$$\frac{q_{Vm}}{A_{2m}u_{2m}}=\frac{q_V}{A_2 u_2}=常数$$

令

$$\overline{q_V}=\frac{q_V}{A_2 u_2} \tag{7-14}$$

式中　A_2——叶轮投影面积，m^2；

　　　u_2——叶轮出口的圆周速度，m/s。

相似的风机，其流量系数 $\overline{q_V}$ 应该相等，且是个常数，即一个流量系数值代表了对应的无数个相似工况的实际流量；工况（q_V）改变时，流量系数值也相应改变，即流量系数可反映相似风机实际流量的变化规律。流量系数大，表明风机所输送流体的流量大。

② 全压系数 $\overline{p}$　同理，由相似全压定律变形可得

$$\frac{p_m}{\rho_m D_{2m}^2 n_m^2} = \frac{p}{\rho D_2^2 n^2} = 常数$$

上式两端同除以 $\left(\dfrac{\pi}{60}\right)^2$，取 $u_2 = \dfrac{\pi D_2 n}{60}$，可得

$$\frac{p_m}{\rho_m u_{2m}^2} = \frac{p}{\rho u_2^2} = 常数$$

令

$$\overline{p} = \frac{p}{\rho u_2^2} = 常数 \tag{7-15}$$

相似的风机，其全压系数 $\overline{p}$ 应该相等，且是个常数，即一个全压系数值代表了对应的无数个相似工况的实际全压；工况（p）改变时，全压系数值也相应改变，即全压系数可反映相似风机实际全压的变化规律。全压系数大，表明风机所输送流体的压力大。

③ 功率系数 $\overline{P}$　同理，由功率相似定律变形可得

$$\frac{P}{\rho_m D_{2m}^5 n_m^3} = \frac{P}{\rho D^5 n^3} = 常数$$

将上式两端同除以 $\dfrac{\pi}{4}\left(\dfrac{\pi}{60}\right)^3$，并乘以 1000 得

$$\frac{1000P}{\rho_m A_{2m} u_{2m}^3} = \frac{1000P}{\rho A_2 u_2^3} = \overline{P} = 常数 \tag{7-16}$$

$\overline{P}$ 同样是一个常数，且为无因次的量，其意义与上述两系数相同，不再赘述。

④ 效率 η　风机的效率 η 本身为无因次量，但如用无因次系数来计算 η，其计算式为

$$\overline{\eta} = \frac{\overline{q_V}\,\overline{p}}{\overline{P}} = \frac{p q_V}{1000P} = \eta \tag{7-17}$$

⑤ 比转速 n_y　用无因次参数亦可计算风机的比转速 n_y。

因 $n = \dfrac{60u_2}{\pi D_2}$；$q_V = \dfrac{\pi D_2^2}{4} u_2 \overline{q_V}$；$p = \rho u_2^2 \overline{p}$；$p_{20} = \rho_{20}\dfrac{p}{\rho}$

所以，根据式(7-9)可得

$$n_y = \frac{60\,\dfrac{u_2}{\pi D_2}\sqrt{\dfrac{\pi D_2^2}{4} u_2 \overline{q_V}}}{(\rho u_2^2 \overline{p})^{3/4}} = \frac{30}{\sqrt{\pi}\,\rho^{3/4}}\frac{\sqrt{\overline{q_V}}}{\overline{p}^{3/4}} \tag{7-18}$$

对于标准进气状态，空气在大气压 $1.01325 \times 10^5\,\mathrm{Pa}$，温度 $t = 20℃$，相对湿度 50% 时，密度 $\rho_{20} = 1.2\,\mathrm{kg/m^3}$，则

$$n_y = 14.8\,\frac{\sqrt{\overline{q_V}}}{\overline{p}_{20}^{3/4}} \tag{7-19}$$

无因次系数 $\overline{q_V}$、$\overline{p}$、$\overline{P}$、η、n_y 都是相似特征数，因此凡是相似的风机，不论其尺寸大小如何，在相应的最高效率工况点上，它们的无因次系数都相等。

(2) 无因次性能曲线

几何相似的风机采用无因次系数（$\overline{q_V}$、$\overline{p}$、$\overline{P}$、η、n_y），以 $\overline{q_V}$ 为自变量，以其他无因次

参数为函数绘制而成的一组平面曲线称为无因次性能曲线。

无因次性能曲线可由实验获得，也可由某原型风机的性能曲线求得，具体做法是：由实验测定（或由原性能曲线读得）某风机在某一固定转速下，不同工况点的若干组 q_V、p、P、及 η 值，然后由式(7-14)～式(7-17) 计算相应工况的 $\overline{q_V}$、$\overline{p}$、$\overline{P}$、η，以 $\overline{q_V}$ 为横坐标，以 $\overline{p}$、$\overline{P}$、η 为纵坐标，即可绘制一组无因次性能曲线 $\overline{p}$-$\overline{q_V}$、$\overline{P}$-$\overline{q_V}$、η-$\overline{q_V}$。图 7-7 即为 6-5.42 型风机的无因次性能曲线。

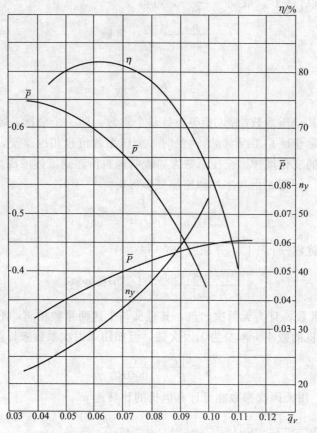

图 7-7　6-5.42 型风机的无因次性能曲线

彼此相似的风机，属于同一类型，它们的无因次性能曲线只有一组。不同类型的风机，有不同的无因次性能曲线，选择时只需根据这些无因次性能曲线进行比较，择优而取。

理论上，无因次性能曲线不因风机的大小、转速及输送流体种类的变化而变化，即一系列几何相似风机的无因次性能曲线相同。应该指出，有时同系列的两台风机的大小悬殊，或风机尺寸很小时，实测作出的无因次性能曲线并不完全相同。即同系列风机虽然大体上是几何相似的，但实际上风机通流部分的壁面粗糙度、动静间隙等不可能也同时保持几何相似，结果，小尺寸风机相对的表面粗糙度和泄漏损失就要大些。这种实际上的几何相似，使其无因次性能曲线也有所不同，故不能对应地重合在一起。

实际应用中，需将无因次性能曲线按实际转速、几何尺寸和被输送气体的密度换算出风机的实际工作性能曲线。换算公式如下

$$q_V = A_2 u_2 \overline{q_V} \tag{7-20}$$

$$p = \rho u_2^2 \overline{p} \tag{7-21}$$

$$P = \frac{\rho A_2 u_2^3}{1000} \overline{P} \tag{7-22}$$

在工作风机相应的无因次性能曲线上读出若干组参数，根据上式求出每组的实际性能参数，选择合适的坐标系描点并光滑连接便可得到该风机的实际性能曲线。

7.3　离心风机的联合运行

7.3.1　离心风机的串联运行

两台或两台以上的离心风机首尾相连向同一条管道输送气体的运行方式，称为离心风机的串联。串联运行的主要目的是增加输送流体的全压。工程实际中，通常在以下情况采用这种方式：设计或制造一台高全压风机困难时；在改建或扩建工程中，原有风机的全压不足时；工作中需要分段升压时。

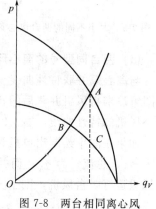

图 7-8　两台相同离心风机串联特性曲线

（1）两台同型号的离心风机串联

如果两台风机相同，串联运行的整体性能特点是：整个系统的输出流量等于单台风机的流量，输出全压为每台风机全压之和。所以，其运行曲线可在风机特性曲线图中，按等流量下全压叠加而获得，如图 7-8 所示。由图可知，两台风机串联运行时，系统中的全压提高了，这样每台风机有充裕的能力把更多的气体送入管道，造成每台风机的流量 q_{VC} 大于单独运行 1台风机时的流量，而全压正好相反。

从提高全压的角度考虑，离心风机的串联最好应用在阻力较大的管道中，因为管道阻力越大，管路系统特性曲线就越陡峭，其增压效果就越好；否则得不到好的增压效果。

（2）两台不同型号的离心风机串联

如果是大、小不同的两台离心风机串联运行，如图 7-9 所示，图中曲线 1、2 分别为大、小离心风机的特性曲线，曲线 3 为串联后的特性曲线。如果工况点在 A 点，则串联效果较好，流量、全压均有所增加。如果工况点在 B 点，则风机 2 即使运行也不起作用。如果工况点在 C 点，由图可知，此时两台风机 1、2 单独工作时的工况点分别为 C_1 和 C_2，显然 C_2起到了反作用，即大风机 1 产生的流量、全压通过小风机 2 时漏出去一部分，最后使两风机串联运行在 C 点。实际上，小风机 2 在这里已成为阻力。

另外，大、小离心风机串联时必须是大风机向小风机输气；如果反过来安装，大风机的吸入口将出现气流不足、气压过低，最终导致串联的风机不能正常工作。

7.3.2　离心风机的并联运行

两台或两台以上离心风机从同一进气管道或进气室吸气，并同时向同一管道送气的运行方式，称为离心风机的并联运行。并联运行的主要目的是增加输送流体的流量。工程实际中，需要采用并联运行的情况是：设计制造大流量离心风机困难较大时；运行中系统需要的流量变动较大，采用一台大型的风机运行经济性差时；分期建设工程中，要求保证第一期工程所用的风机经济运行，又要在扩建后满足流量增长需要时。

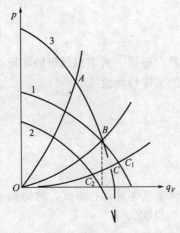 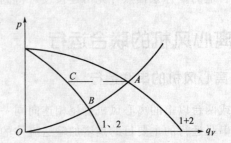

图 7-9　大小不同的两台离心风机的串联特性　　图 7-10　两台同型号离心风机的并联特性曲线

（1）两台同型号的离心风机并联

与离心泵并联特性曲线获得方法相同，按并联后全压不变、两风机流量叠加的原则，通过图解法求得风机并联后的特性曲线，如图 7-10 所示。图中，"1"、"2"为两台单独运行的离心风机的特性曲线，"1+2"为两台离心风机并联运行时的特性曲线。

如果在图中绘制出风机管路系统特性曲线，即可得出并联时的工况点 A，此时系统总全压为 p_A、总流量为 q_A；而并联时各单机的工况点为 C，其全压 $p_C=p_A$、流量 $q_C=q_A/2$。如果只运行 1 台风机，则工况点为 B，相应的全压、流量为 p_B、q_B。

由图 7-10 可知，$q_A>q_B$，$p_A>p_B$，即并联后系统中的流量和全压均增加了。但是，$q_B>q_C$，$p_B<p_C$，即并联时每台风机的流量小于单开 1 台风机时的流量，而并联时每台风机的全压却大于单开 1 台时的全压。可见，两台同型号的离心风机并联后，其总流量并非是单台风机独立运行时流量的 2 倍而是小于 2 倍，也就是说，并联后流量并没有达到多出 1 台风机的流量的程度。

离心风机并联后流量增加程度的大小，与风机管路系统特性曲线的陡峭程度有关。管路系统特性曲线越陡（阻抗越大），并联后增加的流量就越小；反之，增加的流量就越大。所以，如果是为了增加流量而采用并联，最好是用在管路阻力较小的系统中，否则，可能使得并联显得不合算。

（2）两台不同型号离心风机的并联

如图 7-11 所示，曲线 3 为一大一小两台离心风机并联运行时的特性曲线。如果管路系统的特性曲线为 4，则并联工况点为 B，这时小风机 1 虽然也在运转，但根本不能输送气体，实际上不起作用，其中的气体只是在风机内部往复旋转而发热，只有大风机 2 在系统中输送气体。

如果管路系统特性曲线为 5，则工况点在 C 点，虽然大、小两台风机都在运转，但是系统中的实际全压 p_C 小于单独一台大风机 2 工作的全压 $p_{C'}$，流量 $q_C<q_{C'}$。此时，小风机 1 实际上是工作在反转状态，其叶轮反转导致出气倒流，流量为负值。这在离心风机并联送风系统中一定要避免。

如果管路系统特性曲线为 6，则并联工况点为 A，其流量、全压都比单开 1 台风机时要大，这时并联才收到实效。

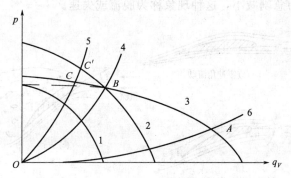

图 7-11　两台不同型号的离心风机并联特性曲线

7.3.3　离心风机串联与并联运行的比较

　　同一管路系统中,与风机独立运行比较,串联运行时,全压增大的同时流量也增加了;并联运行时流量增加的同时全压也增加了。在实际应用中,离心风机采用并联还是串联的关键在于管路系统特性的陡峭程度不同。如图 7-12 所示,B 为并联与串联的分界点。如果管路系统特性曲线位于 B 点左侧,即水力损失大的管道,串联的流量(如 C 点)大于并联;反之,如果管路系统特性曲线位于 B 点右侧,即水力损失小的管道,其并联流量(如 D 点)大于串联流量。

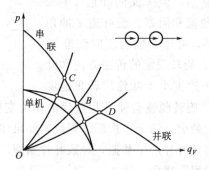

图 7-12　离心风机串联与并联比较

　　因此,工程实际中,选择风机联合工作方式时,尤其是性能相同的风机联合工作方式的选择,应结合具体的管路系统具体分析,并在此指导下对风机的运行做出适当的调节,使并联或串联获得最大的效果。一般而言,管路流动阻力大,串联效果好;反之并联效果好。

7.3.4　离心风机运行中的几个问题

　　(1) 风机旋转脱流

　　① 脱流现象　如图 7-13 所示,流体绕流机翼型叶片流动,在零冲角(叶片安装角与流体入口角之差称为冲角)下,即气流完全贴着叶片呈流线型流动,此时流体只受叶片表面摩擦阻力影响,离开叶片时基本不产生旋涡,如图 7-13(a) 所示。随着冲角的增大,开始在叶片后缘附近产生旋涡,此时流体在叶片表面 A 点分离,如图 7-13(b) 所示。随着冲角的增大,分离点 A 逐渐向前移动,尾部旋涡范围逐渐增大,阻力增加,升力减小。当冲角增加到某一个临界值时,在叶片凸面的流动遭到破坏,边界层严重分离,如图 7-13(c) 所示,此

时阻力大大增加，升力急剧减小，这种现象称为脱流或失速。

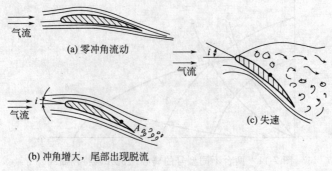

(a) 零冲角流动

(b) 冲角增大，尾部出现脱流

(c) 失速

图 7-13　流体绕流叶片和脱流的产生

　　② 旋转脱流（旋转失速）　在叶轮叶栅上，流体对每个叶片的绕流情况不可能完全一致，因此脱流也不可能在每个叶片上同时产生。一旦某一个或某些叶片上首先脱流，就会在整个叶栅上逐个叶片地传播，这种现象称为旋转脱流。如图 7-14 所示，假设叶道 2 首先由于脱流而产生了阻塞，流体只好分流挤入叶道 1 和 3，改变了流体原来的流动方向。叶道 1 流体冲角减小，处于正常流动；而叶道 3 流体冲角增大，发生了脱流和阻塞。叶道 3 阻塞后，流体又向叶道 4 和 2分流，结果又使叶道 4 发生脱流和阻塞，而叶道 2 冲角减小，恢复正常流动。就这样，叶道 2 的脱流向流道 3、4、…传播，形成了旋转脱流。旋转脱流的传播方向和叶轮旋转方向相反，而传播的角速度小于叶轮旋转角速度

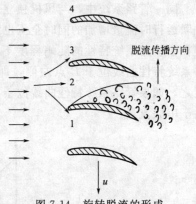

脱流传播方向

图 7-14　旋转脱流的形成

（为 30%～80% 的转子转速）。旋转脱流会使叶片前后的压力变化，这样使叶片受到交变力的作用。交变力会使叶片产生疲劳，乃至于损坏。同时，如果作用在叶片上的交变力频率接近或等于叶片的固有频率，将使叶片产生共振，导致叶片断裂。

（2）风机并联工作的"抢风"现象

　　与两台离心泵并联运行"抢水"现象一样，当两台风机并联运行时，有时也会出现一台风机流量特别大、而另一台风机流量特别小的现象，若稍加调节则情况可能刚好相反，原来流量大的反而减小。如此反复下去，使之不能正常并联运行，这种现象称为"抢风"现象。

　　从风机性能曲线分析，具有马鞍形或驼峰型性能曲线的风机并联运行时，可能出现"抢风"现象。如图 7-15 所示，两台风机并联工作合成点若在 M 点，则两台风机工况相同，工作点均为 A，不会发生"抢风"现象。而如果关小挡板或阀门的开度，工作点可能落在"∞"形区域内，此时风机的工作点可能是 M_1 或者是 L 点。若工作点为 M_1，每台风机所对应的工作点 A_1 相同，不过这是暂时的，因为 A_1 为性能曲线驼峰顶点，两台风机处于稳定并联运行的极限情况。如果两台风机的管路阻力或者系统流量稍有波动，就会使风机工作点为 L，此时一台风机的工作点为稳定工况区较大流量的 L_2 点，属于正常工作，而另一台风机的工作点为较小流量的 L_1 点，处于不稳定工作状态。严重时一台风机流量特别大，而另一台风机却出现倒流，而且不时地相互倒换，使风机的并联运行不稳定。

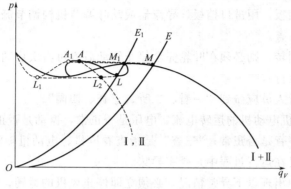

图 7-15　并联风机的"抢风"现象

7.4　离心风机的运行与维护

7.4.1　离心风机的运行

相对于离心泵而言，离心风机结构简单，运行时没有离心泵运行时的特殊要求，如不必考虑汽蚀，也不存在允许吸上真空高度的问题等。

(1) 离心风机启动

① 启动前的准备与检查　风机启动前应进行认真的检查，检查的内容有以下方面。

a. 检查润滑油的名称、型号、主要性能和加注量是否符合要求，并确认油路畅通。

b. 通过联轴器或传动带等盘动风机，以检查风机叶轮是否有卡住或摩擦现象。

c. 检查风机机壳内、联轴器附近、带罩等处是否有影响风机转动的杂物，若有则应清除。同时应检查（带传动带时）传动带的松紧程度是否合适。

d. 检查通风机、轴承座、电动机的基础地脚螺栓或风机减振支座及减振器是否有松动、变形、倾斜、损坏现象，如有则应进行处理。

e. 确认电动机的转向与风机的转向是否相符，检查风机的转向是否正确。

f. 关闭作为风机负荷的风机入口阀或出口阀。

g. 如果驱动风机的电动机经过修理或更换时，则应检查电动机转速与风机是否匹配。

对于新安装或经大修过的离心风机，还要进行试运转检查，风机试运转时应符合以下要求。

a. 启动电动机，各部位应无异常现象和摩擦声才能进行运转。

b. 风机启动达到正常转速后，应首先在调节阀门开度为 0～5°之间小负荷运转，待轴承温升稳定后连续运转时间不应小于 20min。

c. 小负荷运转正常后，应逐渐开大调节阀，但电动机电流不得超过其额定值，在规定负荷下连续运转时间不应小于 2h。

d. 具有滑动轴承的大型离心风机，在负荷试运转 2h 后应停机检查轴承。轴承应无异常，当合金表面有局部研伤时应进行修整，然后连续运转不小于 6h。

e. 试运转中，滚动轴承温升不得超过环境温度 40℃；滑动轴承温度不得超过 65℃，轴承部位的振动速度有效值不应大于 $6.3×10^{-3}$ m/s。

② 启动　完成所有检查工作后，可合闸启动风机。启动过程中，应监视启动电流，检

查轴承润滑油流、轴承温度，注意振动和异音。如果启动运行正常，待转速达到额定值后，即可全开风机的出口挡板，用进口挡板、导流器或动叶调节机构调节流量。如启动后发现不正常，必须立即停机检查。

如果风机的叶轮倒转，则必须在叶轮完全停止转动后方可再次启动风机。

（2）离心风机的运行

风机运行时，运行人员应做到"一看、二听、三查、四闻"。

"一看"是指看风机电动机的运转电流、电压是否正常，振动是否正常；"二听"是指听风机及电动机的运行声音是否正常；"三查"是指查看风机、电动机轴温是否正常；"四闻"是指检查风机、电动机在运行过程中是否有异味。

如果风机在运行中出现以下异常情况，必须立即停止风机的运转，并进行检查处理，之后方可继续开机运行，坚决禁止设备带故障运转，以免造成更大的人员和设备事故。

① 电动机运行电流过大或过小，电压过高或过低。

② 风机或电动机或整个减振支座发生强烈的振动或有较大的摩擦声，或有噼啪的传动带颤动声。

③ 风机、电动机轴温温升不得大于 40℃，表温不得大于 70℃。若超过规定值，电动机会发生冒烟现象及产生焦煳味等。

（3）停运

① 关闭风机进口挡板或导流器，关小出口挡板。

② 按下停机按钮，风机停止运行，注意惰走情况。

③ 转速为零后，关闭轴承冷却水。

④ 若风机停运后检修，应切断电源，关闭进、出口挡板，并"挂牌"。

（4）定期检查与维护

① 风机每运行 3～6 个月后，对滚动轴承进行一次检查，检查滚动组件与滚道表面结合间隙必须在规定值内，否则需进行更换。

② 定期对停运或备用风机进行手动盘车，将转子旋转 120°～180°，避免主轴弯曲。

③ 定期清洗轴承油池，更换润滑油。

④ 定期对风机进行全面检查，并清理风机内部的积灰。

7.4.2 离心风机的维护保养

为了使离心风机在寿命周期内安全、可靠、有效地使用，必须建立设备维护保养制度，使设备能得到及时恰当的润滑、巡回检查，保证安全文明生产。其维护保养的主要内容如下。

（1）风机运行的正常维护

风机的维护保养必须贯穿风机运转的始终，必须严格按照有关的技术规定和操作规程进行风机的运转，并对运转中出现的问题进行及时的维修。为判断风机及其运转是否正常，下面列出风机的完好标准。

① 技术性能、运行参数（流量、全压、效率等）达到设计要求。

② 运行正常，设备无异常振动和异常响声（噪声不超过《工业企业噪声卫生标准》的规定）。

③ 风机外壳无严重磨损及腐蚀，无漏风现象。

④ 电气及控制系统完好，保护接地符合要求，电动机无严重超负荷、超温现象。

⑤ 润滑装置无异常，润滑脂符合技术要求，运行正常。

⑥ 风机、风管保温良好、外观整洁，软接头无漏风现象。

⑦ 风机台座、减振器无变形、损坏现象，且应整洁。

（2）风机的技术维护

风机的技术维护应包括以下几部分。

① 检查轴承、联轴器、带轮及带传动装置、风机的减振装置是否完好。

② 检查风机外壳体，观察转轮、叶片、开关附件。

③ 检查风机转子和外壳间的间隙。

④ 检查风机转子的平衡。转子是否平衡一般可根据外壳振动和叶轮旋转的均匀性判定。

⑤ 检查风机的进、出口调节阀、启动阀的可靠性。

⑥ 检查风机的完整性、风管连接的严密性及有无衬垫。

⑦ 检查油漆和抗腐蚀性覆盖层的状况。

⑧ 检查传动部分有无润滑油，并在必要时予以补充。

（3）离心风机的一级保养内容与要求

① 擦拭风机的外壳，要求能露出其本色。

② 对于有保温层的风机，应清除保温层上的污物、灰尘，使其保持清洁。

③ 检查地脚螺栓，或风机底座与减振台座、减振台座与减振器之间的连接螺栓是否松动。

④ 检查联轴器或带轮、V 带是否完好，保护是否牢靠。

⑤ 检查各润滑部位的温度是否正常。

⑥ 检查各摩擦部位的温度是否正常。

⑦ 监听运转声音是否正常。

⑧ 检查、调节各个阀门，保证开关灵活可靠。

⑨ 检查软接头是否完好，管道有无泄漏。

⑩ 清除一般性的泄漏现象。

⑪ 对电动机进行一级保养。

（4）离心风机的二级保养内容与要求

① 进行一级保养各项内容。

② 拆扫风机，检查叶轮是否完好，是否松动。

③ 检修或清洗轴承（或轴瓦）。

④ 检查或更换联轴器的螺钉及衬垫或带轮的 V 带。

⑤ 检修或更换阀门。

⑥ 修补管道或更换帆布接头。

⑦ 全面清除泄漏现象。

⑧ 全面修复各防护装置。

⑨ 更换已损坏的电器元器件。

⑩ 对电动机进行二级保养。

为了确保人身安全，风机的检修维护必须在停机的情况下进行，要切断电源，挂上禁止操作的牌子，以免发生事故。

实训 1　离心风机定速运行工况调节

(1) 实训目的

① 熟悉风机性能测定的结构和基本原理。

② 熟悉离心风机的启停操作。

③ 掌握离心风机的定速运行工况调节方法。

④ 掌握离心风机的定速运行特性的测试方法。

⑤ 绘制被测风机的 $p\text{-}q_V$、$P\text{-}q_V$ 曲线。

(2) 实训器材与设备

离心风机性能测试装置实验台，斜管式微压计，大气压计，转速测量仪，温度计，毕托管等。

(3) 实训步骤与要求

主要步骤如下。

① 熟悉装置。

试验装置根据国家《通风机空气动力性能试验方法》标准制作，试验装置如图 7-16 所示，采用进气实验法，装置主要由 3 部分组成：实验风管、被测风机和测功电动机。

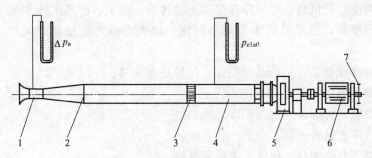

图 7-16　离心风机性能测试装置示意图

1—集流器；2—节流网；3—整流栅；4—风管；5—测试风机；6—测功电动机；7—测矩力臂

实验风管主要包括测试管路、节流网和整流栅。当空气流过风管时，利用集流器和风管测出空气流量和进入风机的静压。整流栅主要是使流入风机的气流均匀，节流网起调节流量的作用。测功电动机用来测量输入风机的力矩，同时测出电动机转速，从而求出输入风机的轴功率。

② 启动电动机前，在测矩力臂上配用砝码，使力臂保持水平。第一次试验前，先由指导教师拆下风机叶轮，启动测功电动机，再加上砝码 $\Delta G'$ 使测矩力臂保持水平，记录空载运行时所配加的平衡砝码重量 $\Delta G'$；测完后将叶轮照原样转回并连接好试验装置。以后在同一台装置上进行试验时，可直接采用此 $\Delta G'$。

③ 测量大气压力、温度计、风机等的相应尺寸等，将数据记录在表 7-1 中。

④ 将倾斜压力计通过连通管与实验的测压孔相连接，并保证无漏气。

⑤ 启动电动机，运行 10min 后，在测矩力臂上加砝码使力臂保持水平，待工况稳定后记下集流器压力 Δp_n、静压 p_{e1st1}、平衡重量 G（全部砝码重量）和转速 n。

⑥ 调节节流网前气流，使流量逐渐减小到零，从而改变风机的工况。取 8 个测量工况进行测试，待每一工况稳定后记录在表 7-1 中。

表 7-1 实验数据记录表

被测风机型号 _____ 制造号 _____

风机进口直径 $D_1=$ _____ m 风机出口面积 $A_2=$ _____ m²

风管直径 $D_{1p}=$ _____ m 集流器直径 $d_n=$ _____ m

风管常数 $l'/D_{1p}=3$ 测矩力臂长 $L=$ _____ m

空载平衡重量 $\Delta G'=$ _____ N 集流器流量系数 $\alpha_n=$ _____

大气压力 $p_a=$ _____ Pa 大气温度 $t_a=$ _____ ℃

转速 $n=$ _____ r/min

测试工况	进口风管压力 p_{e1st1}		集流器负压 Δp_n		平衡重量 G	
	mmHg	Pa	mmHg	Pa	kg	N
1						
2						
3						
4						
5						
6						
7						
8						

⑦ 测试数据处理与分析。

对测试的数据进行整理，按以下公式求出相应的参数，将结果填入表 7-2 中。

大气密度 $\rho_a=\dfrac{p_a}{RT_a}$　　进气压力 $p_1=p_a+p_{e1st1}$　　进气密度 $\rho_1=\dfrac{p_1}{RT_a}$

流量 $q_V=66.643\alpha_n d_n^2\sqrt{\dfrac{\rho_a\Delta p_n}{\rho_1}}$ 进口动压 $p_{d1}=\dfrac{\rho}{7200}\left(\dfrac{q_V}{A_1}\right)^2$

进口静压 $p_{st1}=p_{e1st1}-0.025p_{d1}\dfrac{l'}{D_{1p}}$　　出口动压 $p_{d2}=p_{d1}\left(\dfrac{A_1}{A_2}\right)^2$

风机动压 $p_d=p_{d2}$ 风机静压 $p_{st}=(-p_{st1})-p_{d1}$　风机全压 $p=p_{st}+p_d$

输入轴功率 $P=\dfrac{nL(G-\Delta G')}{9550}$

表 7-2 数据整理表格

测试序号	ρ_a /(kg/m³)	ρ_1 /(kg/m³)	p_1 /Pa	q_V /(m³/s)	p_{d1} /Pa	p_{st1} /Pa	p_{d2} /Pa	p_d /Pa	p_{st} /Pa	p /Pa	P /kW
1											
2											
3											
4											
5											
6											
7											
8											

⑧ 绘制离心风机特性曲线。

a. 绘制所测风机的特性曲线 p_0-q_V、P-q_V，并将实验结果换算成标准状态下的风机参数。

b. 绘制所测风机的全压、动压与静压曲线，并分析其变化规律。

⑨ 提问并讨论。

⑩ 根据实训记录完成实训报告。

实训 2　离心风机变速运行工况调节

(1) 实训目的

① 熟悉离心风机的启停操作。

② 掌握离心风机的变速运行工况调节方法。

③ 掌握离心风机的变速运行特性的测试方法。

④ 绘制被测风机的 p-q_V、P-q_V 曲线。

(2) 实训器材与设备

离心风机性能测试装置实验台，斜管式微压计，大气压计，转速测量仪，温度计，毕托管等。

(3) 实训步骤与要求

主要步骤如下。

① 启动电动机前，查找风机空载运行时所配加的平衡砝码重量 $\Delta G'$。

② 测量大气压力、温度计、风机等的相应尺寸等，将数据记录在表 7-3 中。

表 7-3　实验数据记录表

被测风机型号 ＿＿＿＿＿＿＿＿＿＿　　　　　制造号 ＿＿＿＿＿＿＿＿＿

风机进口直径 D_1 = ＿＿＿＿＿＿ m　　　　　风机出口面积 A_2 = ＿＿＿＿＿＿ m^2

风管直径 D_{1p} = ＿＿＿＿＿＿ m　　　　　集流器直径 d_n = ＿＿＿＿＿＿ m

风管常数 $l'/D_{1p} = 3$　　　　　测矩力臂长 L = ＿＿＿＿＿＿ m

空载平衡重量 $\Delta G'$ = ＿＿＿＿＿＿ N　　　　　集流器流量系数 α_n = ＿＿＿＿＿＿

大气压力 p_a = ＿＿＿＿＿＿ Pa　　　　　大气温度 t_a = ＿＿＿＿＿＿ ℃

测试工况	进口风管压力 p_{e1st1}		集流器负压 Δp_n		平衡重量 G		转速 n
	mmHg	Pa	mmHg	Pa	kg	N	/(r/min)
1							
2							
3							
4							
5							
6							
7							
8							

③ 启动电动机，运行 10min 后，在测矩力臂上加砝码使力臂保持水平，待工况稳定后记下集流器压力 Δp_n、静压 p_{e1st1}、平衡重量 G（全部砝码重量）和转速 n。

④ 调节风机电动机的转速，同时调节节流网前气流，使流量逐渐减小到零，从而改变风机的工况。取 8 个测量工况进行测试，待每一工况稳定后记录在表 7-3 中。

⑤ 测试数据处理与分析。

对测试的数据进行整理，按实训 1 给出的公式求出相应的参数，将结果填入表 7-4 中。

⑥ 绘制离心风机特性曲线。

a. 绘制所测风机不同转速下的特性曲线 p_0-q_V、P-q_V，并将实验结果换算成标准状态下的风机参数。

表 7-4 数据整理表格

测试序号	ρ_a /(kg/m³)	ρ_1 /(kg/m³)	p_1 /Pa	q_V /(m³/s)	p_{d1} /Pa	p_{st1} /Pa	p_{d2} /Pa	p_d /Pa	p_{st} /Pa	p /Pa	P /kW
1											
2											
3											
4											
5											
6											
7											
8											

b. 绘制所测风机不同转速下的全压、动压与静压曲线，并分析其变化规律。

⑦ 提问并讨论。

⑧ 根据实训记录完成实训报告。

实训 3 离心风机联合运行性能测试

(1) 实训目的

① 熟悉串联离心风机的启停操作。

② 掌握串联离心风机的运行工况调节方法。

③ 掌握串联离心风机的变速运行特性的测试方法。

④ 绘制串联离心风机的 p-q_V、P-q_V 曲线。

(2) 实训器材与设备

离心风机串联实验台（如图 7-17 所示），斜管式微压计，大气压计，转速测量仪，温度计，毕托管等。

(3) 实训步骤与要求

主要步骤如下。

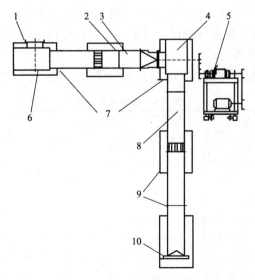

图 7-17 离心风机串联实验台

1—离心风机Ⅰ；2—稳流管支架；3—稳流管道；4—离心风机Ⅱ；5—动力小车；
6—接动力小车；7—风机支架；8—排气管道；9—排气管支架；10—节流装置

① 关闭离心风机Ⅰ出口阀，启动离心风机Ⅰ。待气流稳定后，关闭离心风机Ⅱ出口阀门，启动离心风机Ⅱ。

② 测量大气压力、温度计风机等的相应尺寸等，将数据记录在表 7-5 中。

表 7-5 实验数据记录表

离心风机Ⅰ型号 ＿＿＿＿＿＿＿＿　　　　　离心风机Ⅱ型号 ＿＿＿＿＿＿＿＿

风机Ⅰ进口直径 $D_1 = $ ＿＿＿＿＿ m　　　风机Ⅱ进口直径 $D_2 = $ ＿＿＿＿＿ m

风机出口面积 $A_2 = $ ＿＿＿＿＿ m²　　　排气管直径 $D_{1p} = $ ＿＿＿＿＿ m

集流器直径 $d_n = $ ＿＿＿＿＿ m　　　　　风管常数 $l'/D_{1p} = 3$

离心风机Ⅰ测矩力臂长 $L = $ ＿＿＿＿＿ m

离心风机Ⅱ测矩力臂长 $L = $ ＿＿＿＿＿ m

离心风机Ⅰ空载平衡重量 $\Delta G_1' = $ ＿＿＿＿＿ N

离心风机Ⅱ空载平衡重量 $\Delta G_2' = $ ＿＿＿＿＿ N

集流器流量系数 $\alpha_n = $ ＿＿＿＿＿　　　大气压力 $p_a = $ ＿＿＿＿＿ Pa

大气温度 $t_a = $ ＿＿＿＿＿ ℃

测试工况	进口风管压力 p_{e1st1}		集流器负压 Δp_n		平衡重量 G_1		平衡重量 G_2		转速 n
	mmHg	Pa	mmHg	Pa	kg	N	kg	N	/(r/min)
1									
2									
3									
4									
5									
6									
7									
8									

③ 启动电动机，运行 10min 后，在测矩力臂上加砝码使力臂保持水平，待工况稳定后记下集流器压力 Δp_n、静压 p_{e1st1}、平衡重量 G_1、G_2（全部砝码重量）和转速 n。

④ 调节风机电动机的转速，同时调节节流网前气流，使流量逐渐减小到零，从而改变风机的工况。取 8 个测量工况进行测试，待每一工况稳定后记录在表 7-5 中。

⑤ 测试数据处理与分析。

对测试的数据进行整理，按实训 10 给出的公式求出相应的参数，将结果填入表 7-6 中。

表 7-6 数据整理表格

测试序号	ρ_a /(kg/m³)	ρ_1 /(kg/m³)	p_1 /Pa	q_V /(m³/s)	p_{d1} /Pa	p_{st1} /Pa	p_{d2} /Pa	p_d /Pa	p_{st} /Pa	p /Pa	P /kW
1											
2											
3											
4											
5											
6											
7											
8											

⑥ 绘制离心风机特性曲线。

绘制所测风机不同转速下的特性曲线 $p\text{-}q_V$、$P\text{-}q_V$，并将实验结果换算成标准状态下的风机参数。

⑦ 提问并讨论。

⑧ 根据实训记录完成实训报告。

习题与思考题

7-1　什么是风机的工作点？它与风机的工况点之间有何区别和联系？

7-2　离心风机的调节方法有哪些？各有什么优缺点？

7-3　风机的相似定律有哪些？

7-4　什么是风机的比转速？比转速的物理意义是什么？为什么可以用比转速对风机进行分类？

7-5　风机无因次性能曲线是如何绘制的？有何特点？

7-6　串、并联工作的目的是什么？串、并联后的输出流量、全压有什么变化？

7-7　影响风机串、并联运行效果的因素有哪些？

7-8　串联、并联运行的特点是什么？如何绘制联合运行的合成性能曲线？

7-9　泵的调节方式有哪些？试说明常用调节方式的调节原理、优缺点及其在电厂中的应用。

7-10　转速改变时，相似工况点如何变化？工作点如何变化？

7-11　何谓旋转失速？发生的条件是什么？

7-12　什么是"抢风"现象？发生的条件是什么？如何防止和消除？

7-13　试述离心风机启动的基本程序。

7-14　如何对离心风机进行维护？

7-15　某离心风机转速 $n_1 = 1450\text{r/min}$ 时的性能曲线 $p\text{-}q_V$ 如图 7-18 所示，管路系统的特性曲线方程为 $p = 25q_V^2$。当风机转速降为 $n_2 = 980\text{r/min}$ 时，其流量为多少？

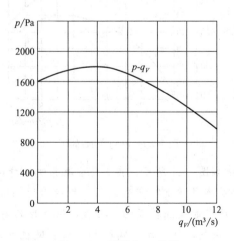

图 7-18　习题 7-15 的图

7-16　9-19 No.6.3 型离心通风机铭牌参数为 $n_0 = 2900\text{r/min}$，$q_{V0} = 5153\text{m}^3/\text{h}$，$p_0 = 9055\text{Pa}$，$\eta = 78.5\%$，配用电动机功率 $P = 18.5\text{kW}$。今用此风机输送温度为 80℃ 的空气，求此条件下风机的实际性能参数（该风机铭牌上的参数是大气压为 101.325kPa，介质温度为 20℃ 的条件下给出的）。

7-17 某离心风机在转速 $n_1=1450\text{r/min}$ 时的 $p\text{-}q_V$ 曲线如图 7-19 所示，管路性能曲线方程为 $p=20q_V^2$。若采用调节转速的方法，使风机流量变为 $q_V=27000\text{m}^3/\text{h}$，求此风机转速应为多少？

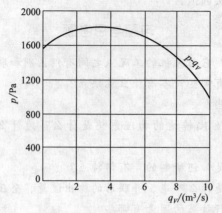

图 7-19 习题 7-17 的图

7-18 一台离心风机性能曲线如图 7-20 所示，管路性能曲线方程为 $p=20q_V^2$。若把流量调节到 $q_V=6\text{m}^3/\text{s}$，采用出口节流和变速调节两种调节方法，则采用两种方法调节后风机的轴功率各为多少？若风机按全年运行 7500h 计算，变速调节每年要比节流调节节省多少电能？

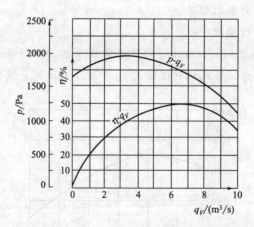

图 7-20 习题 7-18 的图

7-19 某离心风机的性能曲线如图 7-21 所示，其工作管路系统的特征方程为 $p_c=24q_V^2$（m^3/s）。①试问此时风机的轴功率是多少？②为提高风机输出的全压，将两台性能相同的风机串联运行，求出串联运行时全压提高的百分数。③串联后每台风机的轴功率是多少？

7-20 为了增加对管路的送流量，将 No.1 风机和 No.2 风机并联运行，管路特性方程为 $p_c=52q_V^2$（m^3/s）。No.1 风机和 No.2 风机的性能曲线绘于图 7-22 中，问并联运行后管路中的流量与 No.1 风机单独运行比较，增加了多少？

7-21 某电厂锅炉送风机在 $n_1=980\text{r/min}$ 时的性能曲线如图 7-23 所示，欲使风机的流量从 $q_{V1}=120000\text{m}^3/\text{h}$ 降为 $q_{V2}=80000\text{m}^3/\text{h}$，试计算采用节流和变速两种方式所消耗的轴功率是多少，并求出变速调节后的转速 n_1。

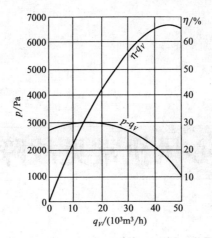

图 7-21　习题 7-19 的图

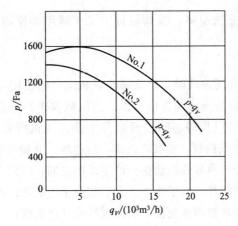

图 7-22　习题 7-20 的图

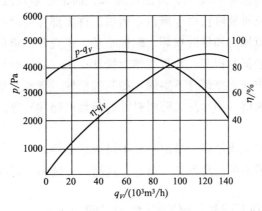

图 7-23　习题 7-21 的图

第8章

离心风机常见故障与检修

8.1　离心风机常见故障分类

离心风机的故障分类方法很多，按其运行中发生故障的原因分为腐蚀和磨损、机械故障、性能故障三大类。

(1) 腐蚀和磨损

当风机输送的介质具有腐蚀性时，将会缩短风机部件的使用寿命。解决这一问题需要从入口介质的控制和风机材料的选择两方面着手。当风机输送的介质含有固体颗粒时，如电站的送、引风机，烟气再循环风机等，磨损问题几乎涉及风机所有部件，除叶片外，还有机壳、进风口或集流器、导叶或挡板、轮毂以及前、后盘等。磨损可带来一系列问题，如叶轮磨损会引起不平衡振动；空心机翼叶片被磨损会产生微小空洞，以致飞灰进入空心叶片内，造成严重不平衡；导叶被磨损可能掉进转子中，还会引起转子的破坏；磨损会使转动部件的强度减弱，如未及时发现和采取补救措施或更换，将造成叶轮部件失效，甚至整个叶轮损坏等。

(2) 机械故障

机械故障包括风机的振动、发热、带连接异常、润滑油系统故障和轴承故障等几个方面。因振动原因引起的风机故障仅次于磨损，风机的许多部件问题都是因为振动引起。如裂纹、轴承损坏、进口调节风门和导叶损坏、螺栓松动、机壳和风道损坏等。造成振动的原因有多种，如叶轮不均匀磨损和积灰；轮毂在轴上松动；中（后）盘与轮毂连接螺栓或铆钉松动；联轴器损坏或不对中；支撑部件不牢固，如基础松软，支座、垫板、地脚螺栓以及灌浆构件不牢等；叶轮部分脱落（如叶片、防磨衬件、前盘的碎片）等。

(3) 性能故障

主要是指风机压力过低或过高，排出流量不足或过多等。

此外，引起风机故障也可能是设计、制造、选型、安装和运行维护等方面的原因。

8.2　离心风机常见故障分析与处理

当离心风机运行中出现故障时，如能根据故障现象分析引起故障的原因，及时采取有效措施，可防止故障扩大，从而避免风机受到严重的损坏。如果某些故障在初发期能通过简单的调节或处理获得解决，则不必停机检修，可大大提高设备运行的可靠性。表 8-1 列出了风机的常见故障及处理方法。

表 8-1　风机常见故障及处理方法

故障特征	故障原因	故障识别和处理方法
压力过高,排出流量偏小	气体成分改变、气体温度过低或气体所含固体杂质增加,使气体的密度增大	测定气体密度,消除密度增大的原因
	风机叶轮旋转方向相反	调整叶轮旋转方向
	叶轮入口间隙过大或叶片严重磨损	调整叶轮入口间隙或更换叶轮
	出风管道和阀门被尘土、烟灰和杂物堵塞	开大出气阀门或进行清扫
	导向器装反	调装导向器
	所使用的风机全压不适当	通过改变风机转速,进行风机性能调节,或更换风机
	进风管道、阀门或网罩被尘土、烟灰和杂物堵塞	开大进气阀门或进行清扫
	出风管破裂或其管道法兰不严密	焊补裂口或更换法兰垫片
	密封圈损坏	更换密封圈
压力过低,排出流量过大	气体成分改变,气体温度过高,或气体所含固体杂质减少,使气体的密度减小	测定气体密度,消除密度减小的原因
	进气管道破裂,或其管法兰密封不严密	焊接裂纹,或更换管法兰垫片
全压降低	管路阻力曲线发生变化,阻力增大,风机工作点改变	调整管路阻力曲线,减小阻力,改变风机工作点
	风机制造质量不良或风机严重磨损	检修风机
	风机转速降低	提高风机转速
	风机工作在不稳定区	调整风机工作区
通风系统调节失灵	压力表失灵,阀门失灵或卡住,以致不能根据需要对流量和压力进行调节	修理或更换压力表,修复阀门
	由于需要流量小,管道堵塞,流道急剧减小使风机在不稳定区工作	如需要流量减小,应打开旁路阀门,或降低转速,如管道堵塞,应进行清扫
叶轮损坏或变形	叶片表面或铆钉头腐蚀或磨损	如为个别损坏,应更换个别零件;如损坏过半,应更换叶轮
	铆钉和叶片松动	用小冲子紧住,如仍无效,则需更换铆钉
	叶轮变形后歪斜过大,使叶轮径向跳动或端面跳动过大	卸下叶轮后,用铁锤矫正,或将叶轮平放,压轮盘某侧边缘
密封圈磨损或损坏	密封圈与轴套不同轴,在正常运转中被磨损	先消除外部影响因素,然后更换密封圈,重新调整和找正密封圈的位置
	机壳变形,使密封圈一侧磨损	
	转子振动过大,其径向振幅之半大于密封径向间隙	
	密封齿内进入硬质杂物,如金属、焊渣等	
	推力轴衬熔化,使密封圈与密封齿接触而磨损	
风机叶轮静、动不平衡,风机和电动机发生同样的振动,振动频率与转速相符合	轴与密封圈发生强烈的摩擦,产生局部高热,使轴弯曲	应换新轴,并需同时修复密封圈
	叶片重量不对称,或一侧部分叶片被腐蚀或磨损严重	更换坏的叶片,或调换新的叶轮,并找平衡
	叶片附有不匀称的附着物,如铁锈、积灰或焦油等	清扫或擦净叶片上的附着物
	平衡块重量与位置不对,或位置移动,或检修后未找平衡	重找平衡,并将平衡块固定牢固
	风机在不稳定区(即飞动区)的工况下运转,或负荷急剧变化	开大闸阀或旁路阀门,进行工况的调节
	双吸风机的两侧进气量不等(由于管道堵塞或两侧进气口挡板调整不当)	清扫进气管道灰尘,并调整挡板,使两侧进气口负压相等

故障特征	故障原因	故障识别和处理方法
转子固定部分松弛，或活动部分间隙过大，发生局部振动过大	轴衬和轴颈被磨损造成间隙过大，轴衬和轴承箱之间紧力过小或有间隙而松动	焊补轴衬合金，调整垫片，或刮研轴承箱中分线
	转子的叶轮、联轴器或带轮与轴松动	修理轴和叶轮，重新配键
	联轴器的螺栓松动或活动，滚动轴承的固定圆螺母松动	拧紧螺母
风机叶轮轴安装不当，振动为不定性的，空载时轻，负载时重	联轴器安装不正，风机轴和电动机不同心	重新找正或调整
	带轮安装不正，风机轴和电动机轴不平行	重新找正或调整
带轮的带跳动	两带轮位置没有找正，彼此不在同一条中心线上	重新找正带轮
	两带轮距离较近或带过长	调整传动带的松紧度，其方法为调整两带轮的间距，或更换传动带
基础或机座的刚度不够或不牢固，产生机房邻近的共振现象，电动机和风机整体振动，而且与风机负荷无关	风机基础的灌浆不良，地脚螺母松动，垫片松动，机座连接不牢固，连接螺母松动	查明原因后，施以适当的修补和加固，拧紧螺母，填充间隙
	基础或机座的刚度不够，促使转子不平衡引起强烈的共振	查明原因后施以适当的修补和加固
	管道未留膨胀余地，与风机连接处的软接头未加支持或安装和固定不良	进行调整和修理，加装支撑装置
风机内部有摩擦现象，发生振动不规则，且集中在某一部分，噪声和转速相符合；在启动和停车时，可听到金属弦音	叶轮歪斜与机壳内壁相碰，或机壳刚度不够，左右晃动	修理叶轮和推力轴承
	叶轮歪斜与进气口圈相碰	修理叶轮和进气口圈
	推力轴衬歪斜、不平衡或磨损	修补推力轴承
	密封圈与密封齿相碰	更换密封圈，调整密封圈和密封齿间隙
风机内有金属碰撞声	径向推力轴承壳体上没有止推垫圈或者轴头锥形套套的螺母未拧紧，因此出现转子轴向位移并伴随工作轮迷宫密封环与定子圆锥壳套碰撞	检查径向推力轴承。安装与轴承套轴孔相应的开口止推垫圈。当螺母松动和轴承沿轴套位移时，应重新安装轴承，以保证必要的紧度
	径向止推双轴承安装不正确	重新安装轴承，并检查端面的接触情况
	工作轮与定子圆锥形进风口共轭的迷宫密封间隙没调整好，叶片支撑轴承损坏	用手转动工作轮，在其转动时检查迷宫密封间隙，利用沿圆锥形进风口的法兰安装垫圈，保证间隙均匀
	导流器叶片在轴颈处的焊接出现裂缝	更换损坏的叶片
噪声大	管道、风机入口阀或出口阀安装松动	对风阀进行紧固安装
	风机支座安装螺栓松动	紧固支座安装螺栓
	风机的拖动电动机安装螺母松动或电动机风叶外壳松动	紧固电动机安装螺栓或电动机风叶端外壳
	风机传动带过松而发生传动带与带罩及传动带之间的颤振、抖动	调整传动带的松紧度
轴承安装不良或损坏	轴承与轴的位置不正，使轴封磨损或损坏	重新校正
	轴承与轴承箱孔之间的过盈过小，或有间隙而松动，或轴承箱螺栓过紧或过松，使轴封与轴的间隙过小或过大	调整轴承与轴承箱孔间的垫片和轴承箱盖与轴承座之间的垫片
	滚动轴承损坏，轴承保持架与其他机件碰撞	修理或更换轴承
	机壳内密封间隙增大，使叶轮轴间推力增大	修复或更换密封片

续表

故障特征	故障原因	故障识别和处理方法
轴衬磨损、损坏或质量不好	轴与轴承歪斜,主轴与直联电动机轴不同心,推力轴承、支承轴承不垂直,使磨损过多,顶隙、侧隙和端隙过大	补焊或重新浇注
	刮研不良,使接触弧度过小或接触不良,上方及两侧有接触痕迹,间隙过大或过小,下半轴衬中分处的存油沟斜度太小	重新刮研或校正
	表面出现裂纹、破损、夹杂、擦伤、剥落、熔化、磨纹及脱壳等缺陷	重新浇注或进行补焊
	合金成分质量不良,或浇注不良	重新浇注
轴承温升过高	轴承箱剧烈振动	找出振动原因,消除振动
	润滑油(或脂)质量不良、变质或填充过多或含有灰尘、污垢等杂质	更换润滑油(或脂)
	润滑脂过多,超过轴承座空间的 1/3～1/2	减少润滑脂量
	轴承箱盖、座连接螺栓的紧力过大或过小	调整螺栓的紧力
	轴承外圈与轴承座内孔间隙过大,超过 0.1mm	修配轴承座半结合面,并修理内孔或更换轴承座
	轴与滚动轴承安装位置不正确,前后两轴承不同心	重新找正
	滚动轴承损坏或轴弯曲	修理或更换轴承
电动机电流过大或温升过高	开车时进口管道闸阀未关严	开车时要关严闸阀
	流量超过额定值或风管漏风	关小节流阀,检查是否漏风
	输送气体密度大于额定值,使压力过大	查明原因,如气体温度过低,应予以提高,或减小风量
	风机剧烈振动	查明振动原因,予以消除
	电动机输入电压过低或电源单相断电	检查电压、电源是否正常
	联轴器连接不正、密封圈过紧或间隙不匀	重新调整找正
	带轴安装不当,消耗无用功过多	重新调整找正
	通风机联合工作恶化或管网故障	调整风机联合工作的工作点,检修管网系统
漏油	轴密封不紧	用盖或弹簧拉紧,刮研端盖结合面
	轴承套与轴承盖结合不严密	刮研结合面,用密封胶黏合拆下轴承套,用压缩空气检查其气密性
	轴承套上有裂纹或砂眼	用铜焊补
	轴承套与轴承盖的垂直结合面上没有垫片或垫片损坏	装上石棉橡胶垫片或更换浸过密封胶的石棉垫片
	轴承套与轴承盖连接的螺栓孔钻透了,油顺着螺纹流出	从油池侧用环氧树脂封住透孔或用浸过密封胶的塞子堵死
	轴承盖固定螺栓松动	拧紧轴承套与轴承盖的固定螺栓,再重新拧紧
	端盖沿法兰没拧紧(结合面可插入塞尺)	结合面上涂盖密封胶
振动过大	风机轴与电动机轴不同心,联轴器装歪	调整或更换
	进风口、机壳与叶轮磨损	调整
	基础的刚度不够或不牢固	加固基础
	叶轮铆钉松动或轮盘变形	重铆、修正
	机壳与支架、轴承箱与支架、轴承箱盖与座等连接螺栓松动	紧固螺栓
	叶轮轴盘松动、联轴器螺栓松动	紧固
	风机进、出风管道安装不良	调整安装位置
	转子不平衡(质量不均匀,静平衡性能差)	校正

8.3 离心风机故障实例

某 $2\times125MW$ 燃煤电厂配套 Y4-2$\times$60No.25$\frac{1}{2}$F 型离心式引风机，投产以来存在引风机叶轮积灰导致的异常振动和叶片磨损较快等问题，易磨损部位如图 8-1 所示。1 号炉引风机叶片非工作面凹弧部分积灰问题尤为突出，积灰最大厚度达 50mm，一般每运行 7～10 天就需要清灰一次，每次清灰单台引风机需停机 1h，发电负荷降至 90MW。

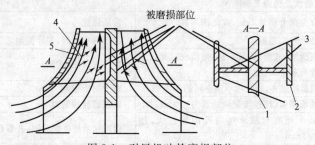

图 8-1　引风机叶轮磨损部位

1—中盘；2—前盘；3—叶片；4—烟气流；5—尘粒

Y4-2$\times$60No.25$\frac{1}{2}$F 型离心式引风机为双吸双支承传动形式，本身具有较强的防积灰、抗磨损性能，原是为电除尘系统配套设计，叶片为后弯式。现在用于湿式除尘器，由于烟气带水太多、烟温低于露点温度，则引发了叶片非工作面后弯凹弧部分积灰引起的异常振动现象。以 1 号炉引风机最大积灰厚度为 50mm 计算，推算出叶轮积干灰质量在 52kg 左右。若按湿灰状况计算，则积灰重量还要重很多。积灰一方面改变了叶片型线，缩小了风机流道截面积，影响了风机性能，严重积灰时还会造成引风机压力不足；另一方面，由于积灰的不均匀性及局部灰块在气流冲刷下脱落，造成叶片上积灰失衡，进而产生周期性径向交变应力，引发振动，使风机轴承、轴承座、地脚螺栓等遭受破坏。此外，通流截面缩小及积灰的不均匀性加剧了叶片根部及出口的磨损。

经分析，认为原有风机采用双吸双支承传动结构，抗振能力较好，只需对该引风机的叶轮和集流器进行改造，使其既具有良好的防积灰、抗磨损性能，又能与原有设备相匹配。最终选择抗积灰性能更佳的直板型叶片，重新计算叶轮直径，新风机的型号为 Y5-2$\times$49No.25$\frac{1}{2}$F 型。

改造后风机叶片安装角由 45°提高到 55°，径向甩出力增大，法向附着力减小，使灰粒不易黏附到叶片上。集流器中不再加防涡器。在叶轮进口工作面上和叶片工作面的中间均焊有防磨衬板，中盘设计采用锯齿形中盘结构，对中盘外缘部分进行尽可能的切除，如图 8-2 所示。切除后两股进入风机的气流轴向对撞形成涡流，如图 8-3 所示。叶片工作面的附面层扩大，使得叶片磨损稳定均匀，并可消除叶片出口部分和中盘根部的集中磨损。此外，中盘的切除可减轻叶轮重量，大大减少叶轮的转动惯量，缩短引风机的启动时间，有效延长电机寿命。

改造后风机运行平稳，振动小，电机轴承振动最大值从改造前的 0.12mm 减小到 0.048mm。引风机投运多年未发生过因引风机积灰振动超标而需降负荷停引风机清灰的情况。而且在湿式除尘器正常运行的条件下，能达到引风机一个小修期半年连续运行不清灰的标准。风机启动时间明显缩短，由改前的 30s 降至 20s 左右，有效延长电机使用寿命。叶轮积灰现象明显减轻，非工作面积灰厚度只有 2～3mm，易磨损部位也未发现明显磨损情况。引风机出力及效率大幅提高。

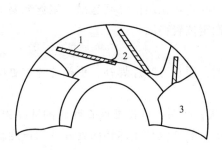

图 8-2　切割成锯齿形中盘的风机叶轮

1—叶片；2—锯齿形中盘；3—前盘

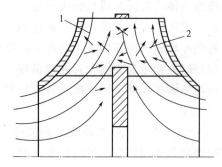

图 8-3　切割后叶盘后两侧烟气流动情况

1—烟气；2—尘粒

8.4　离心风机的检修

离心风机的检修主要是针对风机的构成部分进行检查、修复和更换等工作。火电厂的风机一般随所属锅炉机组一起进行检修。检修工作内容取决于它们的形式、磨损程度和工作条件等，通常按表 8-2 所列的项目进行。

表 8-2　离心风机检修项目

常 修 项 目	不常修项目
外壳、衬板、叶片及叶轮等的焊补	叶片、叶轮及衬板的更换
进、出口挡板及传动装置的检修	轴瓦的重新浇铸
轴承及冷却装置的检修	

8.4.1　检修前的检查

风机在检修之前，应先在运行状态下检查以下内容。

① 测量风机轴承、电动机及基础的振动。

② 测量各轴承的运行温度并检查润滑系统的工况。

③ 检查风机外壳与风道法兰的严密性及其锈蚀程度。

④ 了解风机运行中的有关资料，必要时可做风机的效率试验。

8.4.2　叶轮的检修

（1）叶轮拆吊工序工艺方法

① 打开放油堵，用油盘将润滑油排放到专用油桶内存放，拆除冷却水的连接水管。

② 拆卸轴承箱的端盖、上盖密封环压盖螺栓，并使端盖移位，同时将轴承箱盖与风箱蜗壳盖板吊放到指定位置。

③ 检查测量集流器插入叶轮密封环的深度及径向间隙，将转子部件移位，使叶轮密封环与集流器的插入部分错开间隙，以便起吊。

④ 用抹布将轴上部件擦拭干净，挂好钢丝绳进行试吊检查，在专人指挥下将转子吊离箱体并放在专用支架上，必要时可将轴承箱移位。

⑤ 撬开轴头圆螺母的止动垫，用圆螺母扳手及钩扁铲将圆螺母松开，将拆卸器拉杆与轮毂连为一体，把拆卸器与轴头顶足劲，用烤把从轮毂边缘开始圆周均匀加热，并逐渐向中心移动。当叶轮有松动现象时，迅速顶紧拆卸器拉动叶轮，拉出前将其起吊，钢丝绳要吊上劲，避免叶轮错动碰坏轴头，将拆下的叶轮吊放在指定位置稳固。

（2）叶轮检查及更换叶片注意事项

叶轮的磨损程度不同，所进行的检修工作也不同。通常有叶片焊补、更换叶片和更换叶轮三项工作。

① 叶轮检查　风机解体后，先清除叶轮上的积灰、污垢，再仔细检查叶轮的磨损程度、铆钉的磨损和紧固情况及焊缝脱焊情况。叶轮磨损严重的部位是流体转向处和圆周速度较大的地方，即叶片的头部比中部和尾部磨损严重。此处的间隙最小，若组装时位置不正或风机运行中因振动、热膨胀等原因，则均会导致该处发生摩擦。

② 叶片焊补　当叶片的形状完整，只是被磨处比其他地方薄，对于叶轮的局部磨穿处，可用铁板焊补。铁板的厚度不要超过叶轮未磨损前的厚度，其大小应能够将穿孔遮住。对于铆上钉的铆钉头磨损，可以堆焊。为了减小叶片堆焊时强烈受热的不利影响，应同时在几块叶片上轮流堆焊，每次堆焊一小段。为保持转子的平衡性，对称位置（同一直径两端）堆焊的重量要大致相等。若铆钉已松动，则应进行更换。

如果叶片头部已磨出缺口，可在缺口处进行挖补。叶片挖补时其挖补块的材料与型线应与叶片一致，挖补块应开坡口，当叶片较厚时应开双面坡口以保证焊补质量。挖补块的每块重量相差不超过 30g，并应对挖补块进行配重，对称叶片的中差不超过 10g。叶片挖补后，不允许有严重变形或扭曲。挖补叶片的焊缝应平整光滑，无砂眼、裂纹、凹陷。焊缝强度应不低于叶片材料的强度。

③ 更换叶片　若叶片严重磨损，超过原叶片厚度的 1/2，前、后轮盘还基本完好，则应将旧叶片全部割掉更新。但对于后向式空心机翼型叶片，需要特别慎重，一般不采用更换叶片。更换叶片，有部分更换和全部更换。全部更换的方法如下。

a. 将备用叶片称重编号，根据叶片重量编排叶片的组合顺序，其目的是使叶轮在更换新叶片后有较好的平衡。

b. 将备用叶片按组合顺序覆在原叶片的背面，并要求叶片之间的距离相等，顶点位于同一圆周上，调整好后即可进行点焊，如图 8-4(a) 所示。

c. 点焊后经复查无误，即可进行叶片的一侧与轮盘的接缝全部满焊，如图 8-4(b) 所示。施焊时应对称进行，再用割炬将旧叶片逐个割掉，并铲净在轮盘上的旧焊疤，如图 8-4(c) 所示。最后将叶片的另一侧与轮盘的接缝全部满焊。

（3）更换叶轮

若需更换整个叶轮时，则按下列方法操作。

① 用割炬割掉叶轮与轮毂连接的铆钉头，再将铆钉冲出。取下旧叶轮后，用细锉将轮毂结合面修平，并将铆钉孔处毛刺锉去。

② 在装配新叶轮前，检查其尺寸、型号、材质应符合图纸要求，焊缝无裂纹、砂眼、凹陷及未焊透、咬边等缺陷，焊缝高度符合要求。叶轮摆动轴向不超过 4mm，径向不超过 3mm。还应检查铆钉孔是否相符。

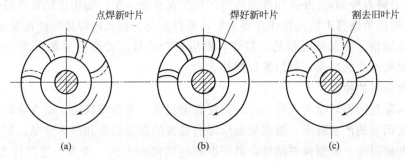

图 8-4　更换叶片的方法

③ 经检查无误后，再将新叶轮套装在轮毂上。叶轮与轮毂一般采用热铆。铆接前应先将铆钉加热到 1000℃左右，再把铆钉插入铆钉孔内。铆钉应对中垂直，在铆钉的下面用带有圆窝形的铁砧垫住，上面用铆接工具铆接。全部铆接完毕，再用小锤敲打铆钉头，声音清脆为合格。

叶轮检修完毕后，必须进行叶轮的摆动和瓢偏的测量及转子找平衡。

8.4.3　轴及轮毂的检修

(1) 轴的检修

根据风机的工作条件，风机轴最易磨损的轴段是机壳内与工质接触段，以及机壳的轴封处。检查时应注意这些轴段的腐蚀及磨损程度。风机解体后，应检查轴的弯曲度，尤其对机组运行振动过大及叶轮的瓢偏、晃动超过允许值的轴，则必须进行仔细的测量。轴的弯曲度应不大于 0.05mm/m，且全长弯曲不大于 0.10mm。如果轴的弯曲值超过标准，则应进行直轴工作。

(2) 轮毂的更换

轮毂破裂或严重磨损时，应进行更换。更换时先将叶轮从轮毂上取下，再拆卸轮毂。其方法可先在常温下拉取，如拉取不下来，则采用加热法进行热取。

新轮毂的套装应在轴检修后进行。轮毂与轴采用过盈配合，过盈值应符合原图纸要求。一般风机的配合过盈值可取 0.01～0.33mm。新轮毂装在轴上后，要测量轮毂的瓢偏和晃动，其值不超过 0.1mm。

(3) 轴承的检查及更换

检查轴上的滚动轴承，若可继续使用，则不必将轴承取下，其清洗工作就在轴上进行，清洗后用干净布把轴承包好。对于采用滑动轴承的风机，则应检查轴颈的磨损程度。若滑动轴承是采用油环润滑的，则还应注意油环的滑动造成的轴颈磨损。

符合下列条件的轴承，要进行更换：轴承间隙超过标准；轴承内外套存在裂纹或重皮、斑痕、腐蚀锈痕，且超过标准；轴承内套与轴颈松动。

新轴承需经过全面检查（包括金相探伤检查），符合标准方可使用。轴承与轴颈采用热装配。轴承应放在油中加热，不允许直接用木柴、炭火加热轴承。加热油温一般控制在 140～160℃并保持 10min，然后将轴承取出套装在轴颈上，使其在空气中自然冷却。更换轴承后应将封口垫装好，封口垫与轴承外套不应有摩擦。

8.4.4　外壳及导向装置的检修

(1) 外壳的检修

外壳的保护瓦一般用钢板（厚度为 10～12mm）或生铁瓦（厚度为 30～40mm）制成

（也有用辉绿岩铸石板的）。外壳和外壳两侧的保护瓦必须焊牢，如用生铁瓦作的保护瓦（不必加工），则应用角铁将生铁瓦托住并要卡牢，不得松动。在壳内焊接保护瓦及角铁托架时，必须注意焊接质量。若保护瓦松动、脱焊，则应进行补焊；若磨薄只剩下 2～3mm 时，则应换新瓦。风机外壳的破损，可用铁板焊补。

（2）导向装置的检修

检查导向装置的回转盘有无滞住，导向板有无损坏、弯曲等缺陷；检查导向板固定装置是否牢固及关闭后的严密程度；检查闸板型导向装置的磨损程度和损坏情况；闸板有无卡涩及关闭后的严密程度。根据检查结果，再采取相应的修理方法。因为上述部件多为碳钢件，所以大都可采用冷作、焊接工艺进行修理。

另外，风机外壳与风道的连接法兰及人孔门等，在组装时一般应更换新垫（如果旧垫没有损坏，也未老化，可继续使用）。

8.4.5 风机的组装

根据风机的结构特点，其组装时应注意以下几点。

① 将风机的下半部吊装在基础上或框架上，并按原装配位置固定。转子就位后，即可进行叶轮在外壳内的找正。找正时，可以调整轴承座（因原位装复，其调整量不会很大），也可以移动外壳，但外壳牵连到进出口风道，这点在调整时应特别注意。

② 转子定位后，即可进行风机上部构件及进出口风道的安装。在安装风道时，不允许强行组合，以免造成外壳变形，导致外壳与叶轮已调好的间隙发生变化，将影响导向装置的动作。

③ 联轴器找中心时，以风机的对轮为准找电动机的中心。小风机可采用简易找中心法，重要的风机必须按正规找中心方法进行。

④ 测量轴承外套与轴承座的接触角以及两侧间隙，轴承外套与轴承座接触角应为 90°～120°，两侧间隙应为 0.04～0.06mm，对于新换的轴承，还应该检查外套与轴承座的接触面应不小于 50%。

8.4.6 离心风机试运行

首次启动风机待达全速时即用事故按钮停下，观察轴承和转动部件，确认无摩擦和其他异常后可正式启动风机。风机在 8h 试运行及热态运行时，应注意以下几点。

① 在试运行中发生异常现象时，应立即停止风机运行查明原因。

② 试运行中，轴承振动（垂直振动）一般应达到 0.03mm，最大不超过 0.09mm；轴承晃动（水平振动）一般应达到 0.05mm，最大不超过 0.12mm。

③ 试运行中，轴承温度应稳定，不允许超过规定值，滑动轴承一般不超过 70℃，滚动轴承一般不超过 80℃。

④ 风机运行正常、无异声。

⑤ 挡板开关灵活，指示正确。调节控制风量、风压可靠正常，监视风机电流不超过规定值。

⑥ 各处密封不漏油、漏风、漏水。

实训 1 离心风机的压力偏高、风量减小故障的分析与处理

（1）实训目的

① 掌握离心风机压力偏高、风量减小故障的产生原因。

② 掌握离心风机压力偏高、风量减小的处理方法。

（2）实训要求

① 根据故障现象和特征，分析可能导致离心风机压力偏高、风量减小的原因。

a. 若是初运行，检查风机叶轮的旋转方向是否正确、导向器是否装反、风机全压是否适当。

b. 检查出风管道是否破裂。

c. 检查出风管道与法兰的结合面是否密封完好。

d. 检查气体密度是否正常。

e. 检查进风管道、阀门或网罩是否有尘土、烟灰或杂物堆积堵塞通道。

f. 检查出风管道、阀门是否有尘土、烟灰或杂物堵塞通道。

g. 检查叶轮入口间隙是否合理、叶片是否有磨损。

h. 检查密封圈损坏程度是否过大。

i. 检查所输送气体的密度。

② 找出故障原因后，按照表 8-1 中故障处理方法对故障进行处理。需要注意的是，在故障处理过程中，必须严格按工艺要求操作。

③ 提出问题并讨论。

④ 提交实训记录与实训体会。

（3）实训器材与设备

主要有：流量计、电流表、顶丝、活扳手、呆扳手、梅花扳手、一字或十字旋具、百分表；干黑铅粉、枕木、涂料；黄油、机油等。

实训 2　离心风机轴承过热故障的分析与处理

（1）实训目的

① 掌握离心风机轴承过热故障的产生原因。

② 掌握离心风机轴承过热故障的处理方法。

（2）实训要求

① 根据故障现象和特征，分析可能导致离心风机轴承过热故障的原因。

a. 从视油孔检查润滑油液位是否合理。

b. 检查润滑油油质是否良好。

c. 检查轴承箱是否剧烈振动。

d. 检查轴承箱座连接螺栓的紧力。

e. 检查轴承外圈与轴承座内孔间隙是否过大。

f. 检查轴与滚动轴承安装位置是否同心。

g. 检查轴承是否损坏。

h. 检查轴是否弯曲。

i. 检查联轴器是否找正。

② 找出故障原因后，按照表 8-1 中故障处理方法对故障进行处理。需要注意的是，在故障处理过程中，必须严格按工艺要求操作。

③ 提出问题并讨论。

④ 提交实训记录与实训体会。

(3) 实训器材与设备

主要有：电压表、电流表、顶丝、活扳手、呆扳手、梅花扳手、一字或十字旋具、百分表；干黑铅粉、枕木、涂料；黄油、机油等。

习题与思考题

8-1 简述离心风机常见故障产生的原因和排除方法。

8-2 当风机出现故障时，风机还能继续运行吗？

8-3 叙述离心风机检修的重点。

8-4 分析风机在运行过程中超常振动的原因。

8-5 分析叶片超常磨损的原因。

8-6 更换叶片的步骤是什么？

第9章

离心风机的节能简介

9.1 离心风机的节能设计简介

对于离心风机设计的总体要求是在高效率、低噪声的条件下满足所需要的流量、全压及其他要求。离心风机的设计分理论设计和相似设计两种，相似设计是根据已有性能良好的产品按照相似原理进行设计，方法简单、可靠，已被广泛采用。若遇特殊要求，或设计新系列离心泵，一般采用理论设计方法。

9.1.1 离心风机的节能设计方法

9.1.1.1 离心风机的理论设计方法

(1) 离心风机的理论设计节能方法

离心风机设计要达到高效节能等要求，首先要对以下几个重要方案的选择多加考虑。

① 叶片形式的合理选择

a. 从气体所能获得的压力角度看，前向叶片最大，径向叶片次之，后向叶片最小。

b. 从效率角度看，后向叶片最高，径向叶片居中，前向叶片最低。

c. 从结构尺寸看，在流量和转速一定时，达到相同的压力前提下，前向叶轮直径最小，而径向叶轮直径稍次，后向叶轮直径最大。

d. 从工艺角度看，直叶片制造最简单。

因此，大功率的通风机一般用后向叶片较多，如果对通风机的压力要求较高，而转速和圆周速度受到一定限制时，则往往选用前向叶片。

② 叶片安装角 β_{1y} 对于后向叶轮，由于叶道内流动损失较小，因此 β_{1y} 的选择应使叶轮叶片进口冲击损失最小，一般 $\beta_{1y}=15°\sim35°$。对于前向叶轮，由于其叶道内流动分离损失较大，过小的 β_{1y} 将导致叶片弯曲度过大，分离损失增加，一般 $\beta_{1y}=40°\sim60°$。当 $\beta_{2y}>(155°\sim160°)$ 时，可取 $\beta_{1y}>60°$。

③ 叶片数的选择 一般叶片出口安装角较大的叶轮，应采取较多叶片数。反之，可选取较少叶片数。如果 D_1/D_2 越小，叶片取得越少，以免进口处叶片过于稠密；D_1/D_2 越大，叶片数可适当取得多些。

④ 叶片进、出口宽度

a. 后向叶轮大都采用锥形或弧形前盘。对一定流量的叶轮，如果 b_2 过小，出口速度过大，叶轮后的损失增大；而 b_2 过大，扩压过大，导致边界层分离损失增加。因此对于 b_2 大小的决定应慎重些。

b. 对前向叶轮，进口几何参数的影响较大，其叶片进口宽度应取大些。另外，b_1 又与 D_1 有关，要根据 D_1 来选择，使气流在叶轮进口稍有加速。

⑤ 叶轮进、出口直径　如果叶轮进口直径 D_1 过小，其圆周速度虽然很小，而径向速度则因其进口截面积的减小而增大，结果使气流进口相对速度变得很大，损失增大；反之，如果选用的进口直径过大，则径向速度虽然很小，但圆周速度增大了，结果同样使气流进口相对速度很大。因此，叶轮进口直径 D_1 应使相对速度最小。

(2) 离心通风机叶轮的设计步骤

① 根据设计参数，流量 q_V、全压 p，介质及其进口状态等要求，由式(7-9) 计算风机的比转速 n_y。若叶轮转速 n 未给定，可初步选定，同时兼顾风机效率、尺寸和噪声的要求。根据比转速 n_y，可大致确定通风机类型及叶片形式。一般有：

$n_y = 2.7 \sim 12$ 前向叶片离心通风机；

$n_y = 3.6 \sim 16$ 后向叶片离心通风机；

$n_y > 16 \sim 17$ 双吸入或并联离心通风机；

$n_y = 18 \sim 36$ 轴流通风机。

② 确定叶片出口安装角 β_{2y}。

根据试验统计表明，压力系数 $\bar{p}$ 与叶片出口安装角 β_{2y} 成线性关系，如图 9-1 所示，后弯叶片 $\beta_{2y} = 40°$ 左右，机翼型叶片 $\beta_{2y} = 45° \sim 47°$ 时效率较高。

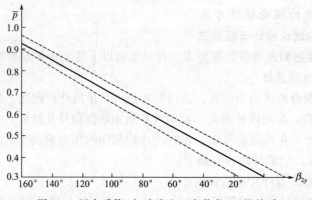

图 9-1　压力系数 $\bar{p}$ 与叶片出口安装角 β_{2y} 的关系

一般有：

$\bar{p} = 0.3 \sim 0.6$ 后弯叶片；

$\bar{p} = 0.6 \sim 0.7$ 径向叶片；

$\bar{p} = 0.7 \sim 1.2$ 前弯叶片。

③ 确定叶轮外径 D_2。

根据所选的 β_{2y} 值，由图 9-1 查得 $\bar{p}$，计算叶轮圆周速度 u_2

$$u_2 = \sqrt{\frac{p}{\rho \bar{p}}} \ (\text{m/s}) \tag{9-1}$$

计算叶轮的直径

$$D_2 = \frac{60 u_2}{\pi n} \ (\text{m}) \tag{9-2}$$

式中　n——叶轮转速，r/min。

④ 根据叶道中损失为最小原则计算叶轮进口直径 D_1

$$\frac{D_1}{D_2} \geqslant 1.194 \sqrt[3]{\overline{q_V}} \tag{9-3}$$

式中　$\overline{q_V}$——流量系数；

　　D_2——叶轮直径。

式(9-3) 适用于后向、径向和 $\overline{q_V}$ 小于 0.3 的前向叶轮。而对于 $\overline{q_V}$ 大于 0.3 的前向叶轮，式(9-3) 计算的数值偏大，所以 D_1/D_2 可直接在 0.80～0.95 范围内选取。

⑤ 确定通风机叶片进口直径 D_0。

考虑到边界层分离影响，一般要求叶片进口稍有加速，常取

$$D_0 = (1.0 \sim 1.05) D_1 \tag{9-4}$$

⑥ 确定叶片数 Z

$$Z = 8.5 \frac{\sin \beta_{2y}}{1 - \dfrac{D_1}{D_2}} \tag{9-5}$$

根据式(9-5) 计算后再合理圆整。一般，后弯机翼型及圆弧叶片，可取 $Z = 8 \sim 12$ 片；后向直叶片，可取 $Z = 12 \sim 16$ 片；前向叶片，可取 $Z = 12 \sim 36$ 片；前向多叶风机，可取 $Z = 32 \sim 80$ 片。

⑦ 确定叶片进、出口宽度 b_1、b_2。

a. 后向叶轮大多采用锥形或弧形前盘。当考虑叶片厚度影响时，依照流体连续性方程，可求得 b_2，即

$$b_2 = \frac{q_V}{\pi D_2 \tau_2 c_{2r}} \tag{9-6}$$

上式也可用流量系数来表示，已知 $q_V = \dfrac{\pi}{4} D_2^2 u_2 \overline{q_V}$，代入上式，即

$$\frac{b_2}{D_2} = \frac{\overline{q_V}}{4\tau_2 \dfrac{c_{2r}}{u_2}} \tag{9-7}$$

式中　τ_2——叶片出口阻塞系数。

试验表明，在不同的 β_{2y} 下，c_{2r}/u_2 值是不同的，一般有

$$\beta_{2y} = 35° \sim 48° \text{时}, \quad \frac{c_{2r}}{u_2} = 0.21 \sim 0.25$$

$$\beta_{2y} = 48° \sim 60° \text{时}, \quad \frac{c_{2r}}{u_2} = 0.25 \sim 0.28$$

后向叶轮进口宽度，可用下式近似计算

$$b_1 \approx \frac{b_2 D_2}{D_1} \tag{9-8}$$

b. 对前弯叶轮，进口几何参数的影响较大。其进口宽度比后弯叶轮要大些。对比转速 $n_y = 4.5 \sim 11.7$ 的前弯叶轮，叶片进口宽度可按下述范围选取：

$$\frac{D_1}{D_2} = 0.25 \sim 0.35 \text{ 时}, \quad b_1 = (1.2 \sim 1.5) \frac{D_1}{4}$$

$$\frac{D_1}{D_2} = 0.35 \sim 0.5 \text{ 时}, b_1 = (1.5 \sim 2.0)\frac{D_1}{4}$$

$$\frac{D_1}{D_2} > 0.5 \text{ 时}, b_1 = (1.2 \sim 1.5)\frac{D_1}{4}$$

若采用平直前盘，则

$$b_2 = b_1 \tag{9-9}$$

若采用锥形前盘，在一定的 D_1/D_2 下其前盘倾斜角 θ 不宜过大，否则影响效率。可参考表 9-1 选取 θ 值，求得 b_2 值。

表 9-1 叶轮尺寸比与 θ 的关系

D_1/D_2	$0.30 \sim 0.45$	$0.45 \sim 0.55$	>0.5
$\theta/(°)$	<20	<25	<35

⑧ 确定叶片进口安装角 β_{1y}。

根据流体连续性方程，有

$$c_{1r} = \frac{q_{VT}}{\pi D_1 b_1 \tau_1} \tag{9-10}$$

根据速度三角形，有

$$\beta_1 = \arctan \frac{c_{1r}}{u_1} \tag{9-11}$$

一般取冲角 $\delta = 0 \sim 8°$，则

$$\beta_{1y} = \beta_1 + \delta \tag{9-12}$$

⑨ 验算全压 p。

a. 先计算无限多叶片理论全压

$$p_{T\infty} = \rho u_2^2 \left(1 - \frac{c_{2r}}{u_2}\cot\beta_{2y}\right) \tag{9-13}$$

b. 根据所选叶轮形式，计算环流系数 K 值，求得理论全压，即

$$p_T = K p_{T\infty} \tag{9-14}$$

c. 计算实际全压

$$p = \eta_h p_T \tag{9-15}$$

式中 η_h——水力效率。

如果计算出的实际全压 p 与设计给定全压相等或相近，则可认为设计满足要求。否则改变某些参数（如 D_2、β_{2y} 和 Z 等），重新计算，直到满足要求为止。

⑩ 绘制叶片形式。

9.1.1.2 离心风机的相似设计方法

风机内部的流动比较复杂，一台性能良好的风机往往要经过大量的试验研究才能得到。因此，根据已有的研究成果，通过相似理论设计出所需要的性能良好的风机，在工程实际中具有非常重要的意义。根据给定的已知性能要求，按下列步骤进行设计。

① 确定转速 n。

风机的转速主要取决于风机的流量、全压。一般对流量较大，全压较低，则转速应取得低一些。而流量小，全压较高，转速可取得高一些。另外，如果通风机与电动机直联传动，

则通风机的转速只能根据电动机的转速选取。

②计算比转速 n_y 确定风机的结构形式。

根据用户给定的流量、全压、气体状态，换算为标况下的流量和全压，根据式(7-13)计算比转速 n_y。

③ 根据比转速 n_y 选择模型风机，应注意以下方面。

a. p-q_V 曲线要平坦。

b. 风机效率要高，高效率区要宽。

c. 所选择的模型风机的比转速必须与设计风机的比转速相等或很接近。

④ 根据已选定的模型风机和给定的参数，按下式计算放大或缩小系数 λ

$$\lambda = \lambda_{q_V} = \lambda_H = \sqrt[3]{\frac{n_m q_{Vp}}{n_p q_{Vm}}} = \frac{n_m}{n_p} \sqrt{\frac{H_p}{H_m}} \tag{9-16}$$

式中，λ_{q_V} 和 λ_H 分别为用流量和全压计算出的放大或缩小系数；下标 m 为模型风机参数，下标 p 为要设计风机的参数。

实际计算中，λ_{q_V} 和 λ_H 往往并不相等，在两者相差不大的情况下，一般取较大的 λ 值。

⑤ 计算设计风机的线性尺寸。

根据线性尺寸比值和模型风机的几何尺寸，求出设计风机的线性尺寸

$$D_2 = \lambda D_{2m}, \quad b_2 = \lambda b_{2m}, \quad D_1 = \lambda D_{1m}, \quad b_1 = \lambda b_{1m}, \quad \cdots$$

设计风机的叶片角与模型风机的响应角度相等，叶片数相等，即

$$\beta_{1y} = \beta_{1ym}, \quad \beta_{2y} = \beta_{2ym}, \quad Z = Z_m$$

根据相似理论，叶片厚度和粗糙度也应按相同的线性尺寸比例放大或缩小。实际上，叶片厚度受材料铸造条件的限制而不能太薄，而尺寸放大时也不一定按比例加厚叶片，这样可使设计的叶轮有较大的通流能力。因此，叶片厚度对设计风机应按具体情况而定。而对密封环的间隙而言，考虑泄漏损失，也并不一定按线性尺寸比考虑，即从模型放大时，间隙尺寸并不按同一比例放大。另外，流道的粗糙度仅取决于铸造质量，在铸造质量相同的条件下，从模型风机放大，相对粗糙度减小，水力效率有所提高。反之，从模型尺寸缩小时，相对粗糙度增大，水力效率降低。

例 9-1 设计一台锅炉配用的通风机，进口状态参数为 $p_1 = 720\text{mmHg}$，$t_1 = 50℃$，流量 $q_V' = 49400\text{m}^3/\text{h}$，全压 $p' = 264\text{mmH}_2\text{O}$。

解： $$p' = 9.807 \times 264 = 2589\text{Pa}$$

将流量、全压换算成标准状态：

$$q_V = q_V' = 49400\text{m}^3/\text{h} = 13.72\text{m}^3/\text{s}$$

$$p = p' \frac{\rho}{\rho'} = p' \frac{p}{p'} \frac{T_1}{T} = 2589 \times \frac{760}{720} \times \frac{273+50}{273+20} = 3011\text{Pa}$$

若选用 4-13.2 型通风机，转速 n 取 1450r/min，其比转速为：

$$n_y = 1450 \times \frac{\sqrt{13.72}}{\sqrt[4]{3011^3}} = 13.2$$

由 4-13.2 型通风机的无因次性能曲线求得：$\bar{p} = 0.437$，$\overline{q_V} = 0.23$，$\eta = 0.93$，便可计算以下参数：

$$u_2 = \sqrt{\frac{p}{\rho \bar{p}}} = \sqrt{\frac{3011}{1.2 \times 0.437}} = 75.9\text{m/s}$$

$$D_2 = \frac{60u_2}{\pi n} = \frac{60 \times 75.9}{3.14 \times 1450} = 1\text{m}$$

$$P = \frac{pq_V}{1000\eta} = \frac{3011 \times 13.72}{1000 \times 0.93} = 44.4\text{kW}$$

如果选用 9-6.32 型通风机，转速取 695r/min，计算如下：

$$n_y = 695 \times \frac{\sqrt{13.72}}{\sqrt[4]{3011^3}} = 6.32$$

9-6.32 型通风机的无因次参数：$\overline{p} = 0.845$，$\overline{q_V} = 0.14$，$\eta = 0.68$。

$$u_2 = \sqrt{\frac{p}{\rho\,\overline{p}}} = \sqrt{\frac{3011}{1.2 \times 0.845}} = 54.6\text{m/s}$$

$$D_2 = \frac{60u_2}{\pi n} = \frac{60 \times 54.6}{3.14 \times 695} = 1.5\text{m}$$

可见，选用 4-13.2 型通风机和 9-6.32 型通风机都可以满足要求，但各有特点：前者效率高，耗功小，外形尺寸小；后者转速低，圆周速度低。另外，还可多选几类通风机进行全面比较，最后根据工程实际情况，在满足主要矛盾的前提下确定通风机的类型。

9.1.2　CFD 在离心风机叶轮流场计算中的应用

本例模拟的离心风机参数如下：叶轮外径为 0.8m，叶片出口安装角 $\beta_{2y} = 45°$，叶片数 12，流量 $q_V = 6.258\text{m}^3/\text{s}$，电动机转速为 1450r/min，离心风机的几何模型如图 9-2 所示。

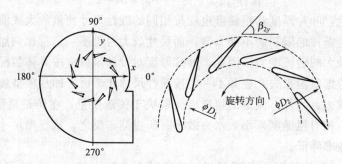

图 9-2　离心风机几何模型

为了控制网格生成质量，采用"分区、分块"技术，将复杂的计算区域分割为蜗壳区域、叶轮区域和集流器区域三部分，各区域单独生成网格，相邻的区域共享一个面，且使用相同的网格节点。三个区域的网格数分别为 483864、194992 和 60991。

假定风机在额定工况下稳定运行，环境压力为 101325Pa，空气密度为 1.225kg/m³。气流做不可压缩稳定流动，忽略重力对流场的影响，气流进口给定入口速度和湍流动能及耗散率；蜗壳出口给定自由出口边界条件；风道内壁、叶片、轮毂均为无滑移固体壁面；旋转叶轮和静止蜗壳之间的耦合采用 MRF 模型。

计算采用亚松弛、simple 求解算法，Momentum、Turbulent Kinetic Energy 和 Turbulent Dissipation Rate 均采用二阶迎风格式。

图 9-3 为离心风机在不同轴向截面上的全压等值线。从图可见，蜗舌处全压最低，在 120°附近全压达到最大值，且沿径向全压逐渐增大。由图可知，在蜗壳流道中出现了全压较小区域，且随着 Z 值增大，该区域沿着流体流动方向推进。

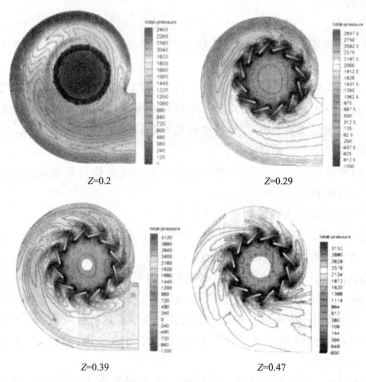

Z=0.2　　　　　　　　Z=0.29

Z=0.39　　　　　　　　Z=0.47

图 9-3　离心风机不同轴向截面的全压等值线

9.2　离心风机的降噪节能简介

9.2.1　离心风机振动和噪声产生的原因

离心风机的振动主要由旋转失速、喘振和机械振动引起，其防止措施在第 5.2.2 节已讲解，这里不再赘述。

离心风机的空气动力性噪声是由高速气流、不稳定气流以及气流与物体相互作用而产生的，包括旋转噪声与旋涡噪声。

(1) 旋转噪声

旋转噪声又称离散噪声。它是叶轮旋转时叶片冲击周围介质所引起的噪声。它的频率主要与叶轮的转速及叶片数有关。

叶轮旋转时，叶轮上均匀排列的叶片会冲击周围的流体介质，引起周围流体压力的脉动而产生噪声。流体在流过叶片时，形成边界层，而叶片非工作面上的边界层容易分离，产生旋涡。在叶片末梢，叶片工作面与非工作面上两股流体汇合时，形成尾迹区。尾迹区内流体的压力和速度低于主流的值。所以，叶轮旋转时叶片出口区内的流场很不均匀，它们周期性地作用于周围介质，产生压力脉动形成噪声。

旋转噪声的频率为

$$f_r = \frac{nz}{60}i \quad (i=1,2,3) \tag{9-17}$$

式中　n——叶轮转速；

  z——叶片数；

  i——谐波序号。

  $i=1$ 为基频，旋转噪声基频最强，其次是二次谐波、三次谐波。谐波次数越高，噪声强度越弱。

  旋转噪声具有不连续的频谱分布，其噪声值大致和叶轮周围速度的十次方成正比。

  离心风机叶轮和蜗舌之间的径向间隙，对风机的噪声影响很大。间隙小时，旋转叶片流道掠过蜗舌处，会出现周期性的压力与速度脉动形成较强的噪声。

  （2）旋涡噪声

  旋涡噪声又称紊流噪声。它是流体绕流物体表面形成紊流边界层及边界层分离，引起流体压力脉动而产生的噪声。

  旋涡噪声产生的原因，大致有以下几个方面。

  a. 流体绕流物体时，形成紊流边界层，而紊流边界层内流体的脉动压力作用于物体，产生噪声。紊流边界层愈发展，噪声愈强烈。

  b. 流体绕流物体时，若流道的扩压程度较大，则可能产生边界层分离，形成旋涡及旋涡的释放。在适当的雷诺数范围内，可能产生卡门涡街，旋涡交错释放。叶片尾流区的旋涡剥离，会引起压力的脉动而产生噪声。如果剥离的旋涡被后面的叶片所撞击，则噪声会更大。

  c. 叶片前流体的紊流脉动必然导致叶栅上流体冲角的脉动，造成叶片作用力的脉动引起噪声。

  d. 气流通道中的障碍物及支撑物、导流片、扩压器等由于气流通过时产生涡流，也会引起噪声。阀门会导致涡流的产生，进而激发涡流噪声，若这种涡流噪声与障碍物的固有频率相一致，噪声会激增。

  旋涡噪声的频率为

$$f_1 = Sr \frac{w}{l} \tag{9-18}$$

式中 Sr——斯特劳哈尔数，$Sr=0.14\sim0.20$，一般可取 0.185；

  w——叶片相对于气体的速度，m/s；

  l——物体正表面宽度在垂直于气流速度平面上的投影，m。

  旋涡噪声具有较连续的频谱分布，其噪声值大致和叶轮圆周速度的六次方成正比。

9.2.2 控制离心风机噪声的方法

  控制噪声的方法很多，归结起来大概可以分为三类。一是控制噪声源的噪声，降低噪声，这是最根本的途径；二是在噪声的传播途径上控制噪声；三是在噪声的接受点上采取防护措施。

  （1）控制噪声源

  ① 控制噪声源的噪声 关键是风机的设计必须具有良好的空气动力性能，防止或减少风机本身的噪声。对于气流通过风机部件的设计，应符合流线型，尽量减少流体的冲击和边界层的分离。

  ② 选择合适的叶片形状和尺寸 叶片的前缘要善于适应气流冲角的变化，叶片的后缘应尽量薄，以减少尾迹的影响，噪声均有明显的下降。

  ③ 前、后两列叶栅的轴向距离适当 前、后两列叶栅的轴向距离应能使气流较均匀，

压力、速度的脉动小。增加动叶和后置导叶的轴向距离，可缓和动叶出口不均与气流对静叶的干扰。当然前后叶栅的叶片数不能相等，且彼此为质数，无公约数。当动叶栅与静叶栅配合，每次只可能有一个动叶片与静叶片重合，其余叶片都相互错开。于是，气流的脉动强度不至于叠加起来，噪声的强度不会增大。

④ 选择合理的风机转速　同样的叶顶周围速度，选用较小的转速和较大的叶轮直径较为有利。这是因为风机转速较低，内部通流面积增大，流体的速度相对较低；转动部件不平衡所产生的机械力和转速的平方成正比，所以降低转速，可降低噪声。

⑤ 合理选取叶轮与蜗舌间的间隙　如图 9-4(a) 所示为蜗舌间隙变化情况。曲线 1、2、3、4 表示蜗舌间隙 S 与叶轮外圆 R 的不同比值，在同一流量下，$\dfrac{S}{R}=0.016$，噪声最高，$\dfrac{S}{R}=0.40$，噪声最低，两者相差 18dB 左右。图 9-4(b) 为蜗舌尖端半径 r 变化时，噪声变化的情况，曲线 5、6、7 为不同蜗舌半径 r 与叶轮外圆半径 R 的比值，在同一流量下，$\dfrac{r}{R}=0.05$，噪声最高，$\dfrac{r}{R}=0.20$，噪声最低，两者相差 6dB 左右。若 $r>12$mm，蜗舌半径对气动力噪声几乎不产生影响。

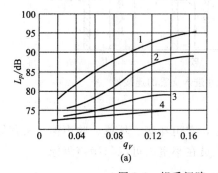 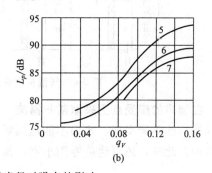

(a)　　　　　　　　　　　(b)

图 9-4　蜗舌间隙、蜗舌半径对噪声的影响

$1—\dfrac{S}{R}=0.016$；$2—\dfrac{S}{R}=0.06$；$3—\dfrac{S}{R}=0.16$；$4—\dfrac{S}{R}=0.4$

$5—\dfrac{r}{R}=0.05$；$6—\dfrac{r}{R}=0.125$；$7—\dfrac{r}{R}=0.2$

⑥ 改善进、出口流道的形状和尺寸　风机的进、出口应避免急转弯，如图 9-5 所示，并用软性接头连接，风机、电动机都安装在隔振基础上。另外，降低叶轮进口的相对速度，

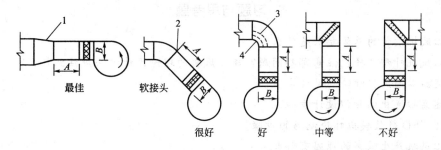

最佳　　　软接头　　　很好　　　好　　　中等　　　不好

图 9-5　风机出口位置

1—优先采用 1∶7 斜度，在低于 10m/s 时，容许 1∶4 斜度；2—最小的 A 尺寸为 1.5B（B 为出风口的大边尺寸）；3—导风叶片应扩展到整个弯头半径范围；4—最小直径为 15cm

有明显降低噪声的作用。

⑦ 在风机进、出口处装设消声器 一般在锅炉送风机入口装设消声器，锅炉送风机的敞开式吸入口会产生强烈的噪声，如果加装效果好的消声器，往往可使噪声削减 40～50dB。

（2）传播途径的噪声控制

① 在风机的壳体外加装隔声罩。加设隔声罩后，可以对造成空气噪声辐射的表面进行隔声。

② 风道内的空气流速不宜过大，以减少由于气流波动产生的噪声。一般来说，主风道内空气流速不得超过 8m/s；对消声要求严格的系统，主风道内流速不宜超过 5m/s。

③ 在噪声传播途径上，通过绿化，合理布置住宅群，利用自然地形如山冈、土坡等降低噪声。

④ 将噪声强的车间和作业场所与职工生活区、住宅区分开，噪声随距离而衰减。

⑤ 系统管路设计尽可能使气流均匀流动，避免急剧转弯产生涡流引起噪声，尤其是主管道与进入使用房间支管连接处，如图 9-6 所示。

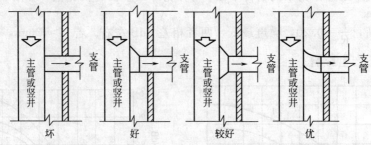

图 9-6 气流从主管或竖井进入支管的连接处

（3）在噪声的接受点上采取防护措施

在其他措施不能实现、效果不能达到要求时，常用耳塞、耳罩、防声棉、头盔等防声工具进行防护。此外，还可建造专用小室，操作人员在小室内可以与噪声隔绝。

9.3 减小通风管道阻力节能

尽可能减小风机通风管道漏风，防止通风巷道短路，以最大限度地提高流量利用率。某煤矿在 2 个风井的 4 台风机上安装风门行程位置指示及限位装置，准确地控制风门开启位置，减少风流阻力，年节电可达 6×10^4 kW·h。

习题与思考题

9-1 离心风机设计的总体要求是什么？

9-2 离心风机叶型选择应注意哪些问题？离心风机的理论设计方法应注意什么？

9-3 简述离心通风机叶轮的设计步骤。

9-4 简述离心风机的相似设计步骤。

9-5 简述 CFD 数值模拟叶轮流场的步骤。

9-6 离心风机产生噪声的原因有哪些？

9-7 控制离心风机噪声的方法有哪些？

第10章

火力发电厂常用其他类型泵与风机简介

火力发电厂中的泵与风机除了离心式泵与风机之外，用得较多的还有轴流式泵与风机、混流式泵与风机、往复式泵与风机等，下面逐一介绍。

10.1 轴流式泵与风机简介

随着火力发电厂汽轮发电机组单机容量的不断增大，配套的泵与风机的容量也在不断地增加。对于大流量的循环水泵，锅炉送、引风机，如果仍采用离心式泵或风机，虽然可以通过增大叶轮直径或者增加台数来满足机组大流量的需要，但由于受到设备尺寸、材料强度和占地面积的限制，无法继续扩大容量。而轴流式泵与风机增加流量具有较大潜力，可满足大容量机组的需要。因此，轴流式泵与风机将随着汽轮发电机组容量的增大而得到较快的发展。

在国际上，德国、丹麦等部分欧洲国家轴流风机的研究与应用比较早，20 世纪 70 年代大型电站已普遍采用动叶可调轴流风机作为锅炉送、引风机。20 世纪 80 年代以来，我国引进丹麦诺文克（NOVENCO）公司，德国 TLT 公司、KKK 公司等专利技术所生产的轴流风机，已能满足 200MW、300MW 及 600MW 机组火力发电厂锅炉对送、引风机的要求。

我国火力发电厂大型机组配备的循环水泵大都采用轴流泵或混流泵。

10.1.1 轴流泵及其应用

轴流泵是一种比转速较高的叶片式泵，它的突出特点是流量大而扬程较低。

10.1.1.1 轴流泵的基本构造与工作原理

轴流泵的外形像一根水管，泵壳直径与吸水口直径差不多，既可垂直安装，也可水平或倾斜安装。根据安装方式的不同，轴流泵通常分为立式、卧式和斜式三种。图 10-1 为三种轴流泵的外形示意图。图 10-2 为立式轴流泵的工作示意图，图 10-3 给出了叶轮叶片部分可调的位置。立式轴流泵主要由吸液管（进液喇叭口）、叶轮、导叶、泵轴和轴承、机壳、出液弯管及密封装置等组成，图 10-4 为 56ZLQ-70 型叶片全可调立式轴流泵结构。轴流泵只能是单吸入，通常都是单级，在大型火力发电厂中，当循环冷却水需要的能头不是很大时，凝汽器的循环水泵往往采用轴流泵。

① 吸液管　吸液管的形状如流线型的喇叭管，以便汇集液流，使其得到良好的水力条件。

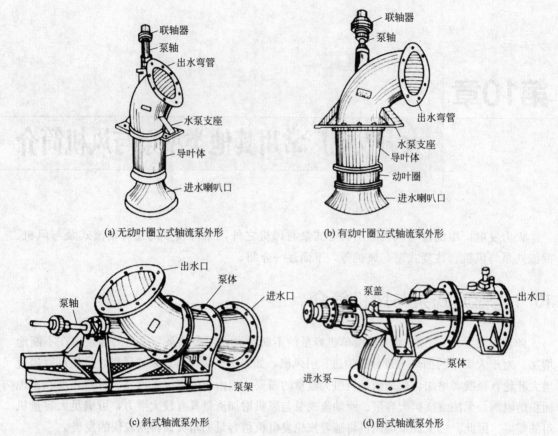

(a) 无动叶圈立式轴流泵外形　　　　　(b) 有动叶圈立式轴流泵外形

(c) 斜式轴流泵外形　　　　　(d) 卧式轴流泵外形

图 10-1　轴流泵外形示意图

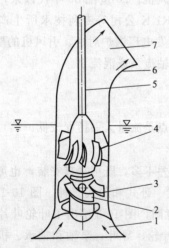

图 10-2　立式轴流泵工作示意图
1—吸液管；2—叶片；3—叶轮；4—导叶；
5—轴；6—机壳；7—出液弯管

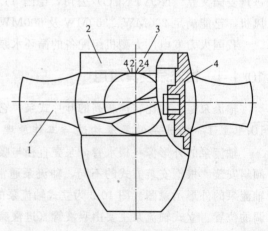

图 10-3　半调式叶片
1—叶片；2—轮毂体；3—角度位置；4—调节螺母

② 叶轮　叶轮为螺旋桨式，是轴流泵的主要工作部件。叶片的形状和安装角直接影响到泵的性能。叶轮按叶片安装角度调节的可能性分为固定式、半调式和全调式三种。固定式

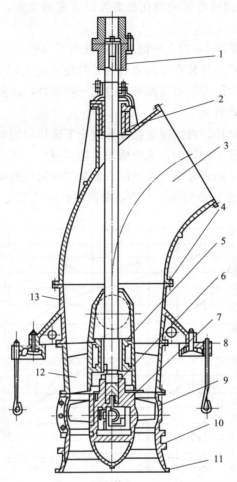

图 10-4　56ZLQ-70 型叶片全可调立式轴流泵结构

1—联轴器；2—橡胶轴承；3—出液弯管；4—泵座；5—橡胶轴承；6—拉杆；7—叶轮；
8—底板；9—叶轮外壳；10—吸液喇叭口；11—底座；12—导轮；13—中间接管

轴流泵的叶片与轮毂铸成一体，叶片的安装角度不能调节；半调式轴流泵的叶片是用螺栓装配在轮毂体上的，叶片的根部刻有基准线，轮毂上刻有相应的安装角度位置线，如图 10-3 所示。根据不同工况的要求，可将螺母松开，转动叶片，改变叶片的安装角度，从而调节泵的流量；全调式轴流泵可以根据不同的扬程和流量的要求，在停机或不停机的状态下，通过一套油压调节机构来改变叶片的安装角度，从而改变泵的性能，以达到使用要求。全调式轴流泵的调节机构比较复杂，对检修维护的技术要求较高，一般应用于大型轴流泵。

③ 导叶　轴流泵动叶出口装有导叶，其作用是将叶轮中向上流出的液流由旋转运动变为轴向运动，并在与导叶组成一体的圆锥形扩张管中将部分旋转的动能变为压力能，减少水头损失。轴流泵导叶一般为 6～12 片。

④ 轴和轴承　泵轴是用来传递转矩的，多做成空心轴，里面安置调节操作油管，用来操作液压调节机构以改变叶片的安装角。轴承有两种，一种称为导轴承（如图 10-4 中上、下橡胶轴承），主要用来承受径向力，起径向定位作用；另一种称为推力轴承，安装在电动机基座上，在立式轴流泵中用来承受液流作用在叶片上方的压力及液泵转动部件重量，维持转子的轴向位置，并将这些推力传递到机组的基础上去。

⑤ 密封装置 轴流泵出液弯管的轴孔处需要设置密封装置,目前常用的密封装置为压盖填料密封和机械密封。

轴流泵的工作原理(见图 10-2):液流通过进液喇叭口吸入叶轮,在叶轮里由高速旋转的叶片对其增速增压,然后通过装在叶轮之后的导叶使液流由回转上升运动变为轴向运动,并使其动能的一部分转变为压力能而使液流压力进一步提高,最后通过出液弯管排出去。

10.1.1.2 轴流泵的性能特点

轴流式泵采用扭曲形叶片,只能保证在设计流量下流体的能量分布均匀。当流量大于或小于设计流量时,能量仍是不均匀的,从而增加了能量损失,效率下降。特别是小流量时由叶轮流出的液体,一部分又回到叶轮二次加压,发生二次回流现象。

轴流泵的特性曲线如图 10-5 所示。与离心泵的特性曲线相比,具有如下显著的特点。

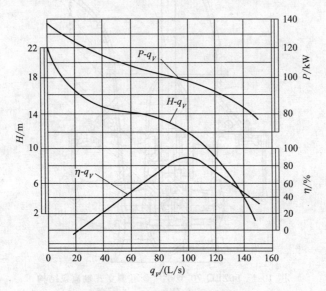

图 10-5 轴流泵的特性曲线

① 轴流泵适用于大流量、低扬程的状况。

② H-q_V 曲线为陡降型并存在拐点。一般来说,轴流泵的空转扬程即流量 $q_V = 0$ 时的扬程为设计扬程的 1.5~2.0 倍。

③ P-q_V 曲线为陡降型。与离心泵不同,轴流泵流量愈小,轴功率愈大。在小流量范围内轴功率较大的原因是:一方面叶轮进、出口之间产生回流,回流内水力损失要消耗能量;另一方面叶片进、出口产生回流旋涡,使主流从轴向流动变为斜流形式,这也要损失能量。使得 $q_V = 0$ 时轴流泵的轴功率为设计轴功率的 1.2~1.4 倍。因此,轴流泵一般要开阀启动。

④ $\eta$$q_V$ 曲线为单驼峰型,高效区很窄。一旦运行工况偏离设计工况,效率下降很快,因此不宜采用节流调节。

10.1.1.3 轴流泵的流量调节

轴流泵一般不采用出口阀调节流量,因为关小阀门使功率增大,效率降低,容易引起电机超载。轴流泵常用改变叶轮转速或改变叶片安装角度的方法调节流量。变速调节与离心泵相同。改变叶片安装角的方法有半调式与全调式两种。

10.1.1.4 轴流泵的主要应用

常用的轴流泵有 ZLB 型单级立式轴流泵,ZWB、ZWQ 型卧式轴流泵。ZLB 型单级立

式轴流泵的特点是流量大、扬程低，适于输送清水或物理、化学性质类似水的液体，液体的温度不超过 50℃。ZWQ 型全调卧式轴流泵适于输送温度低于 50℃的清水，可供电站循环水、城市给水、农田排灌等之用。

10.1.2　轴流风机及其应用

10.1.2.1　轴流式风机的基本构造

如图 10-6 所示，轴流式风机的结构与轴流泵基本相同。它主要由圆形风筒、钟罩形吸入口、装有扭曲叶片的轮毂、流线型轮毂罩、扩压管、电动机、电动机罩等组成。

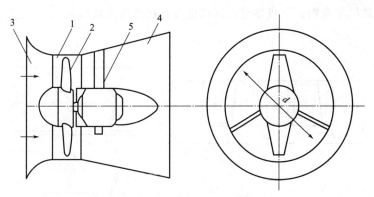

图 10-6　轴流式风机基本构造

1—机壳；2—叶片及轮毂；3—吸入口；4—扩压管；5—电动机及轮毂

① 叶片　轴流式风机的叶轮由轮毂和铆在其上的叶片组成，叶片装在轮毂上，轮毂与电动机用平键连接。叶片从根部到梢部常呈扭曲状或与轮毂呈轴向倾斜状。叶片常用钢板压制而成，有机翼型、板型等。图 10-7 所示为轴流风机的叶轮，外缘装有 17～30 个叶片。叶片是由高强度铸铝合金制成的机翼型扭曲叶片，以使风机在设计工况下，沿叶片半径方向获得相等的全压，避免涡流损失。叶片前缘装有不锈钢镀铬耐磨壁，一经磨损可随时更换。

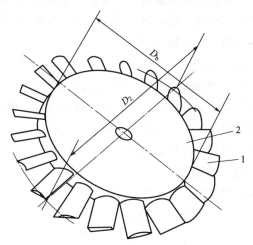

图 10-7　轴流式风机叶轮

1—叶片；2—轮毂

大型轴流式风机的叶片安装角是可以调整的（称为动叶可调），由此来改变风机的流量和全压，在火电厂的锅炉送、引风机上应用较多。大型风机进气口上还常装置导流叶片（称为前导叶），出气口上装置整流叶片（称为后导叶），以消除气流增压后产生的旋转运动，提高风机效率。为避免气流通过时产生共振，导叶数应比动叶数少些。部分轴流式风机还在后导叶之后设置扩压管（流线型尾罩），这样更有助于气流的扩散，进而使气流中的一部分动压转变为静压，减少流动损失。

普通轴流式风机只有一级叶轮，但随着火力发电厂单机容量的增大以及增设脱硫装置等设备的原因，使烟风道阻力增大，需要有可产生较高压力的轴流风机。而单级轴流式风机受叶轮尺寸、转速等因素的限制，它的全压不可能很高。为此，需要用多级轴流风机来满足锅炉的送风、引风要求。多级轴流式风机中，目前二级轴流式风机应用较广泛。图 10-8 所示为二级轴流式风机示意图。二级轴流式风机也可以在首级叶轮前装置导叶。

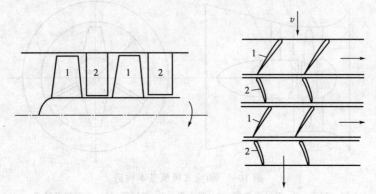

图 10-8　二级轴流式风机示意图
1—动叶片；2—导叶

② 机壳　轴流式风机的机壳是由钢板焊接而成的筒体。机壳前段为钟罩形吸入口，用来避免进风时风道突然缩小，以减少流动阻力；中间段为圆形风筒，后筒为扩压筒。

带有叶轮轮毂的电机机座安装在机壳的中间段，常用钢结构做成。

火力发电厂中用的轴流式送风机大多为卧式布置，而轴流引风机除卧式布置外，也可以立式布置在烟囱中。立式布置的优点是：烟道布置方便，弯道少，阻力损失小，且因布置在烟囱中，机壳不需包覆隔音层；占地面积小。

10.1.2.2　轴流式风机的工作原理

由于轴流式风机的叶片与机轴中心线有一定的螺旋角，当电机带动叶片在机壳内转动时，空气一边随叶轮转动，一边沿轴向推进。当空气被推出后，原来占有的位置形成局部低压，促使外面的空气由吸入口进入。空气通过叶轮压力增高后，从出口排出。由于气体在机壳中流动始终沿轴向进行，所以称为轴流风机。

10.1.2.3　轴流式风机的性能特点

轴流式风机与离心式风机相比，具有以下特点。

① 结构简单，外形尺寸小，耗用金属少。

② 全压低，流量大。

③ 动叶可调轴流式风机的变工况性能好，工作范围大。由于动叶片安装角可随着负荷的变化而变化，既可调节流量，又可保持风机在高效区运行。图 10-9 表示了轴流式风机与离心风机轴功率的对比。由图可见，在低负荷时，动叶可调轴流式风机的经济性高于机翼型离心风机。

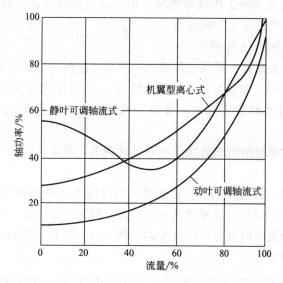

图 10-9　轴流式风机与离心风机轴功率对比

④ 动叶可调轴流式风机的转子结构较复杂，转动部件多，制造、安装精度要求高，维护工作量大。

⑤ 轴流式风机的耐磨性不如离心风机。

⑥ 图 10-10 所示为轴流式风机性能曲线。由图可见，轴流式风机的 p-q_V 曲线呈陡降型，曲线上有拐点。全压随流量的减小而剧烈增大，当 $q_V = 0$ 时，其空转全压达到最大值。这是因为当流量较小时，在叶片的进、出口处产生二次回流现象，部分从叶轮中流出的气体又重新回到叶轮中，并被二次加压，使压头增大。同时，由于二次回流的反向冲击造成的水力损失，致使机器效率急剧下降。因此，轴流式风机在运行过程中适宜在较大的流量下工作。

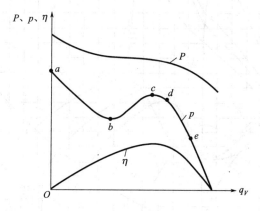

图 10-10　轴流式风机性能曲线

⑦ P-q_V 曲线为陡降型，当 $q_V = 0$ 时，功率 P 达到最大值。这一点与离心风机正好相反。因此，轴流式风机应当"开阀启动"，即在阀全开的情况下启动电动机。实际工作中，轴流式风机总会在启动时经历一个低流量阶段，因而在选配电动机时，应注意留出足够的余量。

⑧ ηq_V 曲线的稳定高效率工作范围很窄。因此，一般轴流式风机均不设置调节阀门来调节流量，以避免进入不稳定工作区运行。

10.1.2.4 轴流式风机的运行调节

轴流式风机是一种大流量、低压头的风机，从其性能曲线看，存在一个较大范围的不稳定工作区（图 10-10 中 $p q_V$ 曲线上 c 点左边的区域），运行中应注意尽量避开这个区域。因此，在考虑轴流式风机的调节方法时，要特别慎重，以满足经济运行和安全运行的两个要求。

一般来说，轴流式风机的调节方法主要有动叶调节、前导叶调节（又称导向静压调节）、转速调节等。

① 动叶调节　图 10-11 是 K-06 型轴流式风机在改变动叶角度时的性能曲线。由图可见，当动叶角度改变时，风机的效率变化不大，功率则随角度的减小而降低。其流量的调节范围很大，使得在选用设备时甚至可以不考虑储备系数。因此，对轴流式风机而言，动叶调节是一种较理想的调节方法。

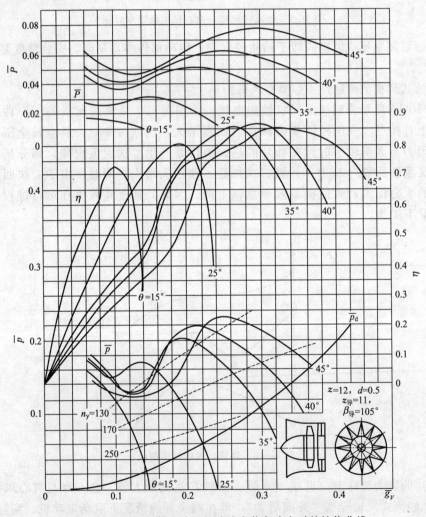

图 10-11　K-06 型轴流式风机叶片安装角改变时的性能曲线

图 10-12 是动叶可调的轴流式风机特性曲线，其主要特点如下。

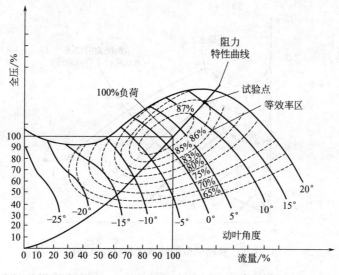

图 10-12 动叶可调轴流式风机特性曲线

a. 等效率区的曲线与管路系统阻力特性曲线接近平行，当负荷变动时，风机保持高效的范围较大。

b. 在最高效率区的上下都有相当大的调节范围。

c. 全压性能曲线很陡，因此，当风道阻力变化时，风机的流量变化很少。

d. 每一个叶片角度对应一条性能曲线，叶片角度从最小调到最大时，全压几乎与流量成线性关系。

② 前导叶调节 前导叶调节又称导向静叶调节。导叶角度改变时，进入叶轮的气流产生与叶轮旋转方向相同的同向预旋，使全压降低，从而达到调节的目的。图 10-13 为采用前导叶调节的轴流式风机的特性曲线。从图可见，当导叶关小时，全压性能曲线基本上是平行不移的，它们与管路特性曲线的交点（即工作点）也随之下移，起到调节作用。

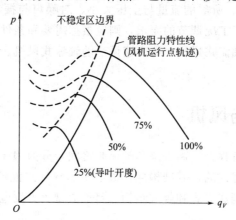

图 10-13 前导叶调节的轴流式风机特性曲线

③ 转速调节 轴流式风机改变转速的方法与离心风机变速调节的方法相同。变速调节时的特性曲线如图 10-14 所示，当转速降低时，全压与流量的特性曲线基本上平行下移。

10.1.2.5 轴流式风机的喘振

当风机处于不稳定工作区运行时，可能会出现流量、全压的大幅度波动，引起整个系统

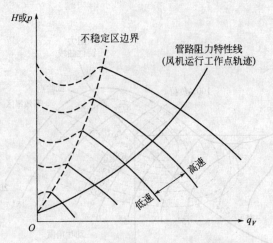

图 10-14　变速调节的轴流式风机特性曲线

装置剧烈振动，并伴随着强烈的噪声，即发生喘振现象。喘振将使风机性能恶化，严重时会使风机系统装置破坏。因此，风机不允许在喘振区工作。

　　喘振是由风机和管路系统共同决定的。一般喘振之前首先要产生旋转脱流。

　　防止和消除喘振的措施有：选型和运行时使工作点避开喘振区；设置放气阀，使通过风机的流量不致过小；采用适当的调节方式，使风机稳定工作区扩大；控制管路容积，避免促成喘振的客观条件。

　　为避免风机的"抢风"现象，在低负荷时可单台运行，当单台风机运行满足不了需要时，可以再启动第二台参加并联运行。此外，还可以采取动叶调节，或者在"抢风"现象时开启旁路阀门等措施。

10.1.2.6　轴流式风机的选用

　　轴流式风机选型时，主要考虑风机的使用场所与环境条件（如安装位置和传动方式、防尘、防爆、防腐蚀要求等）、所需的流量与全压大小、对噪声与振动的要求、风机的效率等方面。如果在使用过程中有工况调节的要求，则应根据需要和条件选用能进行工况调节的轴流式风机，如动叶可调式轴流式风机、可变速调节的轴流式风机、带有静导叶调节的轴流式风机等。

10.2　混流式泵与风机

　　混流泵的结构形式和特性介于离心泵和轴流泵之间，分为蜗壳式和导叶式两种。蜗壳式混流泵的比转速值小于导叶式的，其结构接近离心泵。导叶式混流泵的结构与轴流泵类似。两种形式都可视具体需要制成立式和卧式结构。目前大型火力发电厂多采用立式混流泵作为循环水泵。

10.2.1　导叶式混流泵

　　图 10-15（a）所示为立式导叶混流泵示意图，其外观和内部结构都与轴流泵相似，其主要特征为短宽形的扭曲形叶片，出口液体为斜向流出，因此又称斜流泵。

　　导叶式混流泵的叶轮包括叶片、轮毂和锥形体部分。叶轮叶片有固定式和可调式，调节

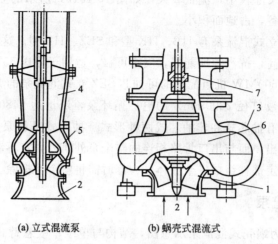

(a) 立式混流泵　　(b) 蜗壳式混流式

图 10-15　混流泵示意图

1—叶轮；2—吸入口；3—出液口；4—出口扩压管；
5—出口导叶；6—蜗壳；7—联轴器

方式也分为半调节式和全调节式，调节原理与轴流泵调节原理基本相同。

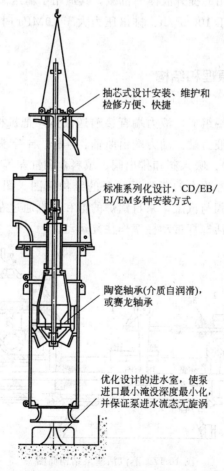

抽芯式设计安装、维护和
检修方便、快捷

标准系列化设计，CD/EB/
EJ/EM多种安装方式

陶瓷轴承(介质自润滑)，
或赛龙轴承

优化设计的进水室，使泵
进口最小淹没深度最小化，
并保证泵进水流态无旋涡

图 10-16　可抽芯 SEZ 立式混流泵

导叶式混流泵径向尺寸较小，流量较大，如图 10-15（a）所示的立式结构，叶轮淹没在水中，无需真空引入设备，占地面积小。

大容量机组采用的立式混流泵有 HB、HK 型和 SEZ、HL 型。这类泵体积小、重量轻，启动前不需灌水，效率高，抗汽蚀性能好，安全可靠，适用于输送 55℃ 以下的清水或海水。

图 10-16 所示为与 600MW 机组配套的可抽芯 SEZ 立式混流泵的典型结构，它是目前国内制造的最大口径（出液口径 2200mm）的电厂循环泵，流量达 64800m³/h，扬程为 30m。SEZ 立式混流泵的结构有抽芯式和非抽芯式两种形式。抽芯式是将泵顶部泵盖拆开后，轴、叶轮、导叶等均可被抽出，而与出口管路相连的整个泵外筒体固定不动，安装维修方便。非抽芯式泵转子部件与固定部件组成一个整体，检修时需将整个泵拆除。

10.2.2　蜗壳式混流泵

图 10-15（b）所示为蜗壳式混流泵示意图，结构与单级单吸悬臂式离心泵相似，叶轮叶片为固定式，压出室较小，结构简单，制造、安装、维护方便。

10.3　往复式泵与风机简介

往复泵是最早发明和使用的提升液体的机械。其适用于输送流量较小、压力较高、黏度较大的各种介质。当流量小于 100m³/h、排出压力大于 10MPa 时，有较高的效率和良好的运行性能。

10.3.1　往复泵的工作原理和结构

10.3.1.1　往复泵的结构

往复泵由液力端和动力端组成。液力端直接输送液体，把机械能转换成液体的压力能；动力端将原动机的能量传给液力端。动力端由曲轴、连杆、十字头、轴承和机架等组成。液力端由液缸、活塞（或柱塞）、吸入阀和排出阀、填料盒和缸盖等组成。

图 10-17 为以饱和蒸汽为动力的蒸汽活塞泵的结构简图。图的右侧是往复作用的柱塞泵，左侧是蒸汽机的配汽滑阀与汽缸。来自锅炉的饱和蒸汽通过左右移动的滑阀依次进入汽缸的两侧推动活塞。活塞由活塞杆带动柱塞作往复运动。

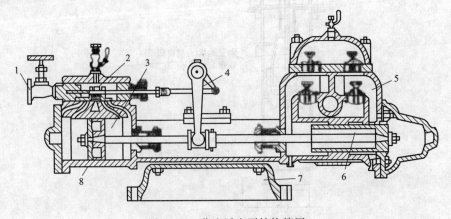

图 10-17　蒸汽活塞泵结构简图

1—蒸汽阀；2—蒸汽滑阀；3—蒸汽缸；4—滑阀牵动臂；5—泵；6—柱塞；7—底座；8—活塞

10.3.1.2　往复泵的工作原理

单作用往复泵的工作原理如图 10-18 所示。当曲柄以一定的角速度逆时针旋转时，活塞向右移动，泵缸的容积增大，压力降低，被输送的液体在压力差的作用下克服吸入管路和吸入阀等的阻力损失进入到泵缸。当曲柄转过 180°后，活塞向左移动，液体被挤压，泵缸内液体压力急剧增加，在这一压力下，吸入阀关闭而排出阀被打开，泵缸内液体在压力差的作用下被排送到排出管路中去。当往复泵的曲柄以一定的角速度不停地旋转时，往复泵就不断吸入和排出液体。

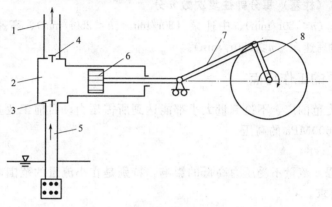

图 10-18　单作用往复泵示意图

1—排液管；2—泵缸；3—吸液阀；4—排液阀；5—吸液管；6—活塞；7—连杆；8—曲柄

双作用活塞式往复泵的工作原理如图 10-19 所示。当活塞与连杆受原动机驱动作往复运动时，左右两工作室的容积交替发生变化。左工作室容积受压缩时，其中液体推开右排液阀被排向排液管；与此同时，右工作室膨胀而形成真空，于是打开右吸液阀从进液管吸液。然后活塞向右运动，两工作室交替进行上述相似的工作，完成吸液、排液的输液过程。

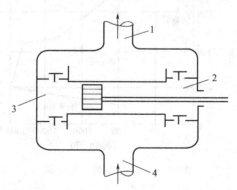

图 10-19　双作用活塞式往复泵工作原理示意图

1—排液管；2—右泵缸；3—左泵缸；4—进液管

10.3.2　往复泵的分类

(1) 根据液力端的特点分

① 按与输送介质接触的工作机构可分为活塞泵、柱塞泵和隔膜泵。

② 按作用特点可分为单作用泵、双作用泵和差动泵。

③ 按缸数可分为单缸泵、双缸泵和多缸泵。

（2）根据动力端的结构特点分

可分为曲柄连杆机构往复泵、凸轮轴机构往复泵、无曲柄机构往复泵等。

（3）根据动力端特点分

可分为电动往复泵、蒸汽往复泵和手动泵等。

（4）根据排出压力 p_2 的大小分

可分为低压泵（$p_2 \leqslant 4\mathrm{MPa}$）、中压泵（$4\mathrm{MPa} < p_2 < 32\mathrm{MPa}$）、高压泵（$32\mathrm{MPa} \leqslant p_2 \leqslant 100\mathrm{MPa}$）和超高压泵（$p_2 \geqslant 100\mathrm{MPa}$）。

（5）根据活塞（柱塞）每分钟往复次数 n 分

可分为低速泵（$n \leqslant 80\mathrm{r/min}$）、中速泵（$80\mathrm{r/min} < n < 250\mathrm{r/min}$）、高速泵（$250\mathrm{r/min} \leqslant n < 550\mathrm{r/min}$）和超高速泵（$n \geqslant 550\mathrm{r/min}$）。

10.3.3 往复泵的工作特点

① 适用的压力范围广，不论流量大小都能达到所需压力。目前工业上已达 350MPa 以上，实验室已达 1000MPa 的高压。

② 效率较高。

③ 适应性较强，流量不受压力高低的影响，特别是在小流量的范围内，几乎能满足工程上的任何使用要求。

④ 转速较低，机器大而重。

⑤ 结构复杂，易损件多，维修工作量大。

⑥ 液体的吸入和排出不连续，容易造成吸、排管道内的压力脉动。

鉴于上述优缺点，往复泵的扬程 H 和流量 q_V 的适用范围如图 10-20 所示。

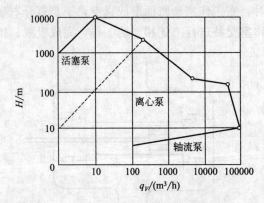

图 10-20　往复泵的工作范围

10.3.4 往复泵的应用

往复泵适于输送流量较小、扬程较高的各种介质，尤其是特殊性介质，如高黏度、强腐蚀、易燃、易爆、有毒等类介质。当流量小于 100m³/h、排出压力大于 9.81MPa 时，更能显示往复泵具有较高的效率和良好的运行性能。

将往复泵作为计量泵得到广泛应用。这种泵除了输送液体外，还具有连续测量的功能和控制器的作用。因此，计量泵可作为一种精密的工业仪表使用。计量泵特别适用于将一种或多种介质按一定的比例进行混合，如对锅炉给水进行化学处理，包括 pH 值的调节等。

往复式杂质泵在大功率、大流量、远距离输送悬浮固体物的过程中，起十分关键的作用，在采煤工业中输煤浆等方面得到推广应用。

10.4　回转式泵与风机简介

10.4.1　回转式泵

10.4.1.1　工作原理与主要类型

回转式泵属于容积式流体机械。它依靠转子的转动实现工作腔容积的周期性变化而工作。当工作腔容积变大时，腔内压力降低，让其与泵吸入口相通，吸入液体。当工作腔容积变小时，腔内压力增高，让其与泵压出口相通，压出液体。

回转式泵转子的结构形式有多种。一台泵上的转子数量可以是一个、两个或多个。根据转子的形状和数量特征，可将常用的回转式泵分为以下类型，如图 10-21 所示。

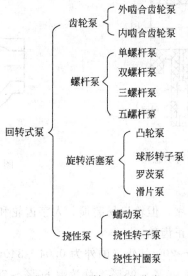

图 10-21　回转式泵的分类

齿轮泵和螺杆泵均属于回转式泵，在离心泵不适用的场合，用于输送流量小、输出压力高的高黏性液体，如输送和加压燃料油、润滑油、甘油、黏胶及其他黏性药液等。

10.4.1.2　齿轮泵

齿轮泵常用于输送无腐蚀性的油类等黏性介质，不适于输送含有固体颗粒的液体及高挥发性、低闪点的液体。齿轮泵的种类较多，按齿轮啮合的方式可分为外齿轮泵和内齿轮泵两种；按齿轮的齿形可分为正齿轮泵、斜齿轮泵和人字齿轮泵等。

（1）外啮合齿轮泵

外啮合齿轮泵是应用最广泛的一类齿轮泵，其结构如图 10-22 所示。它由静止的泵壳、旋转的转子（齿轮）泵盖和安全阀等组成。齿轮泵的泵壳内有一对啮合的齿轮，其中一个是主动齿轮，另一个为从动齿轮，主动齿轮轴伸出泵壳，可由电动机直接带动旋转，从动齿轮由主动齿轮啮合带动旋转。齿轮与泵壳、齿轮与齿轮之间留有较小的间隙。无吸液阀和排液阀。

当齿轮沿图示箭头所指方向旋转时，在轮齿逐渐脱离啮合的左侧吸液腔里，齿间密闭容积增大，形成局部真空，液体在压差作用下吸入吸液室，随着齿轮旋转，液体分两路在齿轮与泵壳之间被齿轮推动前进，送到右侧排液腔，在排液腔里两齿轮逐渐啮合，容积减小，齿轮间的液体被挤到排液口。

齿轮泵一般自带安全阀，当排压过高时，安全阀开启，使高压液体返回吸液口。

（2）内啮合齿轮泵

如图 10-23 所示，内啮合齿轮泵由一对互相啮合的内齿轮和外齿轮及其间的月形件、泵壳等组成。月形件的作用是将吸液室和排液室隔开。当主动内齿轮旋转时，在齿轮脱开啮合的地方形成局部真空，液体被吸入泵内充满吸液室各室间。在轮齿进入啮合的地方，存于齿间的液体被挤压而送入排液管。

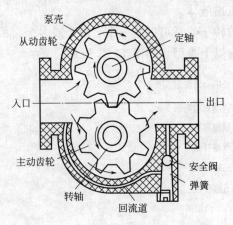

图 10-22　外啮合齿轮泵结构示意图

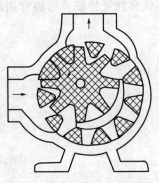

图 10-23　内啮合齿轮泵

（3）齿轮泵的特性

齿轮泵工作稳定，结构可靠，但轮齿易磨损。人字齿轮和螺旋齿轮的泵运转平稳，应用较多。而小型齿轮泵仍多采用正齿轮。

其性能参数为：流量 $0.3\sim200\text{m}^3/\text{h}$（国外为 $0.04\sim340\text{m}^3/\text{h}$）；出口压力 $\leqslant4\text{MPa}$，转速 $150\sim1450\text{r/min}$；容积效率 $90\%\sim95\%$，总效率 $60\%\sim70\%$，温度 $\leqslant350℃$；介质黏度 $1\sim1\times10^5\text{mm}^2/\text{s}$（国外 $\leqslant4.4\times10^5\text{mm}^2/\text{s}$）。

外齿轮泵和内齿轮泵的性能比较见表 10-1。

表 10-1　外齿轮泵和内齿轮泵的性能比较

性　　能	外齿轮泵	内齿轮泵
出口压力/MPa	<4	非润滑性介质<0.7 润滑性介质<1.7
流量/（m³/h）	<7	<341
特点	运动件多，维修费用高	运动件少，维修费用低
价格	低	相对高

10.4.1.3　螺杆泵

螺杆泵的工作原理和齿轮泵相似，它依靠螺杆相互啮合空间的容积变化来输送液体。根据互相啮合的螺杆数目，通常可分为单螺杆泵、双螺杆泵、三螺杆泵和五螺杆泵等，其结构简图如图 10-24～图 10-28 所示。按螺杆轴向安装位置不同还可分为卧式和立式。

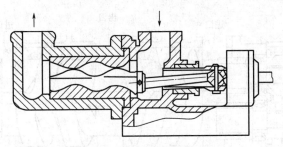

图 10-24 单螺杆泵

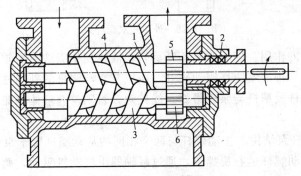

图 10-25 双螺杆泵

1—主动螺杆；2—填料函；3—从动螺杆；4—泵壳；5、6—齿轮

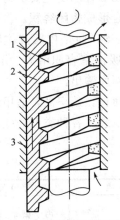

图 10-26 螺杆泵工作简图

1—螺杆；2—齿条；3—壳体

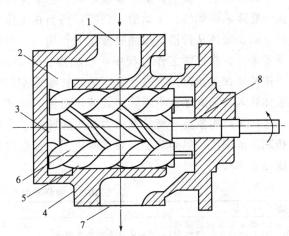

图 10-27 三螺杆泵

1—吸液管；2—吸入室；3—轴承座；4—泵壳；5—内
衬套；6—从动螺杆；7—排液管；8—主动螺杆

(1) 双螺杆泵

图 10-25 所示为双螺杆泵结构。主动螺杆通过填料函伸出泵壳由原动机驱动，并通过齿轮带动从动螺杆旋转。主动螺杆与从动螺杆具有不同的螺纹，若主动螺杆为右旋螺纹，则从动螺杆为左旋螺纹。两螺杆均在泵壳内紧密贴合。

当螺杆旋转时，靠吸液室一侧的啮合空间打开与吸液室接通，使吸液室容积增大、压力降低，而将液体吸入。液体进入泵后，随螺杆旋转而作轴向移动。液体的轴向移动相当于螺母在螺杆上的相对移动。为了使充满螺杆齿轮的液体不至于旋转，必须以一固定齿条紧密靠在螺纹内将液体挡住，如图 10-26 所示。双螺杆泵中从动螺杆与齿槽接触的凸齿，起到了挡

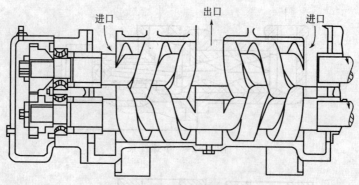

图 10-28　外装式双螺杆泵

住液体使之不能旋转的作用。随着螺杆不断旋转，液体便从吸液室沿轴向移动至排液室。

螺杆泵内吸液室与排液室应严密地隔开，所以泵壳与螺杆的外圆柱表面及螺杆之间应尽可能减小。螺杆与螺杆及螺杆与泵壳最好是线接触，否则就有液体倒流的可能。

（2）三螺杆泵

图 10-27 为三螺杆泵结构。主动螺杆与两个相同的从动螺杆置于泵壳之中，两端与吸液室和排液室衔接。主动螺杆是右旋螺纹，通过联轴器由电动机驱动，两个从动螺杆是左旋螺纹，与主动螺杆旋转方向相反。泵壳内衬套与螺杆的外圆柱面形成间隙密封，螺杆在衬套内旋转。螺杆的法向截面齿廓由摆线形成，主动螺杆具有双头等螺距的阳螺纹，从动螺杆具有双头等螺距的阴螺纹。主动螺杆较粗，因为在工作过程中，主动螺杆承受主要负荷。从动螺杆只起阻止液体从排液室漏回吸液室的作用，它与主动螺杆啮合形成密闭容积，将排液室和吸液室隔开。在正常工作过程中，从动螺杆不是由主动螺杆驱动，而是依靠液体压力来驱动。螺杆泵在工作时，当靠吸液室的螺杆啮合空间打开时，使吸液室容积增大、压力降低，将液体吸入。随着螺杆不断旋转，液体沿轴向被推送至排出空间而输出。

螺杆泵结构紧凑，流量及压力基本无脉动，运转平稳，寿命长，效率高，适用的液体种类和黏度范围广。但制造加工要求高，工作特性对黏度变化较敏感。各种类型的螺杆的性能比较见表 10-2。

表 10-2　螺杆泵的类型及其比较

类型	结　构	特　点	性能参数	应用场合
单螺杆泵	单头阳螺旋转子在特殊的双头阴螺旋定子内偏心地转动（定子是柔性的），能沿泵中心线来回摆动，与定子始终保持啮合	①可输送含颗粒的液体 ②几乎可用于任何黏度的流体，尤其适用于高黏性和非牛顿流体 ③工作温度受定子材料限制	流量可达 150m³/h，压力可达 20MPa	用于糖蜜、果肉、淀粉糊、巧克力浆、油漆、柏油、石蜡、润滑油、泥浆、黏土、陶土等
双螺杆泵	有两根同样大小的螺杆轴，一根为主动轴，另一根为从动轴，通过齿轮传动达到同步旋转	①螺杆与泵体以及螺杆之间保持 0.05～0.15mm 间隙，磨损小，寿命长 ②填料函只受吸入压力作用，泄漏量少 ③与三螺杆泵相比，对杂质不敏感	压力一般为 1.4MPa 左右，对于黏性液体，最大为 7MPa，黏度不高的液体可达 3MPa，流量一般为 6～600m³/h，最大 1600m³/h，液体黏度不得大于 1500mm²/s	用于润滑油、润滑脂、原油、柏油、燃料油及其他高黏性石油制品
三螺杆泵	由一根主动螺杆和两根与之相啮合的从动螺杆构成	①主动螺杆直接驱动从动螺杆，无需齿轮传动，结构简单 ②泵本身即作为螺杆的轴承，无需再安装径向轴承 ③螺杆不承受弯曲载荷，可以制造得很长，因此可获得高压 ④不宜输送含 600μm 以上固体杂质的液体 ⑤填料函仅与吸入压力相通，泄漏量少	压力可达 70MPa，流量可达 2000m³/h。适用于黏度为 5～250mm²/s 的介质	适用于输送润滑油、重油、轻油及原油等，也可用于甘油及黏胶等高黏性药液的输送和加压

10.4.2　罗茨鼓风机

罗茨鼓风机是容积回转式风机的一种，于 1854 年由美国的弗朗西斯·罗茨和菲兰德·罗茨两兄弟发明，并由此得名。作为气体增压与输送机械，罗茨风机起初只用于正压鼓风（当进气口处于大气状态时，排气表压一般为 9.8～196kPa），后来发展到真空领域，演化出罗茨真空泵（直排大气时，真空度可达－9.8～－80kPa）。罗茨鼓风机由于其结构简单，使用维修方便，不需要内部润滑，在使用压力范围内排气量几乎不变，容积效率高，并具有输送介质不含油等特性，在国民经济各部门得到了广泛应用。

10.4.2.1　结构与工作原理

罗茨鼓风机是一种双转子压缩机械，两转子的轴线互相平行，其结构简图如图 10-29 所示。转子由叶轮与轴组合而成，叶轮之间、叶轮与机壳及墙板之间具有微小间隙，以避免相互接触。两转子由原动机通过一对同步齿轮驱动，作方向相反的等速旋转。

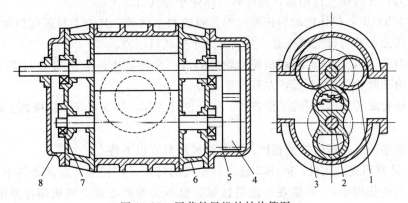

图 10-29　罗茨鼓风机的结构简图

1—主动转子；2—从动转子；3—机壳；4—同步齿轮；

5—主油箱；6—墙板；7—轴承；8—副油箱

罗茨鼓风机的机壳采用灰铸铁，与前后墙板组成机体，用圆锥销定位，形成气室。墙板也采用灰铸铁，前后板通用，设置有密封座和轴承座。叶轮呈 8 字形，主、从动轴与叶轮组装后校静、动平衡。同步齿轮由齿圈和齿毂组合而成，采用圆锥销定位，便于调整叶轮间隙。齿毂与轴采用圆锥配合，便于拆装维修。齿形采用直齿、斜齿或人字齿。

定位端轴承和联轴器端轴承采用 3000 型调心滚子轴承，以解决轴向定位问题。自由端轴承和齿轮端轴承，采用 3200 型圆柱滚子轴承，以满足主、从动轴热膨胀自由延伸的需要。定位端轴承座可对叶轮与墙板之间的轴向间隙进行调整。

输送空气时选用迷宫密封，输送煤气或二氧化硫时可选用其他密封。联轴器采用标准弹性圈柱销联轴器。

罗茨鼓风机的工作过程如图 10-30 所示。在鼓风机机体内通过同步齿轮的作用，使两转子相对成反方向旋转。由于叶轮相互之间和叶轮与机体之间都具有适当的工作间隙，因此进气腔和排气腔相互隔绝（存在泄漏），当叶轮旋转时，机体内的气体无内压缩地由进气腔推送至排气腔后排出机体，达到鼓风的作用。

图 10-30(a) 中，机体内的容积被叶轮分隔成三个区域，其中 Ⅰ 与进气口相通，其气体处于进口压力。Ⅰ' 在尚未形成该位置之前，与进气口相通，现尚未与排气口相通，因此仍

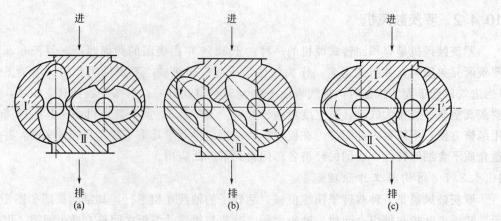

图 10-30 罗茨鼓风机工作过程

处于进口压力；Ⅱ与排气口相通，因此其气体处于排气口压力。

图 10-30(b) 中，机体内的容积被叶轮分隔成两个区域，其中Ⅰ与进气口相通，其气体处于进气口压力，Ⅱ与排气口相通，其气体处于排气口压力。

图 10-30(c) 中，机体内的容积被叶轮分隔成三个区域Ⅰ、Ⅰ′和Ⅱ，与图 10-30(a) 情况相同，但由于叶轮旋转 90°后，左右位置互换。

以上为叶轮旋转 90°范围的工作过程。如此循环工作，即为罗茨鼓风机的工作过程。

10.4.2.2 主要特性

与其他类型的气体压缩机械相比，罗茨鼓风机具有以下特点。

① 由于是容积式鼓风机，因而具有强制输气的特征。在转速一定的条件下，流量也一定（随压力的变化很小）。即使在小流量区域，也不会像离心式鼓风机那样发生喘振现象，具有较稳定的工作特性。

② 作为回转式机械，没有往复运动机构，没有气阀，易损件少，因此使用寿命长，且动力平衡性好，能以较高的速度运转，不需要重型基础。运转一周有多次吸、排气，气流速度较均匀，不必设置储气罐。

③ 叶轮之间、叶轮与机壳及墙板之间具有间隙，因此可以保证输送的气体不含油，也不需要使用气-油分离器等辅助设备。由于存在间隙及没有气阀，输送含粉尘或带液滴的气体时也较安全。

④ 无内压缩过程，理论上比那些有内压缩过程的鼓风机要多耗压缩功。除同步齿轮和轴承外，不存在其他的机械摩擦，因此机械效率高。特别是大型罗茨鼓风机，容积效率高。

此外，罗茨鼓风机还具有结构简单、维修方便、使用寿命长、整机振动小等优点。其缺点如下。

① 无内压缩过程，绝热效率较低（小机型尤其偏低）。

② 由于间隙的存在，造成气体泄漏，且泄漏量随升压或压力比增大而增加，因而限制了鼓风机向高压方向的发展。

③ 由于进、排气脉动和回流冲击的影响，气体动力性噪声较大。

目前，我国罗茨鼓风机制造业已步入与国际同行同步发展的轨道。同时，随着国家经济的发展，对罗茨鼓风机的需求总体上呈扩大趋势。

罗茨鼓风机的发展趋势，主要是进一步提高效率、降低噪声、增强可靠性及扩大应用范围。

10.5　射流泵简介

射流泵是一种利用工作流体的射流来输送流体的设备。根据工作流体介质和被输送流体介质的性质是液体还是气体，而分别称为喷射器、引射器、射流泵等，但其工作原理和结构形式基本相同。通常把工作液体和被抽送液体是同一种液体的设备称为射流泵。

射流泵的工作原理如图 10-31 所示。工作液体从动力源沿压力管路 1 引入喷嘴 2，在喷嘴出口处由于射流和空气之间的黏滞作用，把喷嘴附近空气带走，使喷嘴附近形成真空，在外界大气压力的作用下，被抽送液体从吸入管路 3 被吸上来，并随高速工作液体一起进入喉管 4 内，在喉管内，两股液体发生动量交换，工作液体将一部分能量传递给被抽送液体。由此，工作液体速度减慢，被抽送液体速度逐渐加快，到达喉管末端，两股液体的速度渐趋一致，混合过程基本完成。然后进入扩散管 5，在扩散管内，液体流速逐渐降低，压力上升，最后从排出管 6 排出。工作液体的动力源可以是压力水池、离心泵及其他类型泵或压力管路。如对断面 I—I 和 II—II 相对 O—O 平面列伯努利方程，经简化后得到在喉管入口前形成的真空度为：

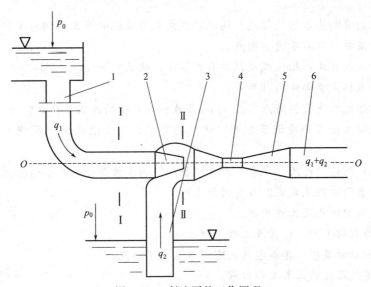

图 10-31　射流泵的工作原理

1—压力管路；2—喷嘴；3—吸入管路；4—喉管；5—扩散管；6—排出管

$$H_S = \frac{8q_1^2}{\pi^2 g} \left[\frac{1}{D^4} - \frac{1+\zeta}{d_0^4} \right]$$

式中　q_1——动力源提供给喷嘴的流量，m^3/s；

　　　　D——压力管直径，m；

　　　　d_0——喷嘴直径，m；

　　　　ζ——I—I 和 II—II 断面之间局部阻力系数。

由上述工作过程可见，射流泵内没有运动部件，因此具有结构简单、工作可靠、无泄漏、有自吸能力、加工容易和便于综合利用等优点。在很多技术领域，采用射流泵技术可以使整个工艺流程和设备大为简化，并提高其工作可靠性，特别是在高温、高压、真空、强辐射及水下等特殊工作条件下，更显示出其独特的优越性。目前，射流泵技术在国内外已被应用于水利、电力、交通、冶金、石油化工、环境保护、海洋开发、地质勘探、核能利用、航空航天等部门。如把射流泵和离心泵组合在一起作为深井提水装置。在水电站中，射流泵用于水轮机尾水管和蜗壳检修时的排水。在火电站中，射流泵用于汽轮发电机组，为冷凝器抽真空及输送含有固体颗粒的液体。在原子能电站中，大型射流泵可用作水循环泵。在化工设备中，射流泵用于真空干燥、蒸馏、结晶提纯、过滤等工艺过程，由于它具有较好的密封性能，因此适用于输送有毒、易燃、易爆等介质。

由于射流泵是依靠液体质点间的相互撞击来传递能量的，因此，在混合过程中产生大量旋涡。在喉管内壁产生摩擦损失，以及在扩散管中产生扩散损失都会引起大量的水力损失，因此，射流泵的效率较低，特别是在小型或输送高黏度液体时效率更低，一般情况下，射流泵的效率为25％～30％。但由于射流泵的使用条件不同，其效率也不同。在有些情况下，其效率不低于其他类型泵。因此，如何合理使用射流泵，以便得到尽可能高的效率是一个很重要的问题。目前国内外采用的多股射流、多级喷射、脉冲射流和旋流喷射等新型结构射流泵，在提高传递能量效率方面取得了一定进展。

习题与思考题

10-1 轴流式泵由哪些基本结构组成？简述轴流式泵与风机的基本结构与工作原理。

10-2 试比较轴流泵与离心泵的不同点。

10-3 与离心式风机相比，轴流式风机具有哪些优、缺点？

10-4 轴流泵与风机主要部件的作用是什么？

10-5 轴流泵的性能曲线有何特点？其 H-q_V 曲线出现拐点的原因是什么？

10-6 轴流式风机主要有哪些调节方式？试说明常用调节方法的调节原理、优缺点和应用情况。

10-7 何谓喘振？何谓"抢风"现象？发生"抢风"的条件是什么？如何防止和消除？

10-8 有哪两种类型的混流式泵？各有何特点？

10-9 简述往复泵的结构及工作原理。

10-10 简述齿轮泵的类型、结构及工作原理。

10-11 简述螺杆泵的类型。各类型比较有哪些主要不同点？

10-12 简述罗茨鼓风机的基本工作过程。

10-13 简述射流泵的工作原理及应用范围。

10-14 火力发电厂常用风机有哪些？试说出本地区300MW或600MW机组所配给水泵、凝结水泵的运行特点。

参 考 文 献

[1] 张良瑜，谭雪梅，王亚荣合编．泵与风机．第二版[M]．北京：中国电力出版社，2010.

[2] 王寒栋，李敏主编．泵与风机．第二版[M]．北京：机械工业出版社，2009.

[3] 郭立君，何川主编．泵与风机．第三版[M]．北京：中国电力出版社，2004.

[4] 杨诗成，王喜魁．泵与风机．第三版[M]．北京：中国电力出版社，2009.

[5] 沙毅，闻建龙编著．泵与风机[M]．合肥：中国科学技术大学出版社，2005.

[6] 张燕侠主编．泵与风机[M]．北京：中国电力出版社，2012.

[7] 安连锁主编．泵与风机[M]．北京：机械工业出版社，2001.

[8] 毛正孝．泵与风机[M]．北京：中国电力出版社，2003.

[9] 魏龙主编．泵维修手册[M]．北京：化学工业出版社，2009.

[10] 柏学恭，田馥林．泵与风机检修[M]．北京：中国电力出版社，2008.

[11] 张世芳主编．泵与风机[M]．北京：机械工业出版社，1997.

[12] 王朝晖主编．泵与风机[M]．北京：中国石化出版社，2007.

[13] 屠大燕主编．流体力学与流体机械[M]．北京：中国建筑工业出版社，1994.

[14] 袁周，黄志坚主编．工业泵常见故障及维修技巧[M]．北京：化学工业出版社，2008.

[15] 续魁昌主编．风机手册[M]．北京：机械工业出版社，1999.

[16] 刘家钰主编．电站风机改造与可靠性分析[M]．北京：中国电力出版社，2001.

[17] 赵鸿迳主编．热力设备检修基础工艺，第二版[M]．北京：中国电力出版社，2007.

[18] 程文祥，刘爱民主编．电厂锅炉安装与检修[M]．北京：中国电力出版社，2000.

[19] 王继斌，宋来洲，孙颖主编．环保设备选择、运行与维护[M]．北京：化学工业出版社，2011.

[20] 李春山．火电厂锅炉给水前置泵故障原因分析及消除方法[J]．水泵技术，2010，(4)：44-47.

[21] 孟驰伟，王有珍，姜华伟．湿法烟气脱硫系统渣浆泵磨损原因分析及国产化改造[J]．水泵技术，2009，(4)：37-40.

[22] 罗舜旭，曾奕强．福能电厂♯7机组冷凝泵故障处理[J]．水泵技术，2007，(4)：33-35.

[23] 卢祖严．来宾电厂1号炉引风机的改造[J]．广西电力技术，1998，(1)：33-35.

[24] 王松岭，张磊，杨阳，吴正人．基于有限体积法的G4-73型离心风机三维流场数值模拟[J]．华北电力大学学报，2009，36 (4)：38-41.

[25] 刘师多，丁惠玲，王惠萍等．两离心风机串联特性试验分析[J]．农机化研究，2006，(4)：158-160.

[26] 黄生琪，周菊华．浅谈风机设备运行故障诊断方法[J]．通风除尘，1996，(1)：46-48.

[27] 樊鹏．工业噪声与振动的防治[M]．沈阳：沈阳出版社，1997.

[28] 吴民强．泵与风机节能技术[M]．北京：水利电力出版社，1994.

[29] 陆肇达．泵与风机系统能量利用性的评价与设计运行优化[J]．节能技术，2007，(2)：182-189.

[30] 陆安定，王荣良．风机及泵类调速节能应用实例[J]．上海节能，1994，(4)：17-18.

[31] 王文奇．噪声控制技术及其应用[M]．沈阳：辽宁科学技术出版社，1985.